U0358951

中國近代建築史料匯編 編委會 編

中國近代建築史料匯編（第一輯）

第九冊

同濟大學出版社
TONGJI UNIVERSITY PRESS

第九册目録

中國近代建築史料匯編（第一輯）

中國建築

創刊號

THE CHINESE ARCHITECT

PUBLISHED UNDER THE AUSPICES OF
THE SOCIETY OF CHINESE ARCHITECTS

創刊號
中國建築師學會出版

唐 山

啟 新 磁 廠

製 造 品

衞　各　電　瑪
生　種　氣　賽
器　舖　磁　克
皿　地　料　磁
　　缸　　　磚
　　磚

注 意

上　品　通　種　備　蒙　新　可
列　除　應　類　外　訂　樣　照
各　普　用　俱　如　製　亦　辦

駐滬批發所

江西路第一百七十號
電話一九九一七

上海恆大洋行　磁磚部經理

Quarry Tiles were supplied
to the above mentioned Buildings:
Other Buildings: -

Metropole Hotel

Cathay Mansion

Bearn's Apartments,

Shanghai Telephone Co. New
　　Buildings

China State Bank Building

Greater Municipality
　　of Shanghai, Kiangwan.

Nanyang Brothers Tobacco Co.

B, A. T. Company's Factory,
　　Pootung & Yangtzepoo
　　And Many Others

Chee Hsin Tile Dept.

Agents: DUNCAN Co.

Estimatee & samples supplied on request.

Chee Hsin Pottery

Hamilton　House,
170 Kiangse Road.
Tel. 19917

新通公司

獨家經理

史的勒的廠
自動扶梯

TWO GROUND FLOORS

IN ONE BUILDING

By the use of

STIGLER

ESCALATORS

(ELECTRIC MOVING STAIR WAYS)

SOLE AGENTS FOR CHINA

Sintoon Overseas Trading Co., Ltd.

Continental Emporium
Kiukoang Road, Shanghai.
Tel. 91036-7

Branch Offices & Representatives:

TIENTSIN, HANKOW, TAIYUANGFU, AMOY, CHANGSHA, HONGKONG, CANTON, SWATOW

興業瓷磚股份有限公司

別出心裁　品質優良

（丁）缸磚類
　　有六角・四方・及長方等式皆利用原料之天然顏色製成

（丙）美術牆磚類
　　由機製或手工雕刻而成顏色繁多並有釉光面及光面等式

（乙）羅馬式美術瓷磚類
　　將瑪賽克磚摹倣羅馬建築圖案並參考現代美術設計用人工剪鑿而成

（甲）瑪賽克瓷磚類
　　出品項目
　　（五）花崗式瓷磚
　　（四）斑點瓷磚
　　（三）釉光面瓷磚
　　（二）吸水性瓷磚
　　（一）瑪賽克瓷磚

▲▲君欲舖飾室內外地面或牆壁乎？
請指定採用

興業出品　超越一切

事務所：上海四川路一一二號　話電一六〇〇三號
製造廠：閘北中山路共和新路

廣告索引

中 國 建 築

創 刊 號　　民國二十年十一月出版

目 錄

插　圖

上海市財政局新屋　　　董大酉建築師繪

財政局新屋為大上海市中心行政區建築之一。外形取北平皇宮式樣。以石為牆。樑柱均着彩色。內部應時代需要。設備完美。結構則用鋼骨水泥。以期永固而避火。屋高八十五尺。長二百尺。寬七十五尺。凡四層。第一層有門房專達收發會客保險庫及與外界有接觸之辦公諸室。第二層為高級職員辦公室會議室等。有巨梯自外直達二層禮堂。第三層為普通辦公室及休息室等。第四層係利用屋頂空處。為檔案儲藏及役室。此外有一部分地室為鍋爐室煤室伙夫室等。

發刊詞

趙深

　　建築之良窳。可以覘國度之文野。太古之世。犿犿獉獉。其人皆穴居而野處。無建築之可言也。游牧之民族。帳幕隨水草而轉移。亦無建築之可言也。數千年以前。東西建築之見於紀載者。中國之萬里長城。與埃及之金字塔。及司芬克斯耳。若夫秦之阿房宮。隋之迷樓。雖皆窮工極巧。然咸陽一炬。廣陵大火。固已皆泯焉蕩焉。無復殘留餘跡。足供後人憑吊矣。

　　近世物質文明。長足進步。超邁前古。故建築之進步。亦超邁前古。有清一代。宮殿園陵建築之多。一如漢唐之世。北平樣子雷之模型。且爲東西建築專家所推許。而爭相購致。以資研究焉。其技術之價值。於此可以想見。

　　惟自漢以後之中國文章。重於技巧。工師擯於通儒。列爲九流。號稱宗匠。清鼎革後。地位稍高。顧社會狃於積習。獨未能盡知建築之重要。與建築師之高尚也。自總理陵園。上海市政府新屋等徵求圖樣以後。社會一般人士。始矍然知世尙建築學與建築師之地位。而稍稍加以注意矣。然在物質文明落後之中國。是特建築界一線之曙光耳。婺揚光大。責在同人之共

— 1 —

同努力。不容諉卸也。惟念灌輸建築學識。探研建築學問。非從廣譯東西建築書報不爲功。因合同人之力。而有中國建築雜誌之輯。凡中國歷史上有名之建築物。毋論其爲宮殿，陵寢，城堡，浮屠，庵觀，寺院。苟有遺跡可尋者。必須竭力搜訪以資探討。此其一。國內外專門家關於建築之作品。苟願公佈。極所歡迎。取資觀摩。絕無門戶。此其二。西洋近代關于建築之學術。日有進步。擇尤譯述。借功他山。此其三。國內大學建築科肄業諸君。學有深造。必多心得。選其最優者。酌爲披露。以資鼓勵。此其四。而融合東西建築學之特長。以發揚吾國建築物固有之色彩。尤爲本雜誌所負最大之使命。關於建築學上所用之專門名詞。在吾國本尙付諸闕如。爲便於查對起見。不能不酌加西文註入。以免誤會。若夫敍事說理。力求通達。不尙詞藻。凡此區區微意。要爲盡力於本刊之使命而然。至於體例內容。則負責編輯諸君任之。茲不贅述焉。

中國建築師學會緣起
范文照

　　我國五千年來。衣冠文物之盛。實爲世界之先覺。有清之季。則朝多秕政。已不復有振作之氣象。迨鼎革以還。乃魯多內亂。齊無甯歲。致所有應當進展之事業，亦日形衰頹。若建築師之爲世所重要。社會人士。多未明瞭。且有認爲營造包工者流。間或目爲一種普通工程師。種種誤解。不一而足。下走於民國十一年夏。自美歸國。目覩彼邦建築事業之發達。社會輿論之融和。若我國則幷此建築師之名稱尙未明瞭。相形見拙。心常怒焉憂之。因念欲躋我國建築事業於國際地位。卽非蓄志團結。極力振作不爲功。爰集建築界同志若張光沂。呂彥直。莊俊。巫振英諸君子。集議聯絡同業。組織團體。冀向社會貢獻建築事業之眞諦。當時雖因人少。未獲正式成立團體。而集合團結之精神。實肇基於此。厥後革命統一告成。國府倡議建設。其時建築界之同志。或歸自海外。或來自內地。日形踴躍。因於十六年冬。正式成立上海建築師學會。規模旣具。輿論亦稍加注意。幷於十七年呈請國民政府工商部備案註册。旋以範圍廓大。建築同志。不僅限于上海一隅。迺改上海建築師

學會爲中國建築師學會。并設分會於南京。一切規模。無不畢
具。現且擬於最短期間。加設分會於國內各通商大埠。藉廣聯
絡。尤望朝野名流。文界先進。時加指導。庶吾國之建築事業
。亦日臻進步。得若英美各國之同爲社會所重視。則是所望也
。用并臚述此學會成立經過之崖略如上。庶後有同志。得所考
據而採擇焉。

上海市行政區及市政府房屋設計報告

行政區域地點之選定

　　世界都市之中心區域。泰多隨各該都市之自然發展而形成。其位置以利于四週發展爲前提。上海市之地位。就本國言。稱爲最大之商埠。以世界言。商務上亦佔有相當之位置。惟其間因有租界存在。市政向不統一。且事前旣無預定計劃。以後發展。自無一定趨向。是故欲求上海發展。有從新擇定地位之必要。地位旣定。然後劃分市區。使各種用途之建築物。以類相聚。各得其所。作發展市政之初步。

　　欲謀上海市之發展。自當以收回租界爲根本辦法。但收回之後。現存之租界。是否可以爲將來上海之中心區。殊屬疑問。蓋本市地處要衝。區域遼闊。擘劃經營。自宜統籌全局。按年來本市海舶之噸位日增。原有黃浦江沿租界及其附近一帶碼頭之地位與設備。已不敷用。將來商務發達。非另建大規模之港灣。不足以應需要。故欲繼續增進上海港口之地位。則吳淞開港。勢在必行。綜計市中心區域擇定之理由有四。該處地勢適中。四周有寶山城胡家莊大場眞如閘北租界及浦東等環拱。隱然有控制全市之勢。名實相符。一也。淞滬相隔僅十餘公里。將來市面。由市中心起。向南北方逐漸擬展。定可使兩地合而爲一。二也。該區地勢平坦。村落希少。可收平地建設之功。無改造舊市之煩。費用省而收效宏。三也。該區瀕接黃浦。並連近已有相當發展之租界。水陸交通。均極便利。四也。市政府當局有鑒于此。爰劃定翔殷路以北。閘殷路以南。淞滬路以東。及假定路線以西。約七千餘畝之地。爲市中心區域。

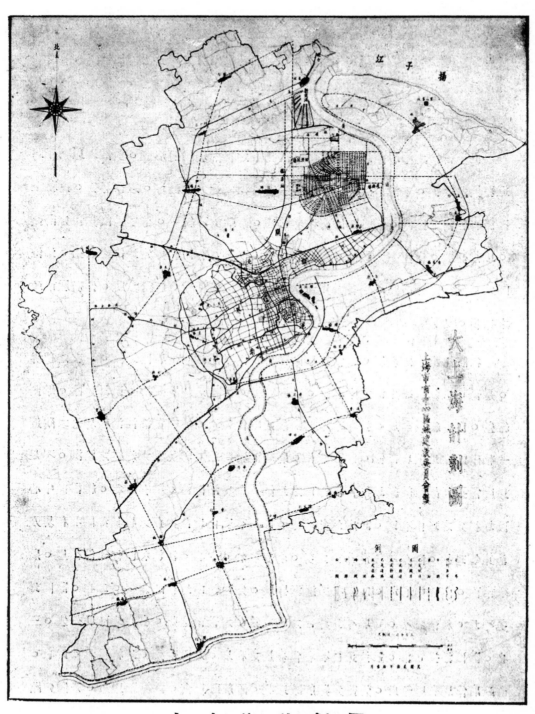

大 上 海 計 劃 圖

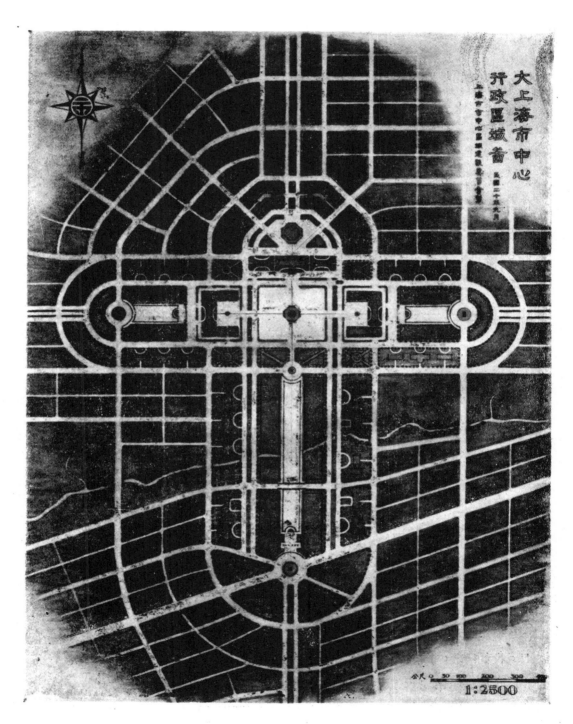

大上海市中心行政區域圖

市中心區域地位既定。應卽決定行政區域之地位。普通都市之行政機關及重要公共建築。均會聚一處。設于全市核心。所以便市民往還。俾增行政之效率。並宜設于大道交叉之點。四面留廣場。所以示莊嚴與觀瞻也。新市中心區域規定路系。有東西要道。闊六十公尺。西端直達將來總車站。東端止于黃浦江。以便將來連接浦東。此路之中段。有大道直貫南北。北端達吳淞。南端接租界。此點旣爲全市核心。又爲兩大道交點實爲行政區域最適宜地點。在此闢一十字形之廣場。將市政府及各局。以及其他公共建築。會聚一處。以花園記念物池沼橋拱等物。點綴其間。成爲全市精華集聚點。成爲世界着名行政區之一。

行政區及市政府房屋設計經過

行政區域地位既定。卽從事計劃。首須擬定行政區域形式。次計劃市政府及各局房屋式樣。惟上海爲全國最大商埠。爲中外觀瞻所繫。行政區域之計劃。非用遠大之眼光。作周詳之計劃。不足以應現代需要。而爲全國模範。因根據委員會章。會聘本埠建築師董大酉爲顧問。籌謀設計。先行收集各國行政區域材料。作爲設計之參考。並赴上海市政府及各局調查現狀。以定將來需要。並擬定設計之標準如左。

一　新市政府立體式樣。應採用中國式。

二　新市政府平面佈置。應各局分立。

三　新市政府建築步驟。應分期建造。

根據調查結果。及規定標準。擬具縣徵求市政府圖案辦法。于十八年十月一日。開始徵求。計前後國內中外建築家報名應徵者四十六人。二月十五日截止。由本會於二月十九日。邀集特聘評判顧問葉譽虎先生。前國都設計顧問茂菲氏。本埠工程師柏韻士氏。會同本會顧問董大酉。根據該會第十次常會議決之評判標準。舉行審查。議決之評判標準如左。

『首須全部佈置。包括房屋四週道路河池橋拱等。均能十分相稱。次須各房屋外觀及點綴物。合本國建築式樣。再次須各房屋面積。與徵求辦法所規定之數。大致相符。並於分期建築附屬設備。均能顧慮週到。』

評判結果。第一名趙深。第二名巫振英。第三名費立伯。附獎李綿沛及徐鑫堂施長剛二名。均係本埠建築師。

據評判報告。本屆徵求所得圖案。雖各具所長。惟最大缺點。厥為計劃太漫散。各局距離太遠。不能收集中管理之效。應徵者同具之第二缺點。在未能充分運用中國固有建築式樣。惟此屆徵求之目的。原為參考性質。並非求一最後計劃。故徵求結束以後。即由本會顧問董大酉於應徵所得第一獎第二獎第三獎三種圖案外。復擬就行政區域平面六種。由第十三次常會議決採用第一種。並於十九年四月九日。本會邀請應徵得獎人趙深巫振英費立伯三君。共同審查。先定行政區式樣。僉以第一種為比較滿意。作為新行政區域計劃之根據。（參觀行政區計劃圖）同時根據撰定行政區計畫研究市政新屋式樣。取形北平宮殿建築而成。參以現代需要。使美觀與實用兩全。

行政區域及市政府計劃既定。即籌備進行。現在市中心地點。為一遍田地。無道路可言。進行辦法。應先由造路入手。由工務局根據委員會擬定計劃。開闢幹道其中直接關係行政區域者有三民路，五權路，淞滬路，水電路，其美路。黃興路等。

一面医經費限止。決定除市政府新屋外。各局房屋暫緩進行。先造臨時房屋。以便各局辦公。又以工程偉大。設施計劃。必須審慎周到。非設專門機關。主持其事。不足以昭鄭重而專責成。爰于十九年七月。呈奉市政府核准。設立建築師辦事處。派該會顧問董大酉兼充該辦事處主任建築師。添聘專門人才。根據前所決定行政區域及市政府式樣。製就一切圖樣說明書。並于投標前邀請本埠著名建築師多人。參觀模型。審查圖樣。修正後之圖樣。復經市政會議通過。五月間招標。結果由朱森記營造廠承造。六月間開工。七月七日舉行奠基禮。預定二十一年底全部完工。（自一二八事發生後致停工約五個月）

大上海市政府全部鳥瞰圖

上海市市民府全部鳥瞰圖
上海市市中心區域建設委員會製
民國十九年十月

上海市行政區計劃簡略說明

　　邇來歐美各大城市多集公共機關於一處。名爲「行政區域」。非特辦事上便利。而聚各大建築物於一處。可使全市精華集中。增益觀瞻。上海市行政區計劃。卽本此旨。行政區取十字形位。置在南北東西二大道之交點。占地約五百畝。市政府辦公房屋居中。八局房屋左右分列。市立大會場圖書館博物院等及其他公共建築。散佈此十字形內。有河池橋拱等點綴其間。成爲全市模範區域。市政府之南。闢一廣場。占地約百二十畝。可容數萬人。爲閱兵或市民大會之用。兩大道交叉處建高塔一座。代表上海市中心點。登塔環顧。全市在目。從四路大道遙望可見。高塔矗立雲際。廣場之南爲長方池。引用現有河水。池之南端。建立五重牌樓。代表行政區域。南門池之兩旁。爲重要公共建築地位。市政府之東西兩端。有較小之長方池。池之極端。建立門樓。代表行政區域。東西門池之兩旁。亦爲公共建築地位。

　　市政府及各局房屋。從南面望。全部在目。射影池中。增加景色。從北望。亦成正面。從東西望之。亦成整固團結物。平面佈置。除市政府外。可陸續添造。極合分期建築辦法。市政府之北。爲中山紀念堂。與市政遙對。爲公衆聚會場所。四週留空地。旣免交通擁擠。又可望見紀念堂全部。在各局房屋未完成之前。建造臨時辦公處兩座。位置在中山紀念堂之北。式樣簡略。將來可作他用。

上海市政府新屋簡略說明書

　　市政府新屋之設計。根據市中心區域建設委員會議決之籌備。又建市政府先決問題案如左。

　　一　立體式樣應採用中國式。

　　二　平面佈置應各局分立。

　　立體式樣應採用中國式之理由。

大上海市政府及各局鳥瞰圖

一　市政府爲全市行政機關。中外觀瞻所繫。其建築格式。應代表中國
　　文化。苟採用他國建築。何以崇國家之體制。而興僑旅之觀感。

二　建築式樣爲一國文化精神之所寄。故各國建築。皆有表示其國民性
　　之特點。近來中國建築。侵有歐美之趨勢。應力加矯正。以盡提倡
　　本國文化之責任。市政府建築。採用中國格式。足示市民以矜式。

三　世界偉大之公共建築物。奚啻萬千。建築用費。以億兆計者。不知
　　凡幾。卽在本市亦不乏偉大之建築物。今以有限之經費。建築全市
　　觀瞻所繫之市政府。苟不別樹一幟。殊難與本市建築物共立。

平面式樣應各局分立之理由。

一　中國建築。例都平矮。普通不過一二層。平面鋪張。亦有限度。若
　　過於高大。頓失中國建築格式。市政府及各局所需面積甚大。若併
　　爲一處。未免過於高大。

二　新闢行政區域。係一遍空野。亟應多建房屋。以資點綴。與在繁華
　　市中建造政府房屋情形不同。故各機關不宜合併。與其極高大之建
　　築孤立空地。不若多數較小建築。聯絡一處。合成一莊嚴偉大之府
　　第。

三　際此經費支絀之時。市政府全部建築。非一朝一夕可實現。不得不
　　逐步建築。各局分立極合分期建築辦法。每次添增建築。不致牽動
　　已成部分。根據上列原則。從事計劃。茲將市政府新屋計劃略述如
　　左。

市政府房屋。居各局之首。爲全部主要建築物。自應較其他各局高大。然以
辦事人數比較。則適相反。補救方法。將市政府公用之大禮堂圖書室大食堂等。
併入市政府房屋內。使成爲全部最高大之建築物。

高度　　中國建築。例皆平矮。過高卽失其特點。且行政區地價尙廉。無上
升高聳之必要。然亦不能過低而失其尊嚴。茲定爲四層。自外觀之第一層爲平台
。平台之上建二層。宮殿式之房屋最上層。係利用屋頂。第一層及第三層爲辦公

大 上 海 市 政 府 新 屋 後 面 全 景

地位。第二層爲大禮堂圖書室及會議室。第四層係利用屋頂空處。作爲儲藏居住之用。全屋分中部及兩翼。中部較高大。因大禮堂平頂較高。將全部提高。且市長高級職員辦公室均在中部。亦所以示中部之重要也。

長度　　中國建築。因屋頂關係。平面不能過大。遇必要時。祇能將數屋連接一處。今市政府新屋地盤甚大。爲遵守中國建築定例，將全部分爲三段。屋面亦分三部。房屋總長度定爲九十三公尺。

寬度　　中國建築。例爲長方形。其寬度約長度之半。市政府新屋長達九十三公尺。應有相當之寬度。惟欲得充分光線。則寬度又不宜過二公尺。照此比例。房屋過似狹長。欲救此弊。惟有將全屋分爲三段。中部寬度。定爲二十五公尺，兩翼寬度。定爲二十公尺。

外表　　梁柱式爲建築中之最古式。埃及希臘均以梁柱式爲主體。而中國建築亦然。中國梁柱式之特點。在運用各種顏色裝飾梁柱等部。市政府外表即採用此式。第一層爲平台。圍以闌干。其上爲梁柱結構。屋頂蓋以綠色琉璃瓦，全部屋基九十餘公尺。未免太長。故將中部增高。使屋頂亦分三節。有巨梯自地面直

大 上 海 市 政 府 新 屋 全 面 夜 景 一 瞥

達大禮堂。其下為正門。車馬直達門前。前梯之兩旁。有巨獅坐守。

　　內部佈置　　因經費限制。內部佈置注重實用。不事舖張。入口設在第一層。有前後及東西四門。有十字形之穿堂。聯接扶梯電梯各兩處。直達第四層。各層均備有廁所二處。第一層包括食堂廚房侍候室衣帽室保險庫及與外界有接觸之辦公室。第二層為大禮堂圖書室及會議室等。與辦公室完全隔離。由地面有巨梯自外面直達大禮堂。旣屬便利。又壯瞻觀。第三層中部為市長及高級職員辦公室。兩翼為各科辦公室。四層係利用屋頂空際。光線不甚充足。作為公役儲藏檔案及電話機室之用。全屋分配如左。

　　地　　層　　鍋爐間煤間伙夫間。

　　第一層　　大門傳達處，警衞處，收發處，衣帽室，侍候室，會計處，保
　　　　　　　險庫，庶務處，第一科辦公室。大食堂。廚房，電表室，公共電
　　　　　　　話室等。

　　第二層　　大禮堂圖書室大小會議室等。

第三層　市長室祕書參事技正等室。會計室及第二三四五科辦公室等。

第四層　擋案室，儲藏室，電話機室，臥室，僕役室等。

主要內部裝飾概照中國式樣，梁柱概漆顏色彩花。其餘諸室概從簡略。

電氣設備　市政府爲行政機關。電氣設備至爲複雜。茲分舉如後。

一　電燈　全部電線均藏鋅鍍之無縫鋼管中。所有管子均置牆內。總計電燈四五五只。電燈插座百另一只。電燈開關三二一只。

二　電扇　電扇分牆風扇與吊風扇兩種。總計牆風扇一八只。吊風扇三一只。風扇開關一一九隻。廚房及備榮室裝有抽氣風扇各一。

三　電鈴　電鈴位置須依寫字台而定。目前僅備出線頭。依牆而行裝在踏脚板內。

四　電鐘　主要室中及穿堂裝置電鐘共有三十六只。由母鐘主動。

五　電話　全部電話設備完全由市政府自行設備。僅向上海電話局借用。對外中斷線十條。內部設三百號。自動交換機一座。備有電話出線頭八十根。所有設備均係德國最新式出品。

六　電梯　爲上下便利起見。備有電梯三只。電梯內部計四尺六寸。長三尺七寸寬。載重九百二十五磅（可容六七人）。速度每分鐘行百五十尺。

熱汽管之設備　裝置熱汽管。費用頗巨。惟冬日禦寒。不能不有設備。現時市政府及各局用煤爐及電爐兩種。每年耗費甚鉅。爲永久節省計。似應裝置熱汽管。且其清潔與便利。尤非與煤爐所可同日而語。爲免耗費起見。採用單管下降式。設鍋爐於地層。熱汽管面積爲九千方尺。屋內熱度在戶外氣候三十度時。可熱至七十度。

衛生設備　衛生設備。包括大小便所。洗濯盆及冷熱水。所有器具。均爲最新式者。屋頂內裝儲水箱。其容積爲一千五百加崙。地室內裝熱水箱。其容積爲四百加崙。全屋抽水馬桶。凡三十四隻。小便池二十五隻。洗面盆三十一隻。洗濯盆三十五只。浴盆一只。冷熱水龍頭九十一只。

救火設備　每層扶梯附近裝救火龍頭一只。共計八只。牆上設備有七十五

尺長三寸直經之蛇管。

<h2 align="center">結　　論</h2>

　　歐美大城市建造市政府。不惜巨資。誠以政府房屋爲全市觀瞻所繫。爲公共建築之模範。其作用固不盡限辦公之用。惟際此國家多難之秋。經費支絀之時。不得不一切從簡。上海市政府新屋之設計。卽懷此旨。除用鋼骨水泥作架外。一概從最省辦法。如外牆及闌干用人造石。大禮堂大食堂及穿堂地面用缸磚。辦公室地面用人造地板。皆爲節省起見。果未能謂滿意也。

　　市政府房屋外。尚有各局。因經費有限。祇能逐年添建。目前在市政府附近建造各局臨時辦公房屋兩座。式樣材料從省。將來各局新屋完成。可以改作他用。

沙 遜 河 濱 大 廈

　　沙遜洋行之河濱大廈。位於北蘇州路之河濱。東爲北江西路。西及北河南路。地佔五萬六千方尺。地層及第一層作店舖或寫字間之用。計地位約可八萬五千方尺。自第二層至七層。均作爲公寓。可供居一百九十四家庭之用。設備如煤氣灶，水汀，自來水等。一應俱全。造價二百萬強。公和洋行設計。新申營造廠承造。

明年支加哥

博覽會之中國建築

仿照熱河行宮金亭式樣建造

瑞典探險家述金亭歷史

　　美國明年在支加哥舉行之萬國博覽會內・將有中國建築出現於密希根湖畔・其式樣依照熱河行宮之金亭仿造・由瑞典探險家赫定氏（Hedin）董其事・此館完成・足爲吾國建築藝術在西方放一異彩・赫氏近爲文刊於紐約泰晤士報雜誌・述金亭之歷史・及決定建築之經過・茲譯其文如後・

　　一七〇三年・滿洲康熙帝在長城之外・內蒙古境內・熱河附近之小鎮・建築其第二國都・遂立下著名避暑行宮之基礎・避暑行宮於其皇孫乾隆帝在位之六十年間・臻於最享盛名之地位・乾隆帝於夏季數月內・自該處統治達於東亞中亞之廣大土地・卽稱爲中華帝國者・

　　在避暑行宮之宮牆以內・此兩大帝王創造出一華美與富麗之世界・異於世界上之其他任何事物・伏藏於叢林園圃之間・花草舊翠・院宇亭舍・倒影於湖泊池沼中・環山瀑布・又復傾注於其間・於此舉行種種慶節・舉行軍事操演・以是開始皇帝每年一度之秋狩・北達熱河之北端・其間樹木陰森・虎豹棲息・

　　古時蒙胡爲中國最危險之仇敵・爲防衛胡人・幷爲防衛罕族及其蠻族計・中國帝王於兩千餘年前・嘗作萬里長城・以故當康熙在蒙古境內建避暑行宮於熱河時・不僅爲滿足一種帝王之奇想・而係欲增加其帝位之力量・以使蒙人及其首長發生感印・且無需用嚴厲之手段・卽制止其南下・

　　此番思想更由孫乾隆帝推擴之・乾隆不僅添建其祖已建之宮室・共有宮室亭臺樓閣三十六所・幷建有若干輝煌之喇嘛廟・延及避暑行宮之東北部・成爲半月形・其中有一部建築之精美宏偉・在中國得未曾有・

　　此類廟宇・亦如避暑行宮・有相當之政治使命須完成者・乾隆帝欲表現遠過

眾蒙古王公汗長所曾見之宗教軒華富麗。欲使其發生感印。勳其欽羨之思。而同時裝作喇嘛之眞正信徒與保護者。乾隆帝幷於此種宗教之軒華崇高之中。覓得一種方法。能將蒙古首長與天子及大寶。用其信仰之金練以維繫之。

熱河在北平東北約一百一十五英里。自北平出發作小游。較之趨訪熱河四週之廟宇尤爲有益。此地山巒起伏。四面環繞。小鎮位於熱河之濱。河在避暑行宮之北。容受西面獅子河之支流。該河常年乾涸。上架大理石橋。河之北岸。在精妙之廟宇圈中。首卽見一通稱菩提拉之廟。其所以有如是之稱者。係因建築該廟之乾隆帝自稱其新創爲脫胎於西藏拉薩達賴喇嘛所住之廟宇菩提拉也。但其正確之名稱則係菩提宗正廟。菩提拉各寺廟四週圍有石垣。在其松樹園中。共有建築三十所。幾全爲西藏款式。內有宿舍。書室。遠方僧寄搭處。廚房貨倉等等。

自獅子谷起行。穿過東門。經一牌坊下。而達一廣場。該處有石刻之大象二把守。入一石亭之孔道。象身大小與眞象等。亭內豎巨碑三塊。其光滑之碑面上。刊有乾隆御製之奠基詔勅。分刊漢滿蒙藏四種文字。

自碑亭起。步過園中樹木夾道之石版路。又過一坊。坊爲紅黃綠諸色瓷料所建。極建築上之美觀。兩旁可見僧舍。最後則至太平台之東端。合天然及人工而成。承接大殿之正面。殿爲方形。石磚所造之大建築也。

正面飾以西藏式之窗牖。高凡十一層。上有瓷龕及佛像無數。對此壯偉之人工奇跡。令人爲之目眩神迷。追遊客對其偉壯稍爲習慣後。遂登達上層之一百六十二級石梯。而達於最高頂。

遙望下面。有風吹動樹枝。古廟在園中樹林間。以時現作黃灰紅諸色。相距較遠之處。則爲獅子谷。其斜陂之上。避暑行宮之園牆在焉。

此巨大之方石墩僅爲一方院中之一殼耳。因在其最高之三層上。始嘗一度綴有木建之房舍寢所。位於牆垣之內。現則以年久朽壞。大部已歸頹廢矣。帶有相當之興奮。走過院門。因在此方院內。將見標有金亭名稱之殿。卽菩提拉中最神聖者也。

初此傳衍發達已數千年之中國建築精緻傑構。見之人殊難有不作歡呼者。此

方整之廟宇。從四尺高之地台建起。其牆各長七十尺。具有特殊趣味者。則為外面之柱廊。其鬆作紅色之柱。上承下層屋頂。其下則有彫刻大方之柱紋。色彩豔麗。作成種種不同龍形花草。蔓紋及象徵之同樣。

銅頂二個。包以粗厚金皮。以保護內殿使得免受風雨侵蝕。兩頂之角簷皆向上飛起。上層作上尖下方之金字塔形。四面分五路上匯於塔頂。以象金木水火土五行。屋頂之八角。綴有龍頭及象徵之圖像。全係金製。其下垂有銅鈴。其錘端復繫以羽墜。以故雖至微之風。亦能搖擺而使鈴發聲。

金亭之大門係向南。由三路石級以達平台。正面三道木門均全敞開。門窗之上。均有木刻紅漆對聯。彫工精緻。極有韻味。

殿庭之內。有神祕之陰森氣象。自其間聳立十二高柱。直承上層之頂。壇上立有五百餘年前。重定喇嘛教。並理淨自古所傳沙門教思想之宗教改革者之塑像。四壁則有銅鑄或木彫之喇嘛教全體神佛。富有色彩。且皆作修持參禪之狀。各佛之間。供列香爐花瓶。小型之寶塔信號樂器等。為喇嘛教所不可少之基本器物。

金亭及熱河附近名新宮之類似之一廟。就建築美而言。中國再無有出其右者。在西藏札什倫布。蒙古庫倫等寺廟城內。余嘗見過廣大更為動人。外觀更為雄壯之喇嘛廟。余並承認拉薩一帶之廟宇僧舍。其堂皇亦過之。但以韻味精緻及秀麗言。均不能與金亭相比擬。

現在支加哥建築中。於今年八月末。其燦爛之金頂。起於密希根湖水之濱者。即此金亭是也。余現將一述此事之經過。一九二九年。余赴支加哥作短期之遊。得識新友數人。其中有班迪克斯者。為一瑞典分支之工業家。對於余之亞洲探險。極感興趣。

班氏謂欲為其先人之地。及以瑞典科學研究做相當之事。想之已久。余提議在瑞京斯多克姆及支加哥各建一喇嘛廟。或取原物。或照中國之原樣仿造。班氏立即覺察此舉之重要。在此變革迅速。易使數千年之亞洲文化歸於湮沒之時。尤見其重要。班氏並準備擔負一切費用。第二步即為覓一能勝任之種族學專家。余

得以暨蒙特爾博士參加探險。余遂於一九二九年偕博士及隊員二人往遊內蒙古。歷訪刺嘛廟數十。其中有若干本可購買。但在建築上及保存之狀態上。均不合吾人之要求。一九三〇年夏。余與蒙特爾及其力理員蘇尋明偕司建築師梁君及其助手畫師數人。同遊熱河行都。希望於乾隆宏章之廟宇中。覓得一適宜之神龕底型。以便在支加哥從事建築。

余等歷遊熱河諸廟。余等入至菩提拉尋見金亭後。遂明白此即可在密希根湖畔複造之建築。蒙博士在熱河拍得照片二百八十張。余作線條畫四十幅。梁君及其職員工作必要之測量。畫戊正側平面之圖稿。幷用須色繪戊所有裝飾之圖樣。

回北平後。梁君在北平新圖書館大院內戊立工場。將金亭之各部。概由中國木匠分別複製。熱河原廟經一百六十年之日曬霜蝕。已迅將解體。而支加哥之新龕。則將用新木料建造。如善加照料。可歷時數百年也。

新廟戊後。其二萬八千部份。分作一百七十三牛運美。於一九三一年抵支加哥。一九三〇年至三一兩年間。蒙博士幷將所收集之神像。樂器。喇嘛行教禮。及舉行舞踏時所御之華服。面具。旗旛。絲織品。懸掛物。及其他若干物品寄往美國。又一批比較更爲廣博之收集。同時運往斯多克姆。於今年一月舉行展覽。共佔十一室之多。

今年二月。余等在支加哥與百年進步博覽會籌備人員會商。以金亭建築於賽會會場。班氏以亭及收集之物盡付展覽。幷允出資盍兩層屋頂所用之二萬七千鍍金銅具。班氏建築師布士拜臂工興建。由中國建築師馬元熙君力之。梁之助力。尤不可少。因二萬八千零件均係中文所記者也。

乾隆帝於碑上之奠基詔勅中。述其於一七六七至一七七一年間建築各廟及金亭。以紀念皇太后之八十壽誕。幷爲迪古斯族於一七七一年復回中國誌喜。迪古斯族爲一六一六年由中國移殖烏拉河。由是再移伏爾加河下游。而戊爲俄籍人民之四族中之一族。當俄女皇加涉林時代。該族之長認爲受俄人虐待。決心回歸中國。該族壯丁四十萬人。攜帳幕七萬具。於一七七一年由伏爾加出發。率領婦孺。攜帶武器家具。車輛馬匹駱駝。牛羊數百萬。行過半個亞洲。途中嘗與俄女皇

軍隊戰・與哥薩克武士戰・幷嘗與操士耳其語之蒙古族戰・西伯利亞之隆冬・怒號之朔風・夏季之缺水等等苦況・須忍受七閱月之久・倖存者始得行抵中國境內之伊犂・戰中陣亡・或暴露以死者・竟達全數三分之二・此廟屬於新大陸・乃移民者所居之地・當得受其所應得之尊重無疑・余謂金亭將爲博覽會主要特色之一・自以幷未言之過甚・展覽過後・該亭將移往林肯公園・作爲一件歷史奇事之紀念物・及中國建築美術高度標準燦爛光輝之例證・

都 市 飯 店 及 漢 彌 爾 登 大 廈

上海江西路福州路轉角處。有巍巍兩大廈雄踞併立。較一日之短長者。蓋卽都市飯店 METROPOLE HOTEL 及漢彌爾登大廈 HAMILTON HOUSE 也。前者爲旅舍。後者自底層至三層爲開設店舖及寫字間之用。以上作公寓。高可十四層。造價綜計一百七十五萬。和公洋行設計。

北平兩塔寺

童寯

北平西郊。有兩相似之塔寺。一爲五塔寺。在天然博物院西北。一卽西山麓之碧雲寺。

出西直門。經萬牲園長垣。過曰石橋。卽五塔村。五塔寺內。僅一金剛寶座可見。明成化九年造。再先卽元之正覺寺。遺跡已無。乾隆重修正覺寺碑文云，『世傳阿育王建塔八萬四千。震旦僅得十之一。茲寺經明永樂間西竺國師板的達用一台五佛……』按明成祖時番僧板的達入中原。來供一金剛寶座。上有五塔。成祖封爲大國師。並重修大正覺寺。使之住持。成化時。依僧進寶座樣。造大正覺塔。

北 平 大 正 覺 寺 塔

塔座高約三十尺。南北六十尺。東西五十尺。南北面各有圓門。原有梯可登。今已毀。古物保管委員會有人駐守。可置一木梯攀登。座上建有五塔。居中者較高。共十三層。前有圓頂方亭。內有石梯。餘四塔稍低。俱十一層。

塔座頂上一條爲石欄。鐫蓮花式。頗與現代西洋建築上所用之一種裝飾相似。座最下一條爲底。滿綴石刻。居中五條爲佛龕。每龕約三十三寸寬。所刻佛像。面目各不雷同。

龕位左近塗紅色。佛及四周塗綠色。現彩色已侵剝殆盡。當夕陽照耀之時。輝煌玲瓏。使眼中現極暖之感。凡於晚間曾見法蘭西 Rheims 之大禮拜堂者。必具有同樣之印象也。

碧雲塔寺形式與正覺寺塔堪稱無獨有偶。惟精神則不及正覺寺塔遠甚。碧雲寺為元代物。塔則於清乾隆間始成。御製金剛寶座塔碑文云『摩揭佗國鉢羅笈山聖跡彰明。諸方信響。佛滅度後。座忽不見。諸國王乃以銅觀自在像南北標識其處。厥後又仿浮圖之制。範金為座。以便供奉。平臺特起……五塔岳峙。各俱寶相。象佛之偏歷四隅。而常依中座也。西域流傳。中土希有。乾隆十有三年。西僧奉以入貢。爰命所司。就碧雲寺如式建造。尺寸引伸。高廣俱足。……』

北平碧雲寺塔　　　　碧雲寺塔座

塔亦五尊。中央特高。塔座前有圓門。
後無門。惟此座下。又有石臺兩層。由
平地登三十四級。至第一層平臺。再登
二十八級。至第二層平臺。始達塔座正
門。圍塔座四周。有佛龕兩重。每龕寬
約五尺弱。俱大理石雕成。色青白。雕
刻粗俗。佛俱相似。雙手捧碗。世所稱
阿彌陀佛也。龕柱之複雜。與西洋建築
期中之Baroque 神氣相似。遠不如五塔
寺塔龕柱之古雅。石琢人物亦極冷硬。

　　若以西洋建築諸式比擬兩塔。則正
覺寺塔之輕靈有類 Gothic。碧雲寺塔之
笨重有類 Roman。但碧雲寺依山勢布
置石階重叠。殊爲雄壯。此又五塔寺所
不若也。

大正覺寺塔座

上海南京路大陸商場正面圖

　　大陸銀行信託部。為促進上海工商業集中利便起見。特建大陸商場。分別出
租。大廈計高六層。底二層作商場用。三層以上作寫字間。佔地凡九畝餘。北臨
南京路。南達九江路。東臨山東路。西通又新街。中間闢T字形人行道。各路口
俱有電梯。另有水泥樓梯七處。臨南京路之正中部份。計有八層。山東路轉角連
塔頂共九層。本會即在四樓四百廿七號。上海市建築協會在六樓。此外有關建築
業之商號。如新通公司輪奐公司各營造廠辦事處等。亦復不少。國內大學之同學
會。若南洋、約翰、清華、滬江四大學亦俱在內。其繁盛可見。建築師莊俊設計

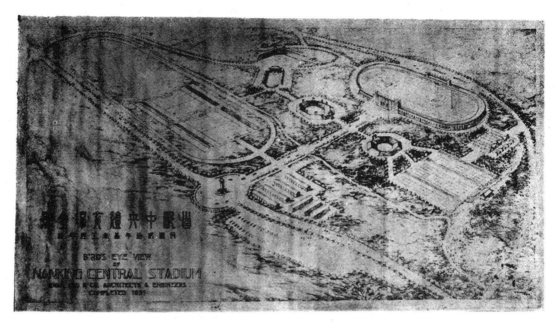

首都中央體育場鳥瞰全景　　　　　基泰工程司設計

上海四明銀行新建福煦路市屋圖

該屋式樣取彷歐美最新式樣。用鋼骨水泥建築。舖面磚粉白水門汀。櫥窗用最新出品之鋼精窗堂。全屋造價二十五萬兩。建築時間定八個月完工。約舊曆年終可告落成。設計者上海啓明建築公司。建築師奚福泉君。

上海中國銀行虹口分行大廈新屋

　　虹口中國銀行分行新屋。位居於北四川路海寗路轉角。高凡七層。該處地基形狹長。故建造適用之新屋。於設計上實需苦心不少。底層暨閣層。南面部份係該分行自用。北面部份。備商舖之租用。第一層作出賃之寫字間。自第二層及頂層。均作公寓之用。底層外面用蘇州花崗石砌飾。自第二層起。完全用泰山面磚。內部各種設備。亦均採近代最新式者。若電鐘電梯之屬。銀行大廳營業部。用人工空氣制。保管庫裝霄供應。裝飾用大理石玻璃等砌鑲。晶光輝發。一如廣寒仙闕云。建築師陸謙受。

首都中央體育場大看台全景　基泰工程司設計

上海青年會西區新屋

　　上海西區中國青年會新屋。由建築師李錦沛范文照趙深所三君設計。全部圖樣取中國古式。効北平前門形。下部三層。外面全用人造石及花崗石奠基。含有座盤之意。中五層皆砌以泰石面磚。上一層較中各層尤高巍。內設大宴會廳。客廳，走廊，過橋，均着五彩汕漆。蓋以琉璃花瓦。二層向北之一端。建有水塔一座。高凡九層。此全屋高出二層。作四方形。上面亦有琉璃花瓦。進門家裝有大理石扶儞及穿堂。設有升降機二架。裝潢點綴。極富麗喬皇之能事。聞下部三層。完全爲該會辦公自用。第一層有飯堂，理髮室，會客室，更衣室。二層有大禮堂，大客廳，圖書館，彈子房總總幹事辦公室。三層爲該會分配各部工作之用。

綜此建築。全部外作凹字形。內宮殿式實融合中外古今建築之美術。尚有游泳池健身房各大設備。暫時尚不克一氣呵成。然預計亦不日可動工。已成工程。計費銀四十萬兩。完成全部工程。尚需銀二十萬兩左右。匯裕記營造廠承造。

國民革命軍陸軍第五師陣亡將士紀念塔

上圖紀念塔。建立於上海龍華路謹記路口。倣古代之擎天柱式。材料全
用蘇石建築。並彫刻雲花。高度為六十英尺。奚福泉建築師設計。

梁思成

　　諸君！我在北平接到童先生和你們的信，知道你們就要畢業了。童先生叫我到上海來參與你們畢業典禮，不用說，我是十分願意來的，但是實際上怕辦不到，所以寫幾句話，強當我自己到了。聊以表示我對童先生和你們盛意的感謝，並爲你們道喜！

　　在你們畢業的時候，我心中的感想正合俗語所謂『悲喜交集』四個字，不用說，你們已知道我『悲』的甚麼，『喜』的甚麼，不必再加解釋了。

　　回想四年前，差不多正是這幾天，我在西班牙京城，忽然接到一封電報，正是高惜冰先生發的，叫我回來組織東北大學的建築系，我那時還沒有預備回來，但是往返電商幾次，到底回來了，我在八月中由西伯利亞回國，路過瀋陽，與高院長一度磋商，將我在歐洲歸途上擬好的草案討論之後，就決定了建築系的組織和課程。

　　我還記得上了頭一課以後，有許多同學，有似青天霹靂如夢初醒，纔知道甚麼是「建築」。有幾位一聽要「畫圖」，馬上就溜之大吉，有幾位因爲「夜工」難做，慢慢的轉了別系，剩下幾位有興趣而辛苦耐勞的，就是你們幾位。

　　我還記得你們頭一張 Wash Plate，頭一題圖案，那是我們『篳路藍縷，以啓山林』的時代，多麼有趣，多麼辛苦，那時我的心情，正如看見一個小弟弟剛學會走路，在旁邊扶持他，保護他，引導他，鼓勵他，惟恐不周密。

　　後來林先生來了，我們一同看護小弟弟，過了他們的襁褓時期，那是我們的第一年。

　　以後陳先生，童先生和蔡先生相繼都來了，小弟弟一天一天長大了，我們的建築系纔算發育到青年時期，你們已由二年級而三年級，而在這幾年內，建築系已無形中型成了我們獨有的一種 Tradition，在東北大學成爲最健全，最用功，最和諧的一系。

　　去年六月底，建築系已上了軌道，童先生到校也已一年，他在學問上和行政

○○○四三

上的能力，都比我高出十倍，又因營造學社方面早有默約，所以我忍痛離開了東北，離開了我那快要成年的兄弟，正想再等一年，便可看他們出來到社會上做一份子健全的國民，豈料不久竟來了蠻暴的強盜，使我們國破家亡，絃歌中輟！幸而這時有一線曙光，就是在童先生領導之下，暫立偏安之局，雖在國難期中，得以賡續工作，這時我要跟着諸位一同向童先生致謝的。

現在你們畢業了，畢業二字的意義。很是深長，美國大學不叫畢業，而叫「始業」Commencement 這句話你們也許已聽了多遍，不必我再來解釋，但是事實還是你們「始業」了，所以不得不鄭重的提出一下。

你們的業是甚麼，你們的業就是建築師的業，建築師的業是甚麼，直接的說是建築物之創造，為社會解決衣食住三者中住的問題，間接的說，是文化的記錄者。是歷史之反照鏡，所以你們的問題是十分的繁難，你們的責任是十分的重大。

在今日的中國，社會上一般的人，對於「建築」是甚麼，大半沒有甚麼了解，多以「工程」二字把他包括起來，稍有見識的：把他當土木一類，稍不清楚的，以為建築工程與機械，電工等等都是一樣，以機械電工問題求我解決的已有多起，以建築問題，求電氣工程師解決的，也時有所聞。所以你們「始業」之後，除去你們創造方面：四年來已受了深切的訓練，不必多說外，在對於社會上所負的責任，頭一樣便是使他們知道甚麼是「建築」，甚麼是「建築師」。

現在對於「建築」稍有認識，能將他與其他工程認識出來的，固已不多，即有幾位其中仍有一部分對於建築，有種種誤解，不是以為建築是「磚頭瓦塊」（土木），就以為是「雕梁畫棟」（純美術），而不知建築之真義，乃在求其合用，堅固，美。前二者能圓滿解決，後者自然產生，這幾句話我已說了幾百遍，你們大概早已聽厭了。但我在這機會，還要把他鄭重的提出，希望你們永遠記着，認清你的建築是甚麼，並且對於社會，負有指導的責任，使他們對於建築也有清晰的認識。

因為甚麼要社會認識建築呢，因建築的三原素中，首重合用、建築的合用與

否，與人民生活和健康，工商業的生產率，都有直接關係的，因建築的不合宜，足以增加人民的死亡病痛，足以增加工商業的損失，影響重大，所以喚醒國人，保護他們的生命，增加他們的生產，是我們的義務，在平時社會狀況之下，固已極為重要，在現在國難期中，尤為要緊，而社會對此，還毫不知道，所以是你們的責任，把他們喚醒。

為求得到合用和堅固的建築，所以要有專門人材，這種專門人材，就是建築師，就是你們！但是社會對於你們，還不認識呢，有許多人問我包了幾處工程。或叫我承攬包工，他們不知道我們是包工的監督者，是業主的代表人，是業主的顧問，是業主權利之保障者，如訴訟中的律師或治病的醫生，常常他們誤認我們為訴訟的對方，或藥舖的掌櫃——認你為木廠老板，是一件極大的錯誤，這是你們所必須為他們矯正的誤解。

非得社會對於建築和建築師有了認識。建築不會得到最高的發達。所以你們負有宣傳的使命，對於社會有指導的義務，為你們的事業，先要為自己開路，為社會破除誤解，然後纔能有真正的建設，然後纔能發揮你們創造的能力。

你們創造力產生的結果是甚麼，當然是「建築」，不祗是建築，我們換一句說話，可以說是「文化的記錄」——是歷史，這又是我從前對你們屢次說厭了的話，又提起來，你們又要笑我說來說去都是這幾句話，但是我還是要你們記着，尤其是我在建築史研究者的立場上，覺得這一點是很重要的，幾百年後，你我或如轉了幾次輪迴，你我的作品，也許還供後人對民國廿一年中國情形研究的資料，如同我們現在研究希臘羅馬漢魏隋唐遺物一樣。但是我並不能因此而告訴你們如何製造歷史，因而有所拘束顧忌，不過古代建築家不知道他們自己地位的重要，而我們對自己的地位，却有這樣一種自覺，也是很重要的。

我以上說的許多話，都是理論，而建築這束西，並不如其他藝術，可以空談玄理解決的，他與人生有密切的關係，處處與實用並行，不能相離脫，講堂上的問題，我們無論如何使牠與實際問題相似，但到底祗是假的，與真的事實不能完全相同，如款項之限制，業主氣味之不同，氣候，地質，材料之影響，工人技術

之高下，各城市法律之限制………等等問題，都不是在學校裏所學得到的，必須在社會上服務，經過相當的歲月，得了相當的經驗，你們的教育纔算完成，所以現在也可以說，是你們理論教育完畢，實際經驗開始的時候。

　　要得實際經驗，自然要為已有經驗的建築師服務，可以得着在學校所不能得的許多教益，而在中國與青年建築師以學習的機會的地方，莫如上海，上海正在要作復興計畫的時候，你們來到上海來，也可以說是一種湊巧的緣分，塞翁失馬，猶之你們被迫而到上海來，與你們前途，實有很多好處的。

　　現在你們畢業了，你們是東北大學第一班建築學生，是「國產」建築師的始祖，如一隻新艦行下水典禮，你們的責任是何等重要，你們的前程是何等的遠大！林先生與我兩人，在此一同為你們道喜，遙祝你們努力，為中國建築開一個新紀元！

　　　　　　　　　　　　　　　　　　　民國廿一年七月梁思成

　　本埠恆利銀行。以原有行址不敷應用。已擇定河南路天津路轉角自建六層大廈。地層及一層歸該行自用。餘備出賃寫字間之用。該屋建築由趙深陳植兩建築師設計。倍見德荷兩國最近建築之作風。地基沿河南路一面。占一百零四尺。沿天津路一面占六十二尺。下建地窖。屋內外裝修。悉用天然大理石暨古色銅料構成。富麗矞皇。得未曾有。銀庫設於該屋之第一層。而不若其他銀行之設於底層者。蓋欲防滬上巨水為患。馬路水漲侵入地窖之虞。保管庫採用最新式之保管箱及庫門。（係本埠新通貿易公司所承辦）排置於夾層。顧客租用。尤為利便。窗戶四通。電炬採暗裝制光線毋分晝夜。均極充足。全屋銀行部分。以及出租各層。均用檀木地板。電梯則用怡和經理之瑞士出品「新特勒」牌。建築工程。由仁昌營造廠承包。預計明春三月間。可告落成。

上海特區法院新屋落成　（楊錫鏐建築師設計）

上海浙江路第一特區法院。年來因訟務日繁。原有法庭。不敷應用。前楊院長肇熉任內。籌款興建新屋。已於上月落成。特由司法行政部派員驗收。業已遷入辦公。該屋建築爲五層鋼骨水泥。外觀極形雄壯。內部亦極寬暢。計有大法庭四座。及辦公室，律師室，贓物庫，擋卷儲藏室等。頗爲完備。總計造價九萬餘金。仁昌營造廠承建云。

蘇俄政府新屋建築　　王進

圖　樣　競　賽

　　蘇俄政府擬在該國首都莫斯科地方，建政府新屋一所，以爲政府人員辦公之處，按政府之建築優劣，一國之觀瞻繫之，故不得不愼重，將以期能發揚國光而壯輪奐，因有建築圖樣競賽之舉，凡爲建築師者，無論國籍，不分畛域，皆得參預，乃所以收集思廣益之效也。

蘇俄政府競賽榮獲首獎者之側面圖樣全屋用鋼架擎支偉大無匹

蘇俄政府競賽榮獲首獎者之正面屋樣圖

此次預賽者，凡二百十有七家，無不鉤心鬥角，竭思殫慮以赴之，故佳構琳瑯，美不勝收，而其中尤推漢密爾登（Hector. O. Hamilton）及益馬托夫斯（I. V. Imoltovsky）伊渥芬（B. M. Iofan）所合擬之一幀為最佳，中首選，各得獎金一萬二千盧布（約合美金六千元），中次獎各得獎金五千盧布。

漢氏所擬之新屋，長凡一千四百呎，深六百呎，其兩翼為大小會場各一所，中間窄狹處之三層樓上，架有橋一座以媾通之，橋之上即圖書館，及廣大之電話間所在地也，會場之大者，設座位萬五千，容人至二萬九千，可供大眾集會及盛大展覽會之用，其小者，亦有座位五千，并備有會議桌數列，乃專為政府委員及代表集會之用者，此外尚有其他集會場所二處，客廳若干所，圖書館（可容人萬四千）及辦公室（可容人千餘）各一所，將來并擬裝置大電台一座，闢大酒樓一，及小酒樓八，屋之下有地下鐵道站，與全城各處相連接，屋之底層，全部廢為電車公共汽車及私人車輛停留之所，繞屋之四周，則有單程馬路一道，與此鄰各路啣接，以靳能以最高之速度通達各處，或由各處會集于該地也，蓋該屋全部容人至五萬之眾，一遇辦公時間，勢必車輛擁擠，交通阻滯，故非於交通設備上特別注意不可，而漢氏能于此處獨具隻眼，實其獨到處，或亦即其所以中首選之一因也。

蘇俄政府競賽首獎者之背後正面形

蘇俄政府競賽獲居次獎者三圖樣之一

蘇俄政府競賽獲居次獎者三圖樣之二

蘇俄政府競賽獲居次獎者三圖樣之三

東北大學建築系小史　　　　童寯

　　瀋陽東北大學建築系。創設於民國十七年秋。屬於工學院。時高惜冰君爲工學院院長。值梁思成君及夫人林徽音女士自美歸來。高君邀主建築系。一切開始任務。招生僅十餘人。梁君夫婦慘澹經營。所有設備。悉仿美國費城本雪文尼亞大學建築科。翌年添招一年級新生十餘人。時陳植君回國。又被請赴瀋襄助一切。學生成績斐然何觀。旣而高完長離校。理工院長孫猷廷於建築系之發展。仍與梁君朝夕籌劃。十九年又收新生一級。由美電請鄙人歸瀋。時圖書照片模型等。幾已應有盡有。惟屢因學校行政變遷。建築系之廣充計劃。不獲實現。二十年春。陳植君來滬經營建築師業務。同年夏。梁君因北平營造學社急待整理。暫時離校。秋季開學未久。卽逢九一八之慘變。師生相繼避亂北平。籌謀復課事。數月未成。冬季鄙人來滬。至此復課之事。始有定議。理工部份。以缺乏設備。勢須在他校借讀。由鄙人召集建築系三四年級學生來滬。由陳植君向大夏大學磋商。蒙歐元懷校長允許借讀。到畢業時。仍發東北大學證書。所有教授。純盡業務。學生費用由東北大學按月補助。課呈視前略有增減。授圖案者爲陳植君及鄙人。授工程者有江元仁君及鄭濟西君。營業規例合同估價諸課。由趙深君担任。四年級生九人。已於今夏七月底卒業。三年級生七人。明年七月底卒業。舊有學生成績。經去夏梁君思成製版。擬刊印成册。未果而變起。茲於本期刊學生圖案數張。以後繼續按期刊登焉。

建築四圖案第一題

廿一年四月卅日發

市 中 心

　　某大都會，有人口三百萬。擬將城內熱鬧區域殘破房屋。悉數拆平。可得地皮四百二十畝。（每畝＝7.23）方尺）成長方形。比長方形之長軸 (Major Axis) 與交通要道相接。名中山路。長方形之短軸 (Major Axis) 與二百尺寬之河平行。河上之橋。亦本題中之一部份。

市中心卽建築此地皮之上。共有大廈六座：——

1. **市政府**——爲警務，稅務，衛生，教育，商務，工務等辦公之所。
2. **醫　院**——爲市之治療研究機關，設有各等養病室。
3. **博物館**——爲陳列古物及最近工業品之所，並有講演廳。
4. **圖書館**——爲供衆人閱覽研究之用。
5. **劇　場**——容三千人。
6: **旅　館**——爲市營，供布政府人員住宿及觀光旅行之用。

圖　例

草圖——平面，立面，斷面，皆以一寸當四百呎算（五月一日下午六時校）

詳圖——平面一百二十八分之一。立面六十四分之一。斷面一百二十八從一。

（五月廿二日下午六時交）

東北大學建築系四年生郭玉林繪市中心平面圖

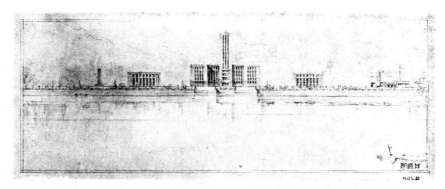

東北大學建築系四年生劉致平繪市中心立面及平面圖樣

建築三圖案第一題

廿一年四月卅日發

中央試驗所

吾國首都。擬建中央試驗所一處。集合全國科學泰斗。終身盡力於新發明。先開辦物理化學生物三部。每部面積不得過貳萬方尺。四面臨街。

（一）公開之部————講演廳客一千人以內。

　　　　　　　　接待室。餐室。陳列室。門房。役室。衣帽室。及廁所等。

（二）試驗之部————物理部，化學部及生物部分置各層。每部有試驗室。儀器室各若干。及儲藏室。役室。修理室。

　　　　　　　　扶梯之外。須備公用及運輸電梯各一。運輸電梯並須另備一門出入。

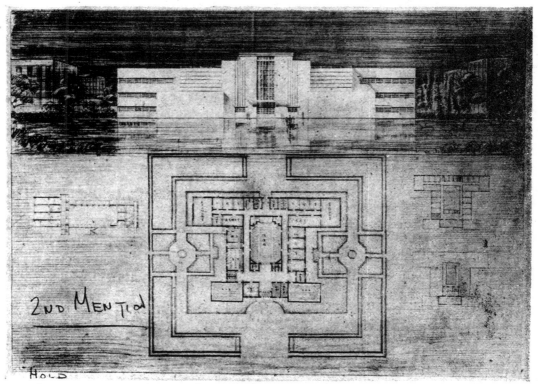

東北大學建築系三年生劉鴻典繪中央試驗所設計圖

圖例　　（第一層六十四分之一。其餘任何一層六十四分之一）

草圖——平面。立面。斷面。均六十四分之一（五月一日下午六時交）

詳圖——平面第一層及任何一層均三十二分之一。

立面十六分之一。斷面三十二分之一。

（五月廿三日下午六時交）

東北大學建築系三年生馬峻想繪中央試驗所之一

上海公共租界房屋建築章程（上海公共租界工部局訂）

肇 輝 譯

樣 圖

第一條 凡擬建造新屋者，均應備具全部藁圖，送請審核。圖樣上所用之比例尺，不得小於每八呎作爲一吋。並須將新屋各部及其附屬建築之位置形式大小，及用途等詳細載明。

同時造屋者，須備具此屋之地盤圖一份。其比例尺不得小於五十呎作爲一吋。並須將新屋及其四隣建築之位置，前後街道之寬度及水平，最底層及空地之水平，與每層擬載之重量等詳細註明。

計算地基，撐柱，礎磴，圍牆，棟樑，及其他負重之建築時。其在每層及屋頂上所應負載之重量。須與本章程第四章中所規定者相符合。

圖樣上並須載明擬造水溝之線路，及擬用水管之大小，深度，與斜度。

各項圖樣，均須備有兩份。一份於核准後，存案備查。一份送還與請照人，俾得憑領執照。此份須於建築時懸掛於工作地點。使稽查員可以隨意審查。但無論已否經過審查。領照人均須隨時負責。遵照本章程適當辦理。

請照單及執照費

第二條 凡建造新屋請領執照者，均須填寫於特備之請照單內。此單隨時可以免費領取。填就後，連同執照費。一併繳交。應繳之執照費，規定如下。

（甲）房屋體積不過二萬立方呎者。	規銀肆兩
（乙）二萬立方呎以上每加五千立方呎或其分數者加	規銀壹兩
（丙）更改已經核准之圖樣，而不加大其體積者加	規銀壹兩
（丁）更改舊屋。但須在舊牆以內者。（否則仍照甲乙丙收項費。）	規銀叄兩
（戊）如有連續一貫之房屋，而其各屋之式樣相同者。則第一	

屋照上列各項取費。其餘各屋均減半收取。

籬笆棚架等

第三條 凡建造新屋其高度不逾五十呎者，所搭之棚架籬笆等，得伸進及占用貼

邊之人行道或公路，但不得逾三呎。其高度在十呎以上者，不得逾四呎。遇
有特別情形。稽查員得許超過上訂寬度。此項離笆棚架等概應建造穩固。勿
使任何材料墜入公路之中。

地 基 等

第四條　新屋之地基。不得建於包含動植物質，或未曾切實固結之地址上。

　　　　新屋之地面應較做成後之人行道最高點，至少高出三吋。如無人行道，
則較距離最近之公路，路冠，至少高出三吋。

　　　　新屋底層之地板，如係實舖，應較做成後之人行道最高點，或最近公 路
路冠，至少高過六吋。如係空舖，至少高過十二吋。

屋址之地面

第五條　在新屋外牆之內。全部地面，概須用瀝青，或蓋以灰漿及水泥，或柏油
混凝土一層，厚度至少六吋。瀝青混凝土之面，不得低於第四節所述之地面
。但貨棧一類之房屋，不得用柏油混凝土。

包工人用之臨時廠房

第六條　建新屋時包工人用之臨時廠房內。概須備有廚房及經核許之廁所。並須
於新屋工竣之後完全拆除。廚房地板應用不透水之材料建造，並應向明溝舖
成坡度，使水得以流入溝時，轉入最近之流水管或小溪內。

牆 垣

第七條　（甲）新屋牆垣。概應備有牆垣避潮材料一層，如鉛皮油氈等。此避潮
材料須置於最低木料之靠牆之地面，至少六吋。

　　　　（乙）新屋牆身所用之材料，建造之方法及厚度。均須依照本章程各節
所規定。（詳見第一章）

　　　　（丙）任何磚料之載重，不得超過以下之規定。

| 水泥黃砂所砌之牆垣 | 每方呎三噸 |
| 灰漿黃砂所砌之牆垣 | 每方呎二噸 |

　　　　（丁）貼近外牆之處，如有易於燃燒材料。所做成之水溝。則須自此溝

之最高點，至少向上砌高一呎。做成一壓簷牆。其全身厚度，至少八呎半，

（戊）建造新屋時。無論何層或每層外牆上所開空洞。其面積大於無論何層或每層全牆面積之二分之一時。則此空洞應：——

（一）置有適當之磚墩，或其他有效之支撐，以能担負其上部之重量為度。

（二）置有適當之磚墩，或其他有效之撐支於距牆角三呎或三呎以內之處。

（己）（一）凡屬貨棧或公共房屋，每一分間牆厚度至少八吋半。並須高出最高之屋面或氣樓，或天溝，至少三尺。如屬其他房屋，則至少十五寸。該項尺寸以與屋面成直角之垂直量法為準。

（二）凡任何房屋之屋頂或屋面。與新屋之分間牆相距在二呎以內。其上設有軒樓，氣樓，氣窗，或其他易於燃燒之材料所造之建築物者。此分間牆，應照前訂厚度，高於及每邊寬於此項建築物，至少十二吋。又住何屋頂與新屋之分間牆相對，且相距在二呎以內者。此分間牆應照前訂厚度，高於此屋頂之任何部分，至少十二吋。

（三）凡任何屋頂之一部分，與新屋之分間牆相對，且相距在二呎以內者。此分間牆應照前訂厚度，高於此部分至少十二吋。

（四）倘屋面之屋簷，伸出於房屋之外。且為易於燃燒之材料所做者。每一分間牆。厚度至少八吋半。須用磚或石作成壁肩。向外與伸出之屋簷相齊。並向上砌高。貨棧三尺。其他房屋十五寸。

（庚）新屋牆垣高過屋面，而成一壓簷牆時。應做有壓頂，或其他有效方法。使雨水不致沿壓簷牆流下，或浸入牆內。

（辛）新屋之外牆，橫牆，或分間牆上。除合於下列各項規定者外，不得有任何壁洞，或凹進之處。（ Recess ）：

（一）該項凹進處之背後牆身。仍應具有合法厚度。（住宅八寸半。貨棧或公共房屋十三寸。）

（二）該項凹進處之上部，應置有適當之彎措，或不易燃燒之橫楣。

（三）該項凹進處之寬度，如不及該層牆垣高度之一半，則背後牆身可

較該牆應有之牆身爲薄。

（四）該項壁洞或凹進處之邊，應與任何內牆角相距至少三尺。

磚　　柱

第八條　凡磚柱之四面臨空，而無適當支撐者，其高度不得逾其最小寬度之六倍。如有適當支撐，則該項支撐點之相距，不得逾其最小寬度十倍。凡二十吋以內之磚柱，皆應用水泥黃砂砌成。

擱　　柵

第九條　（甲）每一擱柵，無論係用木料或金屬。每端除托入分間牆或外牆外。應至少有四吋另托於適當之磚磴，石磴，木柱，或鐵柱上。稽查員有權鑒定，每一擱柵是否需要此項另置之支柱，俾可負担上部之重量。凡木擱柵之端，距分身牆中線，至少應有四吋。

（乙）金屬擱柵之每端，須留一空隙。擱柵每長十呎或其分數，則空隙應留四分之一吋。以備遇熱之伸長。

（丙）與擱柵互相固連之木料或木板，不得置於牆內。

（丁）每一擱柵，如係置於分間牆內。均須托於穩固之磚塊，石塊，或鐵塊上。放入之長度，至少爲牆身厚度之半。寬度則與擱柵之全寬相同。

（戊）木料之端，得置於穩固之石肩，或鐵肩上。放入牆內之長度，至少八吋半。或另置於稽查員合意之支撐上。

（己）如用有背之鐵製之托樑盒，則托樑盒之背，可置於分間牆之中線上。

（庚）在每層地板及天花板處，凡擱柵之置於新屋牆上者。其中空隙均須以磚料，或混礙土，或其他不易燃燒之材料填滿。但置於牆中之木質擱柵之盡頭處，應留有充足空隙。以便流通空氣。

烟　　囱

第十條　（一）倘壁肩由牆面伸出之寬度，不大於牆寬者。煙囱可做於磚製，或石製，或其他堅硬而不易燃燒之材料所製之壁肩上。其他煙囱，概須做於實

質之基礎上。且須備有如牆脚之底脚。否則無須做於鐵桁上。直接固結於分間牆，外牆或橫牆內。以得有稽查員之滿意方可。

（二）烟囱之具有適當之烟煤門，其面積不小於四十方吋者。可以作成仟何角度。但與地平線相斜之角度，不得小於四十五度。且轉角處應作圓形。一概烟煤門與木料之距離，至少應有十五吋。

（三）每一烟囱之空洞上。爲支撐其本體起見。應做一適當之磚製，或石製之環拱。在盡頭處置一可以上下搖動之鐵條。每邊放入爐墩內，至少八吋半。

（四）無論屬商業用，或屬製造用。不得爲新置之火爐，或鍋爐，採用或設置烟囱。但烟囱之建築，經稽查員之核准者除外。

烟囱不能用作鍋爐或熱氣引擎之用。倘烟囱自鍋爐之地面之高度，至少有二十呎者除外。

新屋烟囱之裏面，槪須以灰泥或灰砂塗光。並須以至少一吋厚之避火材料舖滿砌上。所有稜角處，亦須以硬磚，或其他不易燃燒之材料磨平。

烟囱在房屋以外之各部分。其位置及層數均應顯明表出。但烟囱之外面，用作外牆之面者除外。

烟囱不能築於分間牆內。但四週用至少四吋厚之新磚，且經適當之砌結者除外。

每一烟囱之上部，與地平線作成之角度，不及四十五度者。其厚度至少應爲八吋半。

（五）每一壁爐之墩，在爐門每邊之厚度，至少應有十三吋。

（六）烟囱本身及其四週之磚料，厚度至少應有四吋。

（七）壁爐之背，置於分間牆內者。其厚度至少應有八吋半。其高度至少應在壁爐以上十呎。

（八）每一煙囱須用磚砌，或石砌。全部厚度至少四吋。高度至少在屋面，或水溝之最高點以上三呎。

　　　　每一煙囱之頂上六層，須用水泥做就。

　　　　煙囱（用於蒸汽引擎，釀酒廠，蒸水廠，或製造廠者除外）。之磚工，或石工。在屋面以上之高度，不得高於烟囱之最小寬度之六倍。但若與另一烟囱合做，或連結者除外。

　　　　（九）在烟囱空洞之前。須舖石板，或其他不易燃燒之材料一層。與每層之地板相平。每邊較空洞至少多寬六吋。在烟囱本身之前，至少寬十八吋。

　　　　（十）在每層地板上，（最底一層除外。）上節所述之板。應舖於石製鐵製，磚拱，或不易燃燒之材料所做之支持物上。但在最底一層，可舖於地面之混凝土上。或其他之堅實材料，置於此混凝土之上者。

　　　　（十一）壁爐或石板均須全部置於磚製，石製，或其他不易燃燒之材料所製之材料上。連同此項材料，其在壁爐或石板之頂面以下之厚度，至少應有六吋。

　　　　（十二）煙囱之連同牆身，或築於牆身之內者。不得捨棄不用。但經稽查員證明，不致損礙房屋之堅固者除外。任何木料不得置於下列各處：

　　　　（甲）牆內或煙囱內，距煙囱空洞之裏面，不及十二吋之處。

　　　　（乙）煙囱空洞之下，距壁爐之上面十吋以內之處。

　　　　（丙）煙囱磚料或石料之厚度，不及八吋半者。距磚面或石面二吋以內之處。但磚面或石面之已經粉光者除外。

　　　　（十三）房屋之外面，不得裝置管子。爲流通煙氣，或輸送灰燼之用。但裝管之處，距任何燃燒材料至少在八吋半以上，及高過屋簷至少在三呎以上者除外。

火 爐 之 烟 囱

第十一條　除經另行核准者外。凡屬用於引擎，釀酒，蒸煉，及製造之鍋爐煙囱。如係磚料所做。須遵照下列之規定。

（一）煙囪之全部，須最好之磚料及灰漿砌造。如係尖錐形，自底至頂，每加十呎之高度，其寬度至少應差二吋半。

（二）自煙囪之頂點至頂點以下十五呎之處。磚料之厚度至少應為八呎半。向下每加十五呎。則厚度至少應加寬半塊磚。

（三）煙囪之頂部，平台柱，礎，或由磚面加出之建築物等。均須另加於本章程所需磚料之厚度以外。並須合法建造。以得有稽查員之滿意始可。

（四）煙囪之基礎，須築於經稽查員滿意之混凝土上。或其他適當之地基上。

（五）煙囪之底腳，須由底盤四週整齊凸出。其伸出之寬度，須等於底盤週圍磚料之厚度。底腳內之空隙，無須於工作進行時填實。

（六）煙囪之底盤，如係方形，其寬度至少應為所訂高度之十分之一。如係圓形，或多角等方形，至少應為高度之十二分之一。

（七）煙囪下部之內，如用火磚。則與本章程所述磚料之厚度無關，而為另加者。二者亦不互相砌結連合。　　　　　　　　（未完）

更 黏 GUNITE

「更黏」 ''Gunite'' 乃一商標名詞，稱用放氣壓力所製成之一種沙和水泥混合物。

「更黏」 有切合建築工程之特殊能力：

(一)黏性： 多數試驗和實地工作均證明「更黏」之黏性較其原料本質為強。磚，瓦，水泥，苟蓋以「更黏」一層，更可垂久遠而不患崩潰。

(二)密度： 「更黏」之密度在其和水合法適度見之。無過分燥澤之弊。其密度與阻水力僉有各地官所試驗局備文證實之，不僅實地試驗稱善而已也。最近本埠一營造廠為法商自來水廠修理水道，因用「更黏」方見滿意。

「更黏」之阻水力甚強，凡壁道，屋頂，地基，等處「更黏」更可展其本能。

(三)堅力： 「更黏」 堅力每方时計五千磅。下列試驗可見一斑：

(四)阻火力：「更黏」 有極高度之阻火力，此係根據紐約保險試驗所試驗揭曉，見諸本年五月第一三二七號阻力報公告。

凡採用「更黏」者，可得保險行逾格之優待。

(五)漲力： 「更黏」之漲力可與低度鋼炭相垺，富揉曲性，但爆裂性則減至極低限度。

(六)水泥比例不高： 「更黏」有良好之水泥比例，其故安在：

(甲)因施用氣壓力，俾易受範；不求形式；絕受過剩原料，均任自然。

(乙)因攪水合度 僅保水泥和化。

「更黏」與手和泥灰試驗結果
德政府材料試驗局

次 數	加料方向	重壓並行,直垂	受驗材料	平 均 —— 五 樣	
				每平方糎一瓩重	每平方吋一磅重
1	→二層	並 行	更黏 1:4	450	6398
2	→二層	直 垂	更黏 1:4	461	6565
3	→一層	直 垂	更黏 1:4	398	5659
4	→二層	直 垂	更黏 1:5	376	5346
5	→二層	直 垂	更黏 1:6	355	5047
6	↓二層	並 行	更黏 1:4	516	7336
7	↑四層	並 行	更黏 1:5	553	7863
8	手和水泥		1:4 水泥	164	2332
9	手和水泥		1:4 水泥	168	2389

更黏樣品約厚$2\frac{3}{4}$英吋,自更黏簿片面積四至六方尺割下者。樣品成就日,一九二三年七月五日,受驗時一九二三年九月二十四日。手和水泥樣品含水量百分之七至八,泥則和勻塞入模型。

中國建築師學會會員錄

正會員

姓名	出身	職業地址	電話
呂彥直（已故）	B.Arch., Cornell University	上海四川路二十九號彥記建築事務所	一四八四九
張光圻	B.Arc, Columbia University	北平貢院頭條三號	
范文照	B.Arch., University of Pennsylvania	上海四川路二十九號范文照建築師事務所	一九三九五
莊俊	B.S., University of Illinois	上海江西路二十二號	一九三二二
李錦沛	Beaux Arts, Pratt Institute, New York, Columbia University	上海四川路二十九號李錦沛建築師事務所	一四八四九
巫振英	B.Arch., Columbia University	上海西藏路二百十號	
趙深	B.Arch., M.Arch., University of Pennsylvania	上海寧波路上海商業儲銀行大樓	一三七三五
董大酉	B.Arch., M.Arch., University of Minnesota, Graduate School, Columbia University	上海博物院路二十號董大酉建築師事務所	六〇八四〇

姓　名	出　　身	職　業　地　址	電　話
黃錫棻	Diplomo, London University	Pedder Building, Pedder St., Hongkong	
劉錫棻	B.Arch., Oregon State University	南京中央大學工學院	
盧樹森	University of Pennsylvania	全　　上	
劉士能	日本東京高等工業學校建築科畢業	全　　上	
陳均沛	University of Michigen, N. Y. Engineering Gollege, Columbia University	南京中山路鐵道部建築院	
楊錫鏐	前南洋大學土木工科學士。	上海甯波路上海銀行大樓楊錫鏐建築師事務所	一二二四七
楊庭寶	q.Arch., M.Arch., University of Pennsylvania	上海銀行大樓	一二六〇五
貝壽同	Certificate, Technische Hochschule zu Schorlottenburg, Berlin	南京司法部	
黃家驊	q.Arch., M.I.T.	上海博物院路廿號東亞建築公司	
奚福泉	Dipl-Ing, Technische Hochschule zu Darmstadt. Dr. Ing Technische Hochschule zu Charlottenburg	大陸商場六二二號	九三三四四
李楊安	M.Arch., University of Pennsylvania	上海四川路二十九號李錦沛建築師事務所	一四八四九

姓名	出身	職業地址	電話
羅邦傑	B.S., University of Minnesota	上海天津路二十八號大陸銀行	一六九七八
譚垣	M.Arch., University of Pennsylvania	上海外灘中國銀行四樓總務部建築課	一〇八九
陸謙受	倫敦建築會建築學會英國國立建築學院院員	上海四川路七十二號四樓	一三六〇五
劉既漂	巴黎國立美術專門學校	全	
李宗侃	巴黎建築專門學校建築工程師	全 上	
關頌聲	B.S, M.I.T, Graduate School Havard University	上海銀行大樓基泰工程師	一四九八五
朱彬	M.Arch., University of Pennsylvania	全 上	
陳值	M.Arch., University of Pennsylvania	上海甯波路上海銀行大樓	一三七三五
蘇夏軒	比利時建築工程師	上海靜安寺路延年坊八號	六八〇五〇
薛天津	B.S, M.I.T. 前南洋大學土木學士	上海南市毛家街工務局	六二九七
朱神康	R.S. University of Michigan	南京中政路廳後街七號之一	
徐敬直	M.S [Arch.] University of Michigan	上海四川路廿九號港天照建築師事務所	一九三九五

姓名	出身	職業住址	電話
吳景奇	M.Arch., Univ. of Pennsylvania	上海中國銀行建築課	
黃耀偉	B.Arch., Univ. of Pennsylvania	上海江西路廿號莊俊建築師事務所	
孫立己	B.S. Univ. of Illinois	上海四行儲蓄會	
林樹民	M.Arch., University of Minnesota	上海博物院路二十號	
梁思成	M.Arch., University of Pennsylvania	北平中央公園中國營造學社	
童寯	M.Arch., University of Pennsylvania	上海銀行大樓四○七號	一三七三五
莫衡	前南洋大學土木工科學士	上海毛家街工務局	六二九九七

仲會員

姓名	出身	職業住址	電話
林徽音		北平中央公園中國營造學社梁思成轉	
張克斌		上海四川路二十九號李錦沛建築師事務所	一四八四九

姓　名	出　身	職　業　地　址	電　話
葛宏夫			全上
莊允昌		全上	全上
丁寶訓	上海光華大學一年級	上海工部局工務部	一九三九五
陳子文	無錫工業學校建築科		
丁歷保	民立中學 青年會職業夜校畢業	上海四川路二十九號李錦沛建築師事務所	一四八四九
卓文揚		上海博物院路二十號畫大西建築師事務所	六〇八四〇
浦　海	萬國函授學校建築科土木	南京中央大學工程處	
劉寶廉	國立中央大學建築科工學士	南京中央大學工程處	
姚福範	國立中央大學建築科工學士	南京司法政部工程處	
楊光照	國立中央大學建築科工學士	南京總理陵園工程處	
盧永沂	江蘇公立蘇州工業專門學校建築科	南京工務局	

姓 名	出 身	職 業 住 址	電 話
周 曾 祚	江蘇公立蘇州工業專門學校建築科	南京司法行政部	
濮 齊 材	江蘇公立蘇州工業專門學校建築科	南京中央大學建築工程科	
楊 錫 鏐	青年會中學	上海四川路二十九號范文照建築師事務所	一九三九
趙 璧	育英中學初中	仝 上	仝 上

—— 59 ——

安全 梯電

新建築須有電梯新裝置
藉以招徠高尚佳賓

老式或次等電梯・適足以減低
房租收入・故業主與建築師・
於決意裝用代價最低之電梯以
前・必須審慎考慮・蓋新式電
梯關係實至重且大・沃的斯電
梯公司・領袖斯業・迄今已七
十五年・以最新式最安全最經
濟之電梯・供獻於社會・宜其
銷路暢旺・世界各處用・無慮
數千萬家・

美商沃的斯電梯洋行
上海外灘沙邊大廈二百〇八號

OTIS ELEVATOR CO.
SASSOON HOUSE
ROOMS 206-8
SHANGHAI

P. O. Box 1699   郵政信箱一六九九
Office 11236-8
Telephone : Service   電話一七一三六二一一
Station 52523

中國空前第一發明

震旦

鷄球牌
商標
江蘇

藥沫滅火機

The Aurora
CHEMICAL
FIRE EXTINGUISHER
IN CASE OF FIRE
TURN UPSIDE DOWN

九十二月 在海共育試驗橱
十年一念日 5公體場演影

近代建築
鉅萬之費
防患設備
日競新奇
靈效風行
首推此機

說明書函索即奉

經國民政府實
業部暨5海華
洋各救火會檢
驗有效特給證
書

震旦機器鐵5版出品
總發行所・5海浙江路三六三号

行 木 盛 大

專售

檀木茄辣柳安麥浦利松一切乾貨板子企口

板各種夾板等

砂光上蠟

包做各種地板及蓆蘆絞企口板用馬達機器

地板專家

寫字間四川路七十二號五樓

電話 一 七 八 五 二

木棧白利南路二七一號

高思洋行

承辦

水電工程

各種建築

水汀溝管

衛生器具

一切營造

各界賜顧

無任歡迎

A. I. GOSS & COMPANY
ELECTRICAL ENGINEERS & CONTRACTORS

LIGHT=HEAT=POWER

San Hai Marble Co., Ltd.

廠 石 理 大 海 山

We import blocks and
assemble in Shanghai. Marbles
of all description always
carry in stock. Estimates,
samples and descriptions
supplied on request.

OFFICE: 607 Room

Continental Emporium Building

Nanking Road.

Tel. 92760

事 務 所

上海南京路大陸商場六〇七號

電話九二七六〇號

本廠專營各種大理
石工程種類繁多不
備載且常有大批
中西界大理石存儲以批
備各採購如蒙以
取樣品或估價無任
歡迎

FACTORY:

575 Sieh Tu Road

Nan-Tao

Tel. Nantao 1848.

工 廠

上海斜土路五六五號

南市電話一八四八號

陳福記

西式木器公司

專家設計

盡善盡美

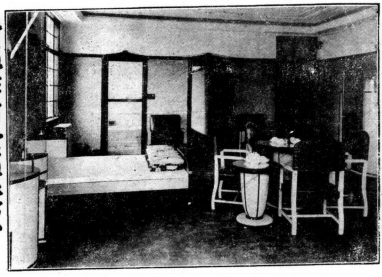

各建築師賜顧極誠歡迎

上海新閘路九九九号

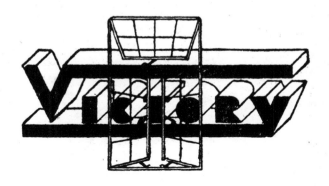

Victory Manufacturing Co.

47 Ningpo Road Tel. 19033

FACTORY-150 Rue Chapsal

SHANGHAI.

MANUFACTURERS OF STEEL WINDOWS
FRENCH DOORS, PARTITIONS, ETC.

司 公 窗 鋼 利 勝

所 務 事

號七十四路波甯海上

三三〇一九話電

廠 造 製

號〇五四路賽坡薩界租法海上

陳寳昌

機器銅鐵五廠

北福建路五六另至五六一號
電話四四六五六二號

承辦電燈電梯通風板及各種精細銅

器裝修均由本廠承辦本廠專家設計

各種銅玻璃美術燈及美術銅招牌欄

杆各大店飯及各大商場內部裝修均

可承辦出品迅速約期不誤

各大建築師工程師如蒙垂詢

極誠歡迎

Frigidaire

The Ideal Refrigerator

For Apartments

Economy—Dependability

American Engineering Corp.
583 Bubbling Well Road.
101 Nanking Road.

Seven Years of Continuous Service in Shanghai

ELEKTROZEIT
THE PERFECT TIME-SERVICE

The biggest
CLOKS INSTALLATION
in the world
controlled from one single central
consists of over 20.000
ELEKTROZEIT CLOCKS
every one showing
STANDARD TIME.

駐華理經　時寶洋行　四川路七十二號

要以上各端僅犖犖大者也

此種在電學上最新之發明以供社會進化之最需

鉄路信號設備

防盜報警機

不報火警兩種

自動管理看守人機有報火警及

規模宏大之事務室及管理室應用

此項電鐘能使五百具以上之時鐘同時運行稳合

電鐘爲適合各項需求

BUILDING SUPPLIES

GLASS

INSULATING BOARD

BUILDERS HARDWARE

WHITE OR COLOURED TILES

SANITARY WARE

SLIDING DOOR FITTINGS

ETC., ETC., ETC.

Stocks Held. Prices on application to

SOLE AGENTS

ARNHOLD & COMPANY LIMITED

SHANGHAI   *Branches Throughout China*

HONG NAME "MEI WOO"

Certainteed Products Corporation
Roofing & Wallboard

The Celotex Company
Insulating Baord

California Stucco Products Company
Interior and Exterior Stuccos

Insulite Chemical Company
Mastic Flooring

Richards Tiles Ltd.
Floor, Wall & Coloured Tiles

Schlage Lock Company
Locks & Hardware

Simplex Plaster Company
Plaster of Paris & Fibrous Plaster

Wheeling Steel Corporation
Expanded Metal Lath

————
Lagre Stock carried locally.

Agents for Central China

FAGAN & COMPANY LTD
261 Kiangse Road.

Telephone
18020 & 18029

Cable Address
KASFAG

秀登第公司
人牌油毛毡及石膏板

實牢得勢公司
氣候隔絕板（甘蔗板）

加利福尼亞牆粉公司
各色牆粉

印燥來化學公司
美術地板材料

力得士磁磚公司
地磚、牆磚及各彩磁磚

希老奇公司
門鎖鉸鏈

新潑臘克司公司
石膏粉

惠露鋼鉄公司
鋼絲網

上列各種建築材料備有大宗現貨
如蒙賜顧無任歡迎

中國總經理商美和洋行

江西路二百六十一號
電話一一八○○二九號
電報掛號 KASFAG

生泰西式
木器公司

式樣優美　別出心裁

承　辦

新式木器以及室內摩登裝璜

本公司特聘技師督製各種西式最新花樣各種木器
不論各種公寓飯店俱樂部辦公室等均可代為設計

地址靜安寺路六七五號
電話三五七〇四號

滬江水電材料公司

承辦水電材料公司

本公司專辦歐美名廠水電材料電機馬達新發明家庭發電
機電扇電爐電灶熨斗等並經售一切衞生磁器浴缸面盆抽
水馬桶冷熱水龍頭及配各種另件承包水電工程等如蒙賜
顧竭誠歡迎

電話 七〇三〇八號

地址 上海辣斐德路甘世東路
口十號至十二號

新德勒電梯

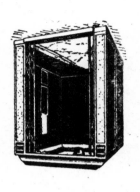

載客運貨　各式俱備

製造 新德勒 電梯之廠家有

六十餘年之經驗按裝及維

持工程由 專家承辦

英商怡和機器有限公司　獨家經理

上海 香港 漢口 南京 青島 天津 哈爾濱

廣告價目表
Advertising Rates Per Issue

Back Cover 底外面全頁	Tls. 100.00 一百兩
Inside front Cover 封面裏面	70.00 七十兩
Inside back Cover 底裏面全頁	60.00 六十兩
Ordinary full Page 普通全頁	85.00 三十五兩
Ordinary Half Page 普通全頁	25.00 廿五兩
Ordinary Quarter Page 普重四份之一	15.00 十五兩

All blocks, cuts. etc. to be supplied by advertisers and any special color printing will be charged for eztra.

廣告銅鋅版費另計　彩色價目另議

養身公司

◆承辦一切衞生裝置▶

本行專選辦養身衞生
器具如浴缸面盆抽水
馬桶及一切煖屋水汀
爐自來水工程等專家
計劃週到可靠如蒙垂
詢當詳細答復

地址 靜安寺路二〇六號

電話 三四八〇二號

中國建築創刊號

編　輯	許窺豹
出　版	中國建築師學會
地　址	上海南京路大陸商場 四樓四二七號
電　話	九一九五七

中華民國二十一年十一月出版

中國建築定價

零　售	每冊大洋半元
年　訂	每十二冊大洋五元
郵　費	國外每冊加一角六分 國內不加
優　待	同時定閱二份以上及 學校學生訂閱者槪以 八折計算

請閱　更黏　成績一班

更黏如何修妥唐家渡法
商自來水廠水道右信及
下圖可證實之該水道初
經試用即患漏洩罅隙在
在可見數度修補均無成
效最後採用更黏三和土
覆蓋之卒獲滿意

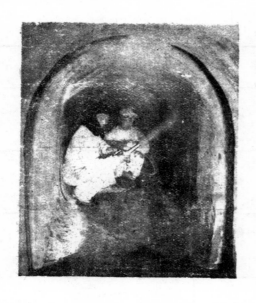

建築一維持一修
理橋樑地道水箱
講臺及其他三和
土與泥水互作

永久一可靠一不漏水

更黏修面光潔一似灰粉
顧問建築工程師
哥立脫

中國近代建築史料匯編（第一輯）

第一卷 第一期

中國建築

中國建築

中國建築師學會出版

THE CHINESE ARCHITECT

上海
人文圖書館

VOL. 1 No. 1　　　　　第一卷　第一期

本刊啓事

逕啓者本刊自本年一月間創刊號出版後
因編輯主幹人員發生問題未能繼續出刊
致令　讀者諸君紛紛來函垂詢深抱不安
現已由建築師學會特派專員負責辦理自
本期起面積加大內容刷新務期於建築學
術上小有貢獻並當按月出版以期不負愛
護本刊諸君之殷望尚祈
亮詧是幸

中 國 建 築

第 一 卷　　　　第 一 期

民 國 二 十 二 年 七 月 出 版

目　　次

廣 告 索 引

陳英士先生紀念塔

此項建築位於西門方板
橋之南全部建築採用中國式
所有刻石紋座盤門窗悉倣北
平故宮建築式樣高凡五十尺
塔內裝有鐵梯直登塔頂可以
瞭望全市雖係鋼骨水泥所造
然自外表觀之其雄偉實不亞
於天然石也

　　　　　董大酉建築師設計

廣州中山紀念堂之偉觀

呂彥直君遺像

故呂彥直建築師傳

呂彥直字仲宜又字古愚山東東平人先世居處無定遜清末葉曾與安徽滁州呂氏通譜故亦稱滁人君生於天津八歲

喪父九歲從次姊往法國居巴黎數載時孫嘉韓亦在法君戲竊畫其像儼然生人觀馬戲返家繪獅虎之屬莫不生動蓋

藝術天才至高也回國後入北京五城學堂時林琴南任國文敎授君之文字爲儕輩之冠後入淸華學校民國二年畢業

遣送出洋入美國康南耳大學初習電學以性不相近改習建築卒業後助美國茂斐建築師嘗作南京金陵女子大學及

北平燕京大學之設計爲中西建築參合之初步十年回國與過養默黃錫霖二君合組東南建築公司於上海成績則有

上海銀行公會等嗣脫離東南與黃檀甫君設立眞裕公司後又改辦彥記建築事務所獲孫總理陵墓及廣州紀念堂碑

設計首獎以西洋物質文明發揚中國文藝之眞精神成爲偉大之新創作君平居寡好勤學成疾困於醫藥者四年卒於

十八年三月十八日以肝腸生癌逝世年止三十六歲聞者莫不爲中國藝術界惜此才也

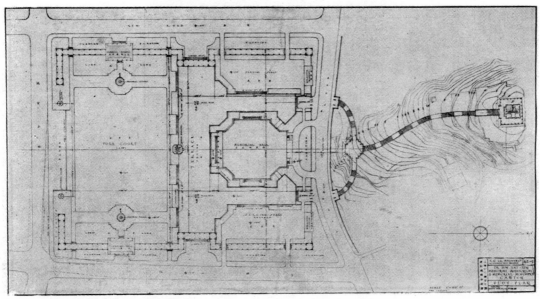

廣州中山紀念堂總地盤圖

廣州中山紀念堂

董　大　酉

設　計　經　過

　　自滿清政府大興土木建造北平宮殿以來，以美術聞世之中國，幾無建築可言，研究美術者，往往歎中國建築美術，漸歸淪亡！近年文化復興，加以時代之需要，乃有北平協和醫院及北平圖書館之成績，其式樣所採用中國固有建築形式，其結構係根據最新營造法則 其內部設備極適應近代需要，誠為中國建築復興之開端。

　　中國建築物，除廟宇外，向無公衆之大建築物。近來各地提倡新政，往往舉行公衆大聚會，乃有大禮堂或大會場之設施。其中最有建築價值者，為廣州中山紀念堂。規模宏大，可容六千人，誠中國唯一之大會場也。

　　公衆大會場為都市必須之建築物，歐美各都市均有大規模之會場。廣州為吾國都市最維新之一。當局有鑒乎此，特於民國十四年組織廣州中山紀念堂籌備委員會，由省政府主席李濟深氏主持籌劃進行。非持應時代之

—— 2 ——

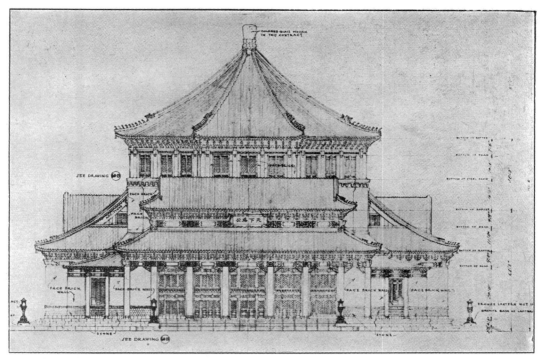

廣州中山紀念堂立面圖

需要,亦所以紀念總理在廣州偉大之勳蹟也。茲將經過略述如左:

故建築師呂彥直氏設計　　覆記營造廠承造

設　計　者　　紀念堂工程浩大,非有專家設計難能滿意,設計者爲已故名建築師呂彥直氏。

設 計 經 過　　民國十九年四月中旬,由建築廣州中山紀念堂委員會登報懸獎徵求圖案應者有中外建築

師多人。五月中旬發表結果,第一名呂彥直,第二名楊錫宗,第三名范文照。由呂彥直氏主

任設計,佐助者有裘燮鈞,葛宏夫等。至十六年四月,全部圖樣說明書完成。

呂氏不幸於十七年去世,乃由黃檀甫氏主持,聘建築師李錦沛繼續工作。呂氏不及生見巨

作之成功,殊可慨也!駐粤監工爲崔蔚芬卓文揚。

經 費 由 來　　由廣州省政府月籌十萬元,歸國庫支撥,總計用費壹百二十六萬八千一百十兩。

探 定 地 點　　公共建築物應建於交通要點,地勢陷高,四週並宜多留空地,以便各方面均可望見。中山紀

念堂建築地位,經籌備委員會幾次揣酌,決定在觀音山脚,南臨德宣西路,東憑吉祥北路,

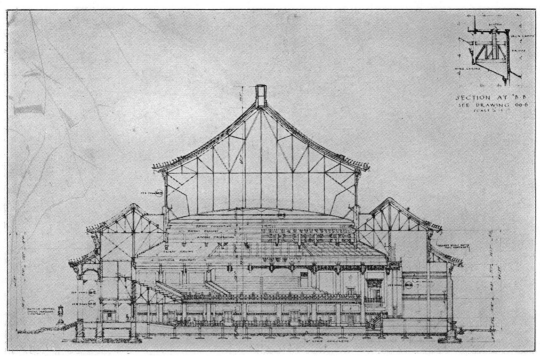

廣州中山紀念堂剖面圖

其地即前非常總統府舊址，頗負歷史上相當之價值。

開　工　日　期　　十七年四月二十六日。

奠基禮日期　　　十八年一月十五日行奠基禮，到陳銘樞，馮祝萬，李濟深等。

完　工　日　期　　廿年十月十日（原定廿六個月完工）。

承　　包　　人　　十七年一月間李主席任潮會同諸委員當衆開標，結果由馥記營造廠以造價九十二萬八千

　　　　　　　　　八十五兩得標。

禮　堂　佈　置　　禮堂取八角形，東西南三面爲入口，有甬道相連，自外有石階直達禮堂內部，北面爲講台，

　　　　　　　　　寬約百尺，深四十餘尺，台前有音樂廂，後有休息室二間，正廳深一百五十餘尺，寬度相仿，

　　　　　　　　　出口凡十，會場內數千人可於數分鐘內離開。此外有辦公室兩間，儲藏室四間，男廁洗室

　　　　　　　　　兩。女廁洗室兩。有巨梯六座，直達第二層掛樓，全堂可容六千人，正廳蓋以弧形玻璃頂，光

　　　　　　　　　線從八角式頂巨窗射此玻璃頂上。禮堂本身約占地四萬方英尺。

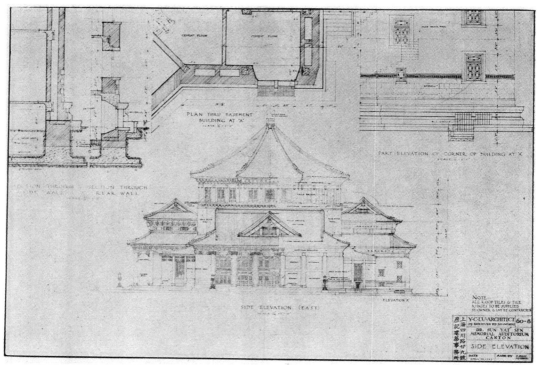

廣州中山紀念堂側面圖

建 築 概 述

　　廣州中山紀念堂，為謀重永久之紀念建築物，故全部建築記計，於宏偉壯麗而外，復極側重於堅固及永久之構造，全堂除一部份地板為檀木，及門窗為柚木製造外，餘均為水料及鋼料等所建築，今為分述其大概於次。

（一）構架　底脚，柱及樓板等，為鋼骨三和土造成，禮堂內看樓，及全部屋面，為鋼架構造，外牆全部為四十五寸厚之磚牆，禮堂四圍為卅五寸厚之磚牆堂內各分間牆均用空心磚砌造，堂內各處地板面，離天然坭土綫，自五尺六寸至九尺高不等，中空，全部平頂均為鋼網構架而成。

（二）外觀　房屋落脚及石階，為香港花崗石砌造，落脚以上，為遼甯出產青色大理石鑲造之護牆，護牆以上，為乳黃色泰山面磚牆 再上為五彩顏色人造石屋簷，包括椽子，斗拱及花大料等，屋簷以上，為青色琉璃瓦屋面，屋面凡四重，最高屋面之結頂，為法國產金馬賽克磚所造成，屋面天溝，概為紫銅做出，外牆面大圓柱，

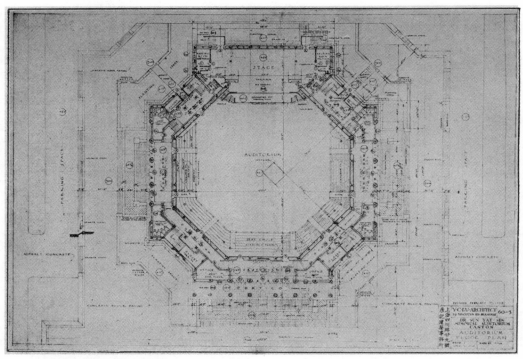

廣州中山紀念堂平面圖

係紫紅色人造石粉成。

(三)禮堂內部　禮堂爲八角形，中部地板，係檀木塊鋪成之蓆紋式，邊廂及看樓地板，爲棕色鋪地膠也，看樓及邊廂外口，均裝顏色人造石古式欄杆，八角牆面，間有半圓形紫紅色人造石壁柱，下配意大利雲石柱座，牆面並粉出顏色人造石護壁，牆頂爲顏色人造石斗拱及花板等裝飾，平頂可分爲三層，下層爲斜形方格，上糅雲紋色彩，中層鑲嵌花玻璃天窗，卽光線所由射入之處，最上爲孤形圓頂，亦糅五彩顏色漆，演講台前裝懸繡花天鵝絨台幕，平頂及牆面鑲有矯音紙板，上着顏色油漆，故全堂內，極見富麗堂皇。

(四)走廊及扶梯　大門走廊爲意大利雲石鋪地，及五彩馬賽克磚平頂，內部走廊下層，馬賽克磚鋪地，二三層爲磨光石子地，牆面間有紫紅色人造石柱，下配意大利雲石座，平頂亦用油漆糅出五彩雲紋，牆面護壁及各扶梯踏步，亦均爲顏色人造石粉成，扶梯欄杆則爲意大利雲石所雕製。

(五)電燈設備　本堂內外電燈計劃，極爲週詳完備，惟以所費太鉅，而經費又不甚充裕，做外部電燈，尚未能裝

廣州中山紀念堂內景

設，

否則難於黑夜，紀念堂亦可借電光以耀顯其壯麗也，禮堂內電燈，一部裝藏於大屋頂內，藉平頂天窗玻璃而

射光於堂內，一部則完全藏裝於平頂凹線內，故堂內毫無直接燈光，耀射視線，全部走廊，均懸裝特製之中

國宮式古銅燈，演講台上裝置紅藍白三色電燈；其餘辦公室等處，則裝普通白磁窠燈。

(六)建築經過　自於民國十七年四月開工後，由廣州中山紀念堂籌備委員會主持一切，按月由廣東省政府撥付

經費廣毫十萬元，並繼續簽訂電線及衛生等工程合同，一切進行極見順利，惟於十八年政局變動後，建築經

費大受影響，工程幾至中厥，後政局漸定，籌備委員會改組爲中山紀念堂碑建築管理委員會，建築費雖得仍

由省政府續撥，但已由按月十萬元減至爲五萬元，工程遂大受阻延，況以建築時期過長，中間不無稍受意外

困阻，因而計劃上頗多擬有而尚未實行之設備，大都趨赴簡省一途，如堂內之冷氣裝置，堂外之迴廊及反光

電燈等，迄未能辦，斯亦美中不足耳。

南　京

軍事委員會蔣委員長之官邸

陳品善建築師設計

華 業 大 廈

李 錦 沛 建 築 師 設 計

華業大廈，位於上海西摩路；全部採用西班牙式，
共有ＡＰＡＲＴＭＥＮＴＳ五十六間；現已築至三層；預
計明年五月可以落成，該公寓內空氣流暢光綫充足，
佈沿新穎，陳式皇喬；允推海上公寓之冠。

華業大廈立面圖

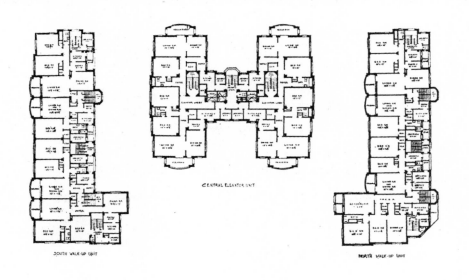

華業大廈平面圖

外交大樓 　　　　　　　　　　　　　　　　趙深建築師設計

外 交 大 樓

　　外交大樓爲趙深建築師設計，全部用鋼筋混凝土建造，共計四層。該大樓預計於年終前落成，爲首都之最合現代化建築物之一；將吾國固有之建築美術發揮無遺，且能使其切於實際，而於時代性所需各點，無不處處具備，毫無各種不必需要之文飾等，致遜該大樓特具之簡潔莊嚴。

　　該大樓面對鼓樓，故於觀瞻上二樓對峙，更形雄偉；且四圍舊屋，一俟新建築告竣後，槪將拆除，故於任何方位瞻視，巍然矗立，誠爲偉觀，亦可見設計者於外部美觀上各點，無不處處注意之一斑也。

　　面部槪用蘇州花岡石及面磚，鑲以磁磚簷板；全部採用避火設計，外牆，隔壁及地板皆用空心磚，故於優聲問題，槪已美滿解決。一，二，三，三層作爲辦公室，會客室及會議室等，四層存貯檔案；各室無不空氣充足，光線舒適，且位置適宜，分配有序，允非易事也。

上海北蘇州路中國銀行新建十一層辦事所及堆棧圖案

建築師 陸謙受
　　　　吳景奇

西班牙式公寓斜視圖　　　　　　　　　　　　　　　　　　　　　　　　奚福泉建築師設計

西班牙式公寓計劃大要

(A)式樣　近年滬地公寓建築日見增加而其式樣則多採直線表現今特以西班牙式樣設計之實在公寓建築中放一異彩

(B)設備　本建築物高雖不過三層而其結構與設備均異常精美而新穎每層設有會客室餐室臥室浴室傭人室廚房儲藏室廁所等大小寬度十分適宜堪供現代家庭四家之用所有電氣煤氣冷熱水管衞生器具以及暖氣等設備一應俱全實為公寓中不可多得之建築物也

(C)地點　本建築物坐落上海白賽仲路中段空氣新鮮交通便利佔地面積連花園在內共約五十方云

(D)設計者　本建築物由啓明建築事務所奚福泉建築師設計

(E)承造者　本建築物已於五月十五日起由金龍建築公司承包興工在本年聖誕節前可觀落成云

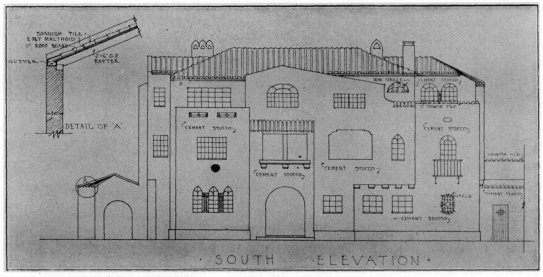

西班牙式公寓南面立視圖

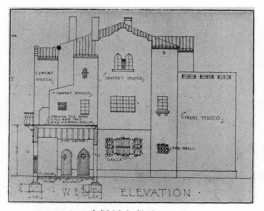

西班牙式公寓西面立視圖

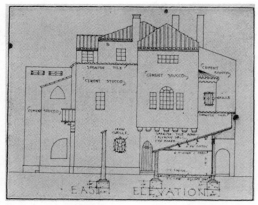

西班牙式公寓東面立視圖

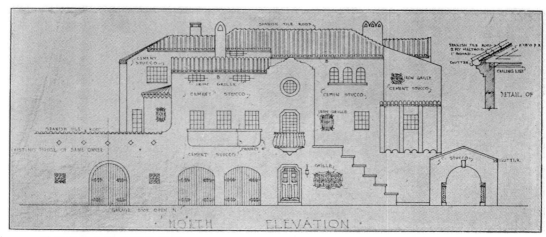

西班牙式公寓北面立視圖

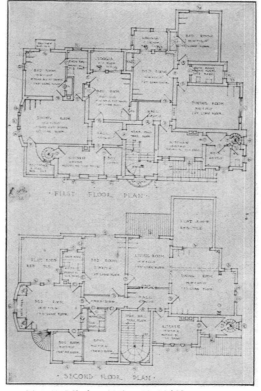

西班牙式公寓一層及二層平面圖

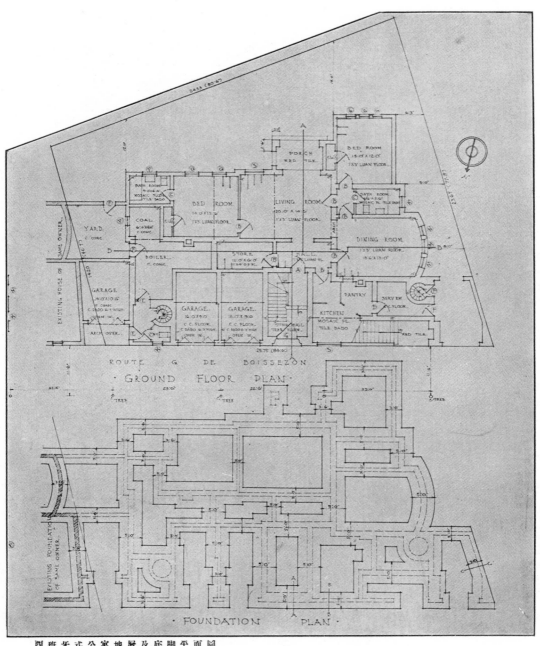

圖面平脚底及層地公寓式牙班西

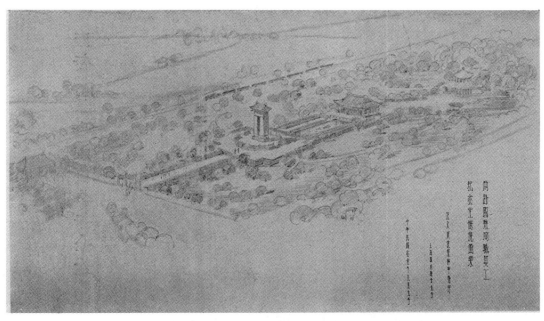

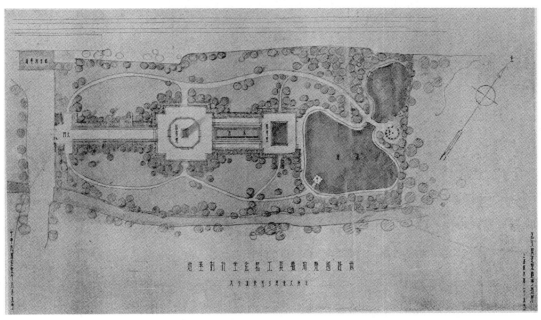

兩路國難殉職員工紀念堂圖樣

范文照建築師設計

四行儲蓄會虹口分行全景

莊俊建築師設計

四行儲蓄虹口分行正門圖

四行儲蓄虹口分行樓梯仰視

四行儲蓄虹口分行營業部

南京飯店夜景

楊錫鏐建築師設計

南京飯店

楊錫鏐建築師設計

前面之雄姿

門面上部之裝璜

全部斜視圖

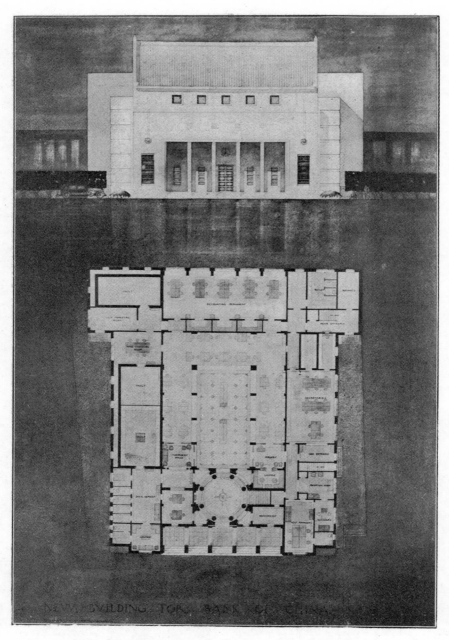

南京珠寶廊中國銀行新建行屋圖案

建築師 陸謙受
　　　 吳景奇

中國古代都市建築工程的鳥瞰

楊　哲　明

一　引　言

中國古代的都市建築工程，歷來無專門的書籍以記其概況，故今之研究市政者，大都以爲中國從前無市政之可言。其實，我們試涉獵舊籍，卽知中國古代並不是對於都市之建築工程及計畫沒有相當的貢獻與成績，所缺少者，紀述中國古代都市建築工程之專書耳。本擬將紀述中國歷代都市的建築工程及計畫，散見於典籍中者，從事整理，徒以終日奔走無暇，未能遂願。茲承中國建築雜誌主編者之囑，乃於工作之暇，將居恆涉獵於我國典籍之所得，草述「中國古代都市建築工程的鳥瞰」一文以報命。如能藉此以引起海內學者對於中國古代的都市建築工程，有更淵博的考證，則不僅作者獲益良多，想亦中國建築工程界所熱望也。

中國古代的都市建築工程，至周代已備具規模，故卽自周代述起。茲將本文所述及的範圍，列舉如左：

（一）周代的都市建築工程。

（二）漢代的都市建築工程。

（三）唐代的都市建築工程。

（四）宋代的都市建築工程。

中國古代的建築工程，試從這四個朝代中，已可以窺見其建築工程的變遷及時代的背景。篇中所述，專指「都市」而言。至於「宗室廟堂」以及「宮殿園囿」等等，因不屬於本文的範圍，暇當另草專篇以述之。

二　周代的都市建築工程

周代的典章文物，遠勝於夏商兩代；故周代的政治，亦較夏商兩代爲優。我們從歷史上知道，周代版圖的遼闊，亦超過於夏商兩代。其對於都市之建築工程及計畫，已備具規模。從詩經大雅文玉之什篇中，關於記載周代的都市建築工程，有下列的一段文字；

「綿綿瓜瓞。民之初生。白土沮漆。古公亶父。陶復陶穴。未有家室。古公亶父。來朝走馬。率西水滸。至於岐下。爰及姜女。聿來胥宇。周原××。菫荼如飴。爰始爰謀。爰契我龜。曰止曰時。築室於茲。迺慰迺止。迺左迺右。迺疆迺理。迺宣迺畝。自西徂東。周爰執事。乃召司空。乃召司徒。俾立家室。其繩則直。縮版以載。作廟翼翼。×之×之。度之薨薨。築之登登。削屢馮馮。百堵皆興。鼛鼓弗勝。迺立×門。×門有伉。迺立應門。應門將將。迺立冢土。戎醜攸行。「⋯⋯⋯⋯⋯⋯」

試從上述的一段文字中，已可以領悟到周代都市建築的概況。所謂「迺左迺右」，「百堵」，「築之登之」，「俾立家室」等等，已將周代都市的建築工程，陳列在我們的眼前。又據考工記所載，關於周代的都市建築工

程，有下列的記述：

「匠人建國．水地以縣．置槷以縣．眠以景．為規．識日出之景．與日入之景．晝參諸日中之景．夜考之極星．以正朝夕．匠人營國．方九里．旁三門．國中九經九緯．經涂九軌．左祖．右社．面朝．後市．市朝一夫。」從此可知周代的都市建築工程，已備具天文氣象觀察的規模。至於「國中九經九緯．經涂九軌」這兩句話，據考工記的注釋，則為

「國中，城內也．經，縱也，南北之涂也．緯，橫也，東西之涂也．涂，路也．軌：車轍迹也．經緯各有路九條．每一經路之廣，可容車九乘往來．蓋車六尺六寸．兩旁各加七寸，凡八尺．九車共七十二尺．則此涂廣有十三步，不言緯涂者，省文也。」茲將考工記所載之王國經緯涂軌圖列後，以備參考。

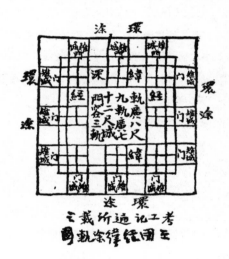

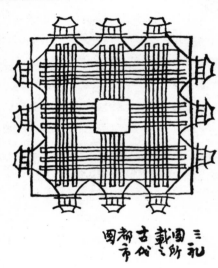

至於三禮圖所載之古代都市圖的說明：「匠人營國，方九里，旁三門．國中九經九緯，經涂九軌，左祖右社，面朝後市．賈釋註云：營謂丈尺其大小．天子十二門，通十二子，謂以甲乙丙丁等十日為母，子北寅卯等十二辰為子．國中王城經緯之涂，皆容九軌．軌謂轍廣也．乘車六尺六寸，傍加七寸，凡八尺．九軌七十二尺．則此加十二步矣．王城面有三門．門有三涂，男子由右，女子由左，車從中央．南北之道為經，東西之道為緯．王宮當中經。」（見三禮圖卷四）

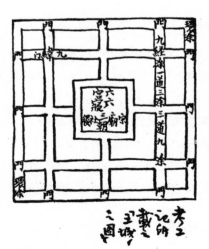

至於王宮，則在此圖之中央．據考工記所載，則為：

「王宮在城之中，其左為宗廟，其右為社稷，其前為朝廷，其後為市肆．朝者官吏所會，市者商旅所聚，必須一夫百畝之地，然後足以容．百步為畝，四面各百步，側有百畝也」．茲將考工記所載之「王城之圖」列左，以備參考。

我們從上面所引用的文字中，關於周代的都市建築工程，可以得着很深刻的印象。九經九緯，可以代表都市的交通建築；男右女左與車行中央，可以代表都市建築中的交通管理之得法；俾立家室，可以代表都市建築中的住宅政策。此外，如畫參諸日中之景，夜考之極星，以正朝夕更可以代表都市建築工程中，對於天文氣象觀測的注意。周代之都市建築工程，已不得不說他偉大了。

三　漢代的都市建築工程

周代的都市建築計畫，在上節已經略述其梗概，茲乃進而作漢代都市建築計畫的說明。秦以山西亡六國而欲帝萬世，統一之逞，不旋踵而亡其社稷，故秦之建築，除阿房長城以外，對於都市之建築，實無多大的貢獻。但對咸陽宮殿的興築，頗具相當的努力。

漢代的都市建築，我們於兩都賦中，已可以知其建築的概況。在班固的西都賦中，有云：「街衢洞達，閭閻且千；九市開場，貨別隧分；…………闐城溢郭，旁流百廛；紅塵四合，煙雲相連」。在張衡西都賦中，有云：「廊開九市，通闤帶閬，環室方至，烏集鱗萃；罷生寖瀸，求者不匱」。據三輔黃圖卷一所載，關於漢代都市的建築，有下列的一段文字，是值得我們研究的，轉錄如下：

「漢之故都，高祖七年，方修築長安城，自洛陽徙居此城，本秦之離宮也。故置長安，城本狹小，至惠帝更築之，按惠帝元正月，初築長安城。三年春，發長安六百里內男女十四萬六千人，三十日罷。城高三丈五尺，下闊一丈五尺。六月發徒隸二萬人，常役至五年，復發十四萬五千人，三十日乃罷。九月城成，高三丈五尺，下闊一丈五尺上闊九尺，雉高三坂，周圍六十五里。城南爲南斗形，北爲北斗形至今人呼漢京城爲斗城是也」。又漢舊儀曰：「長安城中，經緯各三十二里十八步，地九百七十二頃。八街九陌，三官九府，三廟十二門，九市十六橋。地皆黑壤，今赤如火，堅如石」。父老傳云：「盡鑿龍首山土爲城，水深二十餘丈，樹宜槐與榆松柏茂盛焉。城下有池，周繞廣三丈，深二丈，石橋各六丈，與街相直」。

根據上述的文字，可知漢代的都市建築工程，實異常的偉大，言交通，則「街衢洞達」；言房屋，則「閭閻且千」；言市區，則「經緯各三十二里十八步，地九百七十二頃」。此外城牆之高大堅實，城池之深廣，市街橋梁工程之堅固，尤爲最可贊美之成績。據三輔黃圖所載：「長安城面三門，四面十二門，皆通達九路，以相經緯。衢路平正，可並列車軌，十二門三途洞闢，隱以金椎，圍以林木。左右出入，爲往來之經，行者升降，有上下之別」。從此可知漢代在都市建築之工程上，對於交通管理之得法了。

漢代都市建築之工程，已如上所述，茲乃考其都市城門之建築工程概況及名稱。漢代的都市建築，都城凡十二門，東西南北四面，各有三門。十二門的名稱如下：

　　　（1）東面的三門：　　（一）霸城門，　　（二）淸明門，　　（三）宣平門。

　　　（2）西面的三門：　　（一）光華門，　　（二）直城門，　　（三）雍　門。

　　　（3）南面的三門：　　（一）覆盎門，　　（二）西安門，　　（三）鼎路門。

　　　（4）北面的三門：　　（一）洛城門，　　（二）廚城門，　　（三）橫　門。

霸城門，塗以靑色，故又名爲靑城門或靑綺門，門外則爲外郭。覆盎門外有橋，建築工程頗精巧。門內則爲長

樂宮．西安門，又稱爲便門，門外之橋爲便橋門內爲未央宮．光華門，又稱爲章門．直城門上鑄有銅龍，故又名之
龍樓門．橫門外有橫橋．此十二門皆設有門衞．漢代都市建築工程之完整莊嚴，較之周代的都市建築工程，實不
可以同日而語．此十二門在王莽篡位以後，大都將其原定的名稱改換，茲將王莽所改的各門名稱，轉述如下：

　　　霸城門——仁壽門無疆亭．

　　　清明門——宣德門布恩亭．

　　　宣平門——春王門正月亭．

　　　覆盎門——永淸門長茂亭．

　　　鼎路門——光禮門顯樂亭．

　　　西安門——信平門誠正亭．

　　　章城門——萬秋門億年亭．

　　　直城門——直道門端路亭．

　　　西城門——章義門首義亭．

　　　廚城門——建子門廣世亭．

　　關於漢代都市城門建建工程及名稱，已經檢閱過了．現在我們來考察漢代都市建築工程中，對於市區的分
配．根據三輔黃圖卷二，對於市區的建築計畫有下列的一段文字：

　　『廟記云．長安有九市．各方長二百六十六步．六市在
道西．三市在道東．凡四里爲市．致九州之人．在突門夾橫橋
大道．市樓皆重屋．又曰旗亭．樓在社門大南道．又有當市
樓，有會署．以察商賈貨財買賣貿易之事．三輔都尉掌之．直
市在富平津西門二十五里．即秦文公造．物無二價．故以直
市爲名．張衡西都賦云．「旗亭重立，俯察百隧」是也．又按
郡國志．長安大俠黃子夏居柳市．司馬季生卜於東市．晁錯
朝服斬於東市．西市在醴泉坊』．茲將長安市的平面圖，轉
繪如下，以便參考．

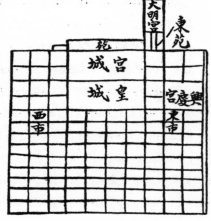

四　唐代的都市建築工程

　　唐代的京城有三一爲北京，一爲東京，一爲西京．北京爲李唐發祥之地，爲唐之陪都；東京亦爲唐之陪都，一
名東都．至於西京，爲唐之都城．西京京兆府，即爲秦之咸陽，漢之長安，隋之舊京．唐初稱爲京城，開元元年改爲
京兆府，天寶元年，改爲西京茲將唐之西京之建築工程，約略述之．

　　唐代的都市建築工程及計畫，大都沿襲隋之舊軌，所以與隋不同者，則爲名稱上之改變．西京市東西十八
里，百五十步；南北十五里，百七十五步．這是西京市的面積．其西北隅爲皇城所在地，稱爲西內．正門名爲承天
門，正殿名爲太極殿，太極之後殿名兩儀，中有殿亭觀三十五所．還是西京市內的殿，亭，門的布置．京西有大明

興慶等三宮，稱爲三內，有東西二市場。西內南北十四街，東西十一街，街分一百八十坊坊之縱橫爲百餘步。皇城之南大街，名朱雀街。街之東西各五十坊。東屬萬年縣，西屬長安縣。東內稱爲大名宮，在西內之東北，又置三門：曰丹鳳門，曰含元門，曰宣政門，爲高宗龍朔二年置。宣政門左右有中書省，弘文史二館。東內別殿宮觀三十餘所。南內名興慶宮，在東內之南，又有隆慶坊，爲玄宗舊邸。又有勤政務本樓，在宮之西南。禁苑在皇城之北，其城東西二十七里，南北三十里。東至霸水，西接長安故城，南接京城，北臨渭水。漢長安舊城，亦包入苑內，有離宮亭觀二十四所，轄二十縣。此爲西京市的建築工程一瞥，其市區之規畫以及建築物布置，亦頗井井有條，堪爲談都市計畫者之參考。

唐之東京及北京，皆爲陪都，故其建築工程，皆不及西京的完備。在這兩個陪都之中，又以東京市的建築工程，較爲可觀，茲特將東京市之建築工程，擇要述之。

東京南臨伊闕，北枕邙山，洛水環繞之。東京市之面：積東西十五里又七十步，南北十五里又二百八十步。周圍六十九里三百二十步。東京市之街道建築的概况：京中廣長各十街，街分一百三十坊，兩市，各坊長三百步，有東西門。宮城在京城之西北，其城南北二里又一十五步，東西四里一百八十步有隔城四重。正門名應門，正殿名明堂。明堂之西，有武成殿，宮城之西南有上陽宮，南當洛水，北接禁苑，西連穀水，東傍宮城，京城之西爲禁苑，其城東面十七里，南面三十九里，西面五十里，北面二十里。東京市區的總面積，共轄二十縣。

我們總觀唐代的建築概勢（指東京及西京兩都而言），對於西京及東京（陪都）的建築工程，已可以得其端倪矣。

五　宋的市建築工程

宋代收拾五代之殘局以統一中原，勵精圖治，不遺餘力。觀於宋太宗觀燈賜宴時之豪語可知矣。至道初元，帝以上元御乾元門樓，觀燈賜宴，見京師繁榮，諭近臣曰：「五代之際，生靈洞喪，當時謂天下無太平之日矣。朕夙覽庶政，萬事粗理，每念上天之貺，至此繁盛，乃知理亂在人。」

宋之都城爲開封，茲將其建築開封市之計畫述之。東都外城，方圓四十餘里。城濠曰護龍河，闊十餘丈。濠之內外，皆圓楊柳，粉牆朱戶，禁人往來，城門皆甕城三層，曲屈開門。唯南薰門，新鄭門，新定門及封邱門，皆直門兩重。新城南壁，其門有三，南門曰南薰，城南一邊，東南則有陳州門，傍有蔡水河門。西南則戴樓門，傍亦有蔡水河門，城東一邊，其門有四。東南爲東水門，次爲新定門，次爲新曹門，又次爲東北水門。城西一邊，其門亦有四。偏南爲新鄭門，次爲西水門，次爲萬勝門，又次爲固子門，又次爲西北水門。城北一邊，其門又有四。偏東爲陳橋門，爲封邱門，次爲新酸棗門，次爲衛使門。

以上所述，爲開封市的城門建築工程的大概情形，至於市區之建築計畫，亦殊偉大。茲根據輟耕錄所載，關於開封市的建築工程狀况，摘要錄之。（根據楊文寬所作的汴宮記，載輟耕錄，見知不足齋叢書）。

「皇城南郊門曰南薰，南城之北新城門，曰豐宜橋，曰龍津橋。北曰丹鳳，而其門三，丹鳳北曰州橋，橋少北曰文武樓，遊御路而北，橫街也。東曰太廟，西曰郊祀。正北爲承天門，而其門五雙闕前引。東曰登聞檢院，西曰登聞鼓院。檢院之東曰左掖門，門之南曰待漏院。鼓院之西曰右掖門，門之南曰都堂。承天之北曰大慶門，西曰精

門，左昇平門居其東；右昇平門居其西。正殿曰大慶殿，東廡曰嘉福樓，西廡曰嘉瑞樓。大慶殿之後曰德儀殿。德儀之東曰左昇龍門，西曰右昇龍門。隆德之左曰東上閤門，右曰西上閤門，皆南嚮。東西二樓，鐘鼓之所在。鼓在東，鐘在西。隆德之次曰仁安門。仁安殿東則內侍局，內侍之東曰近侍局，近侍之東曰嚴祇門，宮中則曰撤合門。少南曰東樓，即授除樓也。西曰西樓。仁安之次曰純和殿。正寢曰。純和曰雪香亭，雪亭之北，后妃位也。少西至涼殿。純和之次曰寧福殿，寧福之後曰苑門，苑門而北曰仁智殿，有二大石：左曰敷錫神運萬歲峯，右曰玉京獨秀太平巖。殿曰山莊，莊之西南曰翠微閣。苑門東曰仙韶院，院北曰湧翠峯，峯之洞曰大滌湧翠，東連長生殿。殿東曰湧金殿，湧金東曰蓬萊殿。長生西曰浮玉殿。浮玉之西曰瀛洲殿。長生之南曰閱武殿。閱武南曰內藏庫。由嚴祇門東曰尚食局，尚食東曰宣徽院，宣徽北曰御藥院，御藥北曰右藏庫。右藏之東曰左藏。宣徽東曰點檢司，點檢北曰祕書監。祕書北曰學士院，學士之北曰諫院，諫院之北曰武器署。點檢之南曰儀鸞局，儀鸞局之南曰尚輦局。宣徽之南拱衞司，拱衞之南曰尚衣局。尚衣之南曰繁禧門，繁禧之南曰安泰門。安泰西爲左升龍門，直東則壽聖宮，宮東北曰徽音門。徽音之北曰燕壽殿。燕壽殿以後小西曰震肅衞司，東曰中尉衞司。儀鸞之曰小東華門，更漏在焉。中尉衞司東曰祇肅門，祇肅東少南曰將軍司，徽音徧聖之東曰太石苑，苑之殿曰慶春。東華門內正北尚×局，尚×西北曰臨武殿，左掖門正北尚食局，尚食局南曰宮苑司，西北曰尚醞局，湯藥局，侍儀司，少西曰符寶局，器物局。西則撤合門，嘉瑞樓。西爲三廟，正殿曰德昌。東曰文昭，西曰光興。宮西門曰西華，與東華直，其北門曰安貞」。

　　我們從上述的一段文字，關於開封市市區各種工程布置，至少可以得着一種「簡樸完整」的印象。至於「偉大」與「莊嚴」。當不及漢代都市之建築工程。但以承五代之殘局，而能建築如此完整的都市，實屬難能而可貴。

六　結　論

　　我國的周，漢，唐，宋四代的都市建築工程，在上列各節中，已略述其建築的布置與計畫的一斑。『則中國以前無市政之可言』之觀念，似從此可以改變。

　　我大中民族，有四千餘年生的存歷史，在「文化科學」方面的貢獻實多。至於造形藝術的偉大貢獻，尤爲東西各國所贊佩。試觀美國芝加哥博物院，仿建我國熱河普陀宗乘寺誦經亭之舉（見中國營造學社彙刊第二卷第二冊，王世墉著「仿建熱河普陀宗乘寺誦經亭記」一文），就可以知道中國建築的偉大。

　　都市建築工程的概況，散見於典籍中者，當然不僅此區區的叙述他日如有所得，當繼續發表，以求海內專家的指敎。

建築師應當批評麼？

劉　福　泰

————◆————

　　我們試從街道上行過，就可以看見許多陋劣的房屋散漫的排列着，一些不能夠表現出建築上的藝術美來，比較西洋各國的建築界，真是相差太遠了。

　　我們要講到補救的方法，那唯一的就是能有多量的批評；但是究竟誰能夠批評，用什麼方法來批評，這都是很廢考慮的一個問題。而且各人所持的主張又不相同：有許多人主張在建築界裏毋須批評，他們以為這種批評就不是大方了。有許多人曾以文學為喻，在文壇上學者的相互批評是一件很尋常的事，甚至嫉妬起來。以文學範圍為自己的領域，借此以攻擊別人，減少別人的進取心，這是常有的事，凡是這些態度，在建築界的批評裏，都是要竭力去免除的。

　　我們要知道一種批評者的天才比較創造者的天才，更為希少，往往在一代裏面，能產生幾千幾百的創作家而批評者只不過一二人，批評人才的希少是很顯明的事。因為一個批評家不獨是要具有廣博的知識，哲學的腦筋，並且還要有一副豁達的胸懷，勇敢無畏的精神，這樣一個智勇兼全的人才，自然是不會多見的。

　　我們假設有一個建築師，具有種種批評的天才，究竟應當讓他去執行批評者的職務呢？還是應當聽他執行建築師的職務，而放棄他的批評的天才呢？這也不是一個難決的問題。因為在他執行建築師的業務的時候，同時也還可以行使他的批評的天才，如果因為和他業務有利害關係，以致妄肆攻訐的時候，仍然可以有公眾的意志作為最後的裁決。因此我們也可以知道建築界上的批評者，也並不是只限定在幾個建築學的專家，只要批評者的態度懇切，批評者的言詞合理，不論是出於何人，都應當誠懇的接受。因為建築上的錯誤，有各種各樣，纖小的地方雖不是一般人所能指得出來，而大的地方却無論如何不能逃出他們的眼目，如果全國人民對於建築學上能夠去注意他，能夠養成一種批評的習慣，這樣對於建築學上是有益無害的，如果有批評錯誤的地方，也應當用婉轉的言詞，把建築上的真理析給一般人知道。

　　在一般人誤解以為批評只是尋人的過失，不過這只是批評的一方面，同時還要注意到獎勵的一方面，但是在富於強制性的團體，如軍家，當然性質又是不同，比較是督斥多於獎勵些。

　　如果純粹以獎勵作為批評的惟一的資料，當然對於建築界上也不能有十分的貢獻；雖則諛詞甘言，為一般所歡迎，究竟與事何補？所以正確的，嚴厲的批評，才是今日建築界的最大的需要，要能夠得到一種活潑的，勇敢的精神，更非要和全體民眾澈底的團結起來不可。

中　國　建　築

麟　　炳

一　原　　始

考之於易：『上古之人，穴居而野處，後世聖人易之以宮室；上棟下宇，以待風雨。』禮運曰：『冬則居營窟，夏則居橧巢；有聖人作，修水火之利，範金合土，以爲臺，榭，宮，室，牖，戶。』可見上古之民，渾渾噩噩，與禽獸爲伍，無所謂建築也。至有巢氏，構木爲巢，雖具建築雛形，仍未得爲建築。直至黃帝，發明宮室之制，是爲中國建築之濫觴。

二　建築之進展

考之史記：『黃帝作宮室之制，遂作合宮。』此最初之建築也。帝堯有成陽之宮，舜有郭門之宮。夏末烏曹作甎，昆吾作瓦，至桀遂有清宮瑤臺之輝煌建築。商紂造鹿臺，爲瓊室玉門，七年乃成。此時建築，已由幼稚時期，進至發育時期矣。傳至於秦，秦始皇雖爲暴君，對於建築偏大有供獻。修聯長城，修章臺上林，工程均稱宏壯。阿房宮完成，使有史以來開一新局面；惜楚人一炬，致片瓦無存，乃中國建築界之大不幸。至漢高祖之長樂宮，未央宮，帝武之甘泉宮，建章宮，在文獻上亦有詳細記載。中國建築之發達，至兩漢已頗有可覩矣。

三　唐代建築之盛況

唐承秦漢六朝遺風，以漢族固有之基礎，並受印度傳來『希臘佛教』之影響，遂造成中國藝術史上黃金時代；惜國人對於建築一道，素不列於文藝之門，致爲士大夫所不道。實則建築之盛。至唐代已大有可覩建築之種類，以宮殿與佛寺爲多。如唐太宗之大明宮，面積佔四萬八千六百方丈。（東西五百四十丈南北九百丈）有三層臺階，高約四十尺，用花甎砌成。宮內有四閣，十三殿，二十四門。平面配置有一條南北貫通的中心線。中心線東西，配置極整齊之宮殿，規模宏大。此外如華清宮，與慶宮，亦均有可觀。至於佛寺建築，多與住宅建築頗相類，推其原因，佛殿卽爲神之住宅也。佛寺之佈置，在古籍中鮮有記載。關於唐代佛寺記載，祇有京洛寺塔記一書，亦難考證當時佛寺情形，不過略知其梗概而已。佛寺之重要部分，有分院，門，堂，廊，食堂，鐘樓及畫壁等，在京洛寺塔記中，大部分注重畫壁。現今存在之燉煌畫壁，賴地方之偏僻，與氣候之乾燥，得傳千載，倘能保存，研究中國建築之資料，實有賴之。此外塔之建築，在唐代亦極多，西安寺大雁塔，至今猶巍然矗立，爲中國建築界之珍品。

四　SCALE DRAWING 之起源

北宋郭宗恕善畫建築圖樣，號稱界畫。以毫計分，以分計寸，以寸計尺，以尺計丈，是爲 SCALE DRAWING 之濫觴。以後李明仲先生著營造法式，將中國建築之要點，闡發無遺，後人多以此爲根據。明清以來，建築征進，其

由蓋基於此乎！

五　明清之建築

中國建築之術，至元朝起一新變化，如居庸關之圓洞，其上所刻之文字，雖歷六百年之久，猶能使吾人感覺是時建築，實有發明新形勢之傾向。迨至明朝，其進步則又過之。明代建築，以永樂為最盛時期；蓋以成祖遷都於燕，對於皇宮大加修葺。故永樂四年，命陳珪經劃重建北京(今北平)宮殿，命工部尚書吳中督工監造，北京宮殿之巍赫，已造基於此矣。滿清入關，仍都北京，幸而未如歷代帝王得天下後，殺人放火，將皇宮付之焚如；此乃建築界十二分僥倖。但皇帝多喜新厭舊，致歷代之修葺，已將明代式樣，掃除無遺矣。故北平皇城，除阜成門為明代遺跡外，其他多為清朝作品。此外北平樣子雷所存園藝、陵墓等圖樣，及模型，尤為中外建築家所推許，而爭相購致焉。圓明園設計，以受歐化之影響，已參雜意大利建築之風味，模規之宏大，為歷來建築園藝之尤。庚子一役，可憐焦土，此誠較楚人一炬，更可惋惜者也。此後歐風漸次東來，建築界亦影響所及，多從事於摩登建築 (MODERN STYLE ARCHITECTURE) 矣。

六　現代建築

(甲)　建築人材之產生

民國以來，開建築先例者，當然首推一般留學歐美諸志士：如呂彥直，范文照，莊俊等，均為民國以來建築界之先進。此後國內學校，亦視建築之重要，而添設是科。設立建築科最早者，為江蘇公立蘇州工業專門學校；後歸併於中央大學，遂改為中央大學建築工程科，現在畢業生已有四班。以後漸次設立者，為東北大學及北平藝術學院。按東北大學與藝術學院，係民國十七年夏季同時設立建築系，至今均宜有兩班畢業生。但藝術學院以民國十八年有特殊關係，未能招收建築系，故今年是系無畢業生。東北大學以受九一八事變影響，建築系遷於上海授課，能勉強維持畢業，亦云幸矣。調查民國二十一年班建築科畢業人數，中央大學二人，藝術學院五人，東北大學九人；二十二年班中央大學三人，東北大學八人，藝術學院無。由此以後，東北大學既告飄漂無依，藝術學院又受教部明令而結束，區區中央一校，人材雖眾，終少觀摩，此後若無相當學校添設建築學系，國產建築師恐發生滅種之虞，此則不可不深謀遠慮者也。

(乙)所希望國人研究建築學者

歐西諸邦，多以自己文化作基礎，以外來文化，作補充，而發展其新文化。我國人則見異思遷，專尚摩仿；今日視德人發明新樣而抄襲之，明日視英人發明新樣而抄襲之，而美其名曰德國式，英國式，對於國粹之進展，則毫未顧及也。考中國固有建築，在歷史場中，未嘗不擅相當勢力，惜沿襲舊章，不加改進，致千百年後，仍復如斯。近雖一二人稍事注意此項，但一曝十寒，朝不繼夕，致無所謂發明，亦無所謂改善。北平營造學社，創始於朱啓鈐先生，為研究中國建築之唯一機關，政府每年亦小有補助，自梁思成劉士能二先生任職以後，更日漸起色，中國建築之魂，未始不以此為寄託。何期強鄰既攘四省，復窺平津，致小有基礎之中國建築研究所，亦不得不受城門失火之殃。但願此螢光之靈魂，不遭狂風吹散，待機產生。中國建築，僅此一線曙光，建築界諸君，幸勿漠然視之也，

東北大學建築系四年級馬峻德繪名人紀念堂

名人紀念堂習題

廿一年九月七日發

　　各國都會咸有殿宇 (Pantheon)，以藏名人遺骸，供衆仰慕。吾國京城，亦擬設紀念堂，凡文學藝術兵事政治大家謝世之後，棺槨移至堂中，舉行哀悼，然後葬於堂下。堂內並有長廊陳列先哲行蹟。

　　堂宜高崇，地盤方廣各在四百尺以內；凡建築本部台階及園林布置，不得越出此範圍。

　　堂內宜有大廳，爲行禮之用。大廳之外有長廊以爲陳列之用。下層分列若干小室，爲供奉棺槨之所。

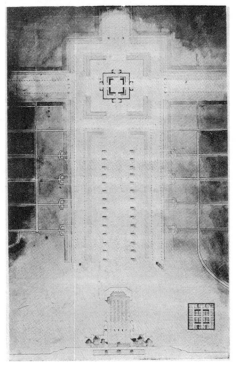

東北大學建築系四年級孟憲英繪名人紀念堂
（續　前）

草　　圖

平　面　六十四分之一

立　面　六十四分之一

斷　面　六十四分之一

民國廿一年九月八日下午六時交

詳　　圖

平　面　三十二分之一

立　面　十六分之一

斷　面　三十二分之一

民國廿一年十月八日下午六時交

建 築 文 件

　　說明書與合同，在建築工程上之地位，其重要較之圖樣有過之無不及，蓋建築師受業主之委託，計劃種切，其責任固不特繪圖已也．蓋圖樣之所示，為已成之型式，對於完成此工程之過程，與夫價格之如何，業承雙方之責任等等，非有說明書之製就以及合同之訂立，不能確定．建築事業，日新月異．其施工之方法，亦愈形繁複而纖細；苟無說明書以為之指示，承包者幾無法進行，此說明書之所以不可無也．際茲因工程上之糾紛，而致涉訟者，往往見之；推原其故，無縝密公允之合同，以明雙方之責任，實有以致之，此合同之所以必備也．中國建築事業，發軔未久，往昔之與土木者，往往由業主直接委之承包者．繪圖也，施工也，一任承包者之自由處理，減料自肥，勢所難免，以無合同之訂立，與夫說明書之備具，致業主欲訴之法律而無據，當之者深感痛苦　晚近以來，建築事業漸趨欣榮，繪圖施工之事，悉以委之建築師，說明書與合同之訂立，遂周詳而縝密．然各自為政，向無定式，以致用中文者有之，用英文者亦有之，式格既不一掛漏乃難免．日後一有糾紛，仍不能有法律上完具之條件，以作論斷之根據．故統一式樣，以合乎標準化，實為當前莫大之急務也．中國建築師學會，有鑒於斯，乃有編製章程表式委員會之設，專以擬定說明書，以及合同之方式為職志．創立迄今雖已近載，然以茲事體大，非周詳考慮於前，難免掛一漏萬於後；故綱領雖具，修削有待．特將本建築師歷來所用合同說明書，以及其他有關於建築之文件，逐期刊出，公諸委員之參考．雖竭力於窺管，難免遺譏於牆面．幸海內碩彥，有以之．

楊錫鏐識

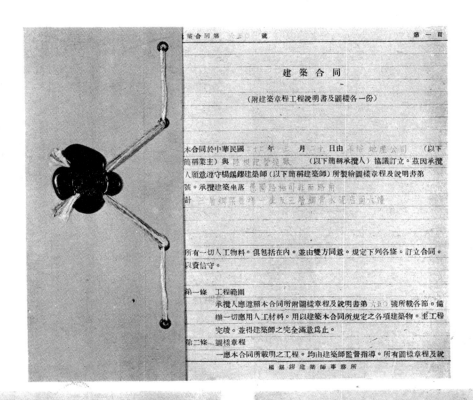

建築合同第　號　　　　　　　　第四頁

第五條　完工期限
全部工程，承攬人允於簽訂合同日起於　個足月零　天內完工。如無下條所列各項不測之事臨時發生。則准於　年　月　日以前交到清償。如有延遲。承攬人應賠償業主每天____両正。是項賠償金。係業主因工程延遲而受各方之損失。並非罰金。

第六條　工程延遲
承攬人如遇下列各事發生。以致工程停輟或延遲時。得臨時備具正式報告單。詳記停工原因。停工日數等。送呈建築師查核。如經建築師認爲確非承攬人能力所能制止。則上條所定完工期限。應予展期。日數依該項報告單由建築師酌量定奪之。
(甲)雨雪風霜。照上海天文台之正式報告計算。晨雨作一日算。晚雨作半日算。如屋面蓋好後。則不在此例。
(乙)如大部工程。因受業主之囑咐有所增減。以致其餘工程爲其所阻。或因他項承攬人工作延宕。以致本工程不便進行時。
(丙)鄰居失火延燒。(承攬人自行失火成災不在此例)或地震雷轟颶風冰雹。及其他各種非人力所能抵禦之變故。
(丁)兵災及水災
(戊)工人罷工。如罷工原因。爲承攬人自己之措置失當以致釀成工潮者。不在此例

第七條　災害
在未交屋之前。所做工程。及場內一應材料。如因颶風水災。及一應天災所受之損失。應由業主負擔。其損失之多寡。由業主承攬人與建築師三方共同估定計算。惟至多以已付造價爲限。如勞工損失超過所付造價時。其超出之數。由承攬人負擔。如遇發生戰事恐慌。業主與

楊錫鏐建築師事務所

建築合同第　號　　　　　　　　第五頁

承攬人雙方估計所有之價值。會同投保兵險。否則如受戰事損失。依照上項天災等一律辦理。如雙方不能同意。則任何方面可以單獨投保。其利益由投保者單獨享受。

第八條　保險
工程進行時其作場材料及已做工程。應由承攬人向殷實可靠之保險公司投保火險。數目視工程之進行逐漸增加。如數保足。保單悉交業主代爲執管。如有火災發生。卽由業主會同承攬人向保險行領取賠款。再由業主承攬人建築師三方共同商酌。按雙方之損失支配之。作場如遇火災。該工程已訂之合同仍繼續有效。惟完工日期須另行訂定。

第九條　權利
在未交屋前。無論已成建築或各項材料。凡一經運入工場卽爲業主之所有物。非經業主之允許。不得自由移動。在未交屋前。無論何時承攬人如將該項權利讓與他人。須得業主及建築師之同意。否則無效。更不得將未收之造價。抵押于他人。

第十條　工程玩忽
如承攬人不能招集足數熟練工人。或置備一切應需物料。致工程因而過分延宕。或有意違背本合同及章程所載之任何一節時。建築師應用書面通知書。向承攬人正式告警。如警告後三日內。承攬人不能恢復工作或違照合同或章程條文辦理經建築師認爲足以阻礙工程進行時。得由業主自行招集工人。購辦物料。或另行招匠承攬進行工作。一切費用。仍由承攬人支付。或由業主付款時扣除。承攬人一應職權。亦卽停止。第六條所載分期付款。亦暫停付。地基上一應物料傢具。響歸業主管理。至全部工程完工時。一總核算。如業主墊之款。超出由未付給承攬人分期造價之數。則超出之數。卽向保證人於一月內

楊錫鏐建築師事務所

建築合同第　六五〇　號　　　　　第六頁

如數取償。如業主墊之款。較少於未付之分期造價。卽所餘之款。應由業主發給承攬人。本條所述業主用以完竣工程之費。包括備辦物料及工人傭給一切雜項費費。應備具清賬。由會計師審查核准。

第十一條　工程保證
房屋完工時。承攬人應具保單。保證其建造之工程。一年以內毫無走動漏水翻坯等事發生。(颶風觸電地震以及兵水各災不在此例)如一年內查出有上項情事發生而確係人工粗陋物料窳劣所致者。應由承攬人完全負責。一經接得業主之正式通告。應卽於四十八小時。派人前往修理完善。

第十二條　保證人
承攬人應覓殷實商家作保。保證承攬人對於本合同之一切完全責任。該保證人須經業主之承認並在本合同上簽字證明。方爲有效。如用現銀或地產道契擔保。其數至少須合造價十分之一。交建築師收執。由建築師出立收據。並書面通知業主。以作憑證。再由建築師徵得業主與承攬人之同意。存入或保管於殷實可靠之銀行。利息或保管費歸承攬人攤出。交承攬人收回。如承攬人不能完工。或發生事故。業主因之受其失損。總由建築師得將該項現銀或地產道契。全權處理。如現銀存入銀行而該銀行發生倒閉情事。則所受之失損。由業主與承攬人各半負擔。

第十三條　解決糾紛
業主與承攬人間如發生一切糾葛及爭端。以及加減賬目等糾紛。得由建築師按照章程公斷公解。如遇重大事故。建築師不能圓滿調

楊錫鏐建築師事務所

建築合同第　六五〇　號　　　　　第七頁

解時。則由業主承攬人及建築師三方公請諳於建築工程者三人。組織公證人會解決之。一經該會解決後。雙方不得再持異議。

第十四條　遵守合同
本合同一經簽訂。業主承攬人保證人或上述各方代表或其法律承繼人均應遵守。本合同一式三紙。由業主承攬人及建築師各執一紙存照。

立合同人　業主　承裕公司章　
代表博楨
代表顧聯

保證人　伏全堂　　承攬人

建築師　楊錫鏐

中華民國　三十二　年　三　月　二十　日立

楊錫鏐建築師事務所

〇〇一三四

本會民國二十二年度年會到會會員全體攝影

二十二年本會年會記錄

日　　期	一月十二日
地　　點	巨籟來斯路三一〇號鄭公館 時間下午七時半

到會會員	陸謙受	吳景奇	楊錫鏐	薛次莘	巫振英	奚福泉	楊廷寶	羅邦傑
	孫立己	董大酉	林澍民	范文照	徐敬直	莊俊	黃耀偉	李錦沛
	趙深	童寯	陳植					

主　　席	趙深

介紹新會員發給證書	顧道生	張至剛	黃元吉	楊潤玉	繆凱伯(未到)	李惠伯	許瑞芳
	王華彬	浦海	葛宏夫	莊允昌	張克斌	丁寶訓	哈雄文(未到)

報告事件	(一)會所籌備委員陳植報告
	(二)會記陸謙受報告財政狀況
	(三)籌劃會所工作委員童寯報告

（四）出版委員會楊錫鏐報告

（五）設計芝加哥博覽會中國館委員會徐敬直報告

（六）編製章程表式委員會范文照報告

（七）建築名詞委員會莊俊報告

討論事件　（一）范文照提議修改本會章程第八條理事部組織案

　　　　議決　修正本會章程第八條如下

　　　　「本會理事部以七人組織之除執行部會長副會長爲當然理事外並於年會時再由正

　　　　會員中選舉入會滿二年之會員五人爲理事理事長由理事選舉之」

（二）陳植提議修改本會會費案

　　　　議決　本會入會費定爲廿五元常年費十元經常費每月三元

（三）董大酉提議暫時取消本會仲會員案

　　　　議決　暫時不提

選舉下期職員結果　　執行部（民國二十二年度）

　　　　　　　　　會　長　　　董大酉

　　　　　　　　　副會長　　　莊　俊

　　　　　　　　　書　記　　　楊錫鏐

　　　　　　　　　會　計　　　陸謙受

　　　　　　　理事部

　　　　　　　　　理　事　　　范文照

　　　　　　　　　　　　　　　李錦沛

　　　　　　　　　　　　　　　趙　深

　　　　　　　　　　　　　　　巫振英

　　　　　　　　　　　　　　　羅邦傑

攝　影

聚　餐　十二時散會

本會委員會一（民國二十一年度）

會所籌備委員會	陸謙受	趙　深	陳　植
籌劃會所工作委員會	童　寯	楊錫鏐	董大酉
出版委員會	楊錫鏐	童　寯	董大酉
計劃芝加哥中國館委員會	徐敬直	童　寯	吳景奇
編製章程表式委員會	范文照	楊錫鏐	朱　彬
建築名詞委員會	莊　俊	楊錫鏐	董大酉

名 譽 會 員

姓 名	字	履 歷	通 訊 處	電 話
朱啓鈐	桂莘	前內務總長北平中國營造學社社長	北平中央公園內中國營造學社	
葉恭綽	譽虎	前交通總長交通部長交通大學校長	上海呂班路一三八號	

會 員

姓 名	字	出 身	進 訊 處	電 話
呂彥直		B. Arch., Cornell Univ.		
張光圻		B. Arch., Columbia Univ	北平東城頭條胡衕三號	
李錦沛	世樓	Beaux Arts, Pratt Institute, New York, Columbia Univ	上海四川路念九號	14849
劉福泰		B. Arch., Oregon State Univ.	南京中央大學	
范文照	文照	B. Arch., Univ. of Pennsylvania.	上海四川路念九號	19395
莊俊	達卿	B. S. Univ. of Illinois.	上海江西路二一二號	19312
黃錫霖		Diploma, London Univ.	Pedder Building, Pedder, Hongkong.	
趙深	淵如	B. Arch., M. Arch.,Univ. of Pennsylvania.	上海寧波路四十號華蓋建築事務所	13735
盧樹森		Univ. of Pennsylvania	南京中央大學	
劉旣漂		巴黎國立美術專門學校	南京大方建築公司	
董大酉		B. Arch , M. Arch,. Univ. of Minnesota. Graduate School. Columbia Univ.	上海江西路三六八號三樓三一一號	13020
李宗侃		巴黎建築專門學校建築工程師	南京大方建築公司	
劉敦楨	士能	日本東京高等工業學校建築科畢業	南京中央大學	
陳均沛		Univ. of Michigan, N. Y. Engineering College, Columbia Univ.	南京鐵道部建築課	
楊錫鏐		B. S. N. Y. Univ.	上海寧波路四〇號四樓四〇五號	12247
貝壽同		Certificate, Technische. Hochsehole zur Schorlottenburg. Berlin.	南京司法部	
楊廷寶		B. Arch., M. Arch., Univ. of Pennsylvania.	上海九江路大陸大樓八〇一八〇二號	12222
關頌聲		B. S, M. I. T., Graduate School Havard Univ.	仝 上	
黃家驊		B Arch. M. I. T.	上海博物院路念號東亞建築公司	12392 14740
奚福泉	世明	Dipl.-Ing, Technische Hochschule zo Darmstodt Dr.Ing Technische Hochschule zu Charlottenburg.	上海南京路大陸商場啓明建築公司	93345
李揚安		M. Arch., Univ. of Pennsylvania.	上海四川路念九號李錦沛建築師事務所	14849
巫振英	勉夫	B. Arch. Columbia Univ.	上海西摩路二二〇號	31135
羅邦傑		B. S, Univ. of Minnesota.	上海九江路大陸大樓	

譚垣	M. Arch, Univ. of Pennsylvania.	上海蘇州路壹號	
陸謙受	倫敦建築學會建築學校英國國立建築學院院員	上海外灘中國銀行建築課	11089
陳植 植生	M. Arch., Univ. of Pennsylvania.	上海寧波路四〇號華蓋建築事務所	13735
林徽音	美國彭城大學學士	北平中央公園中國營造學社	
梁思成	M. Arch., Univ. of Pe nylvania.	仝 上	
童寯	M. Arch. Univ. of Pennsyivania.	上海寧波路四〇號華蓋建築事務所	13735
朱彬	M. Arch. Univ. of Pennsyivania.	上海九江路大陸大樓基泰工程司	13605
薛次莘	B. S., M. I. T.	上海南市毛家街市工務局	15122
蘇夏軒	比利時建築師	上海靜安寺路一六〇三弄延年坊四七號	33568
林樹民	M. Arch., Univ. of Minnesota.	上海博物院路念號	18947
莫衡	B. S. N. Y. Univ.	上海京滬路管理局	44120
裘燮鈞	M. C. E. Cornell. Univ.	上海南市毛家街市工務局	15122
吳景奇	M. Arch· Univ. of Pennsylvania.	上海中國銀行建築課	11089
黃耀偉	M. Arch. Univ. of Pennsylvania.	上海江西路二一二號莊俊建築師事務所	19812
孫立己	B. Arch. Univ. of Illinois	上海四川路四行儲蓄會	18060
朱神康	B. S. Univ. of Michigan.	南京建設委員會工程組	
徐敬直	M. Arch. Univ. of Michigan.	上海博物院路十九號興業建築師	14914
黃元吉		上海愛多亞路三八號凱泰建築公司	19984
顧道生		上海福州路九號公利營業公司	13683
許瑞芳		上海仁記路錦興地產公司	15149
繆蘇駿 凱伯		上海康腦脫路七三三弄一三號	33341
楊潤玉 楚翹		上海大陸商傷五二五號華信建築公司	94790
李惠伯	B. Arch. Univ. of Michigan.	上海博物院路一九號興業建築師	14914
王華彬	B. S. Univ. of Pennsylvania.	上海江西路上海銀行大廈董大酉建築師事務所	13020
哈雄文	B. S. Univ. of Pernsylvania.	仝 上	13020
張至剛	B. S. N. C. Univ.	南京中央大學	
丁寶訓		上海寧波路上海銀行大厦華蓋建築事務所	13735
張克斌		上海四川路二九號李錦沛建築師事務所	14843
浦海		上海江西路上海銀行大厦董大酉建築師事務所	18080
葛宏夫		仝 上	
莊允昌		仝 上	
李蟠		上海四馬路九號	10350

上海公共租界房屋建築章程

（上海公共租界工部局訂）

建築物之安全及適宜居住者諸問題,
關係民生至重,故世界文明各國咸有建築
章程之規定.然因各地有其特殊之氣候,地
質及市政當局對上述諸問題所具之見解
不同,故所有之建築章程,因之不能統一.

滬市為吾國之最大都市,建築日增,故
市政當局為保障市民之居住安適,早有建
築章程之規定,惟因與各租界當局者見解
微異,故滬市及二租界（公共租界及法租
界）之建築章程亦因之而異.茲本刊為比
較各章程之異同以備讀者諸君之參考起
見,先將公共租界及法租界建築章程之華
文譯本刊印如下.

編者識.

上海公共租界房屋建築章程

（上海公共租界工部局訂）

楊 肇 煇 譯

圖 樣

第一條　凡擬建造新屋者，均應備具全部樣圖，送請審核。圖樣上所用之比例尺，不得小於每八呎作爲一吋。並須將新屋各部及其附屬建築之位置形式大小，及用途等詳細載明。

同時造屋者，須備具此屋之地盤圖一份。其比例尺不得小於五十呎作爲一吋。並須將新屋及其四隣建築之位置，前後街道之寬度及水平，最底層及空地之水平，與每層擬載之重量等詳細註明。

計算地基，撐柱，礎磴，圍牆，棟樑，及其他負重之建築時。其在每層及屋頂上所應負載之重量。須與本章程第四章中所規定者相符合。

圖樣上並須載明擬造水溝之線路，及擬用水管之大小，深度，與斜度。

各項圖樣，均須備有兩份。一份於核准後，存案備查。一份送還與請照人，俾得憑領執照。此份須於建築時懸掛於工作地點。使稽查員可以隨意審查。但無論已否經過審查。領照人均須隨時負責。遵照本章程適當辦理。

請 照 單 及 執 照 費

第二條　凡建造新屋請領執照者，均須填寫於特備之請照單內。此單隨時可以免費領取。填就後，連同執照費。一併繳交。應繳之執照費，規定如下。

（甲）房屋體積不過二萬立方呎者。	規銀肆兩
（乙）二萬立方呎以上每加五千立方呎或其分數者加	規銀壹兩
（丙）更改已經核准之圖樣，而不加大其體積者加	規銀壹兩
（丁）更改舊屋。但須在舊牆以內者。（否則仍照甲乙丙收項費。）	規銀叁兩
（戊）如有連續一貫之房屋，而其各屋之式樣相同者。則第一屋照上例各項取費。其餘各屋均減半收取。	

籬笆棚架等

第三條　凡建造新屋其高度不逾五十呎者，所搭之棚架籬笆等，得伸進及占用貼邊之人行道或公路，但不得逾三呎。其高度在十呎以上者，不得逾四呎。遇有特別情形，稽查員得許超過上訂寬度。此項籬笆棚架等概應建造穩固。勿使任何材料墜入公路之中。

—— 1 ——

地 基 等

第四條　新屋之地基．不得建於包含動植物質，或未曾切實固結之地址上．

　　　　新屋之地面應較做成後之人行道最高點，至少高出三吋。如無人行道，則較距離最近之公路，路冠，至少高出三吋．

　　　　新屋底層之地板，如係實鋪應，較做成後之人行道最高點，或最近公路路冠，至少高過六吋。如係空舖，至少高過十二吋．

屋 址 之 地 面

第五條　在新屋外牆之內。全部地面，概須用瀝青，或蓋以灰漿及水泥，或柏油混凝土一層，厚度至少六吋．瀝青混凝土之面，不得低於第四節所述之地面。但貨棧一類之房屋，不得用柏油混凝土．

包 工 人 用 之 臨 時 廠 房

第六條　建新屋時包工人用之臨時廠房內．概須備有廚房及經該許之廁所．並須於新屋工竣之後完全拆除。廚房地板應用不透水之材料建造，並應向明溝舖成坡度，使水得以流入溝時，轉入最近之流水管或小溪內．

牆 垣

第七條　（甲）新屋牆垣．概應備有牆垣避潮材料一層，如鉛皮油氊等。此避潮材料須置於最低木料之齊牆之地面，至少六吋．

　　　　（乙）新屋牆身所用之材料，建造之方法及厚度。均須依照本章程各節所規定。（詳見第一章）

　　　　（丙）任何磚料之載重，不得超過以下之規定．

　　　　　　水泥黃砂所砌之牆垣　　　　　　　　　　　　　　每方呎三噸

　　　　　　灰漿黃砂所砌之牆垣　　　　　　　　　　　　　　每方呎二噸

　　　　（丁）貼近外牆之處，如有易於燃燒材料。所做成之水溝．則須自此溝之最高點，至少向上砌高一呎．做成一壓簷牆．其全身厚度，至少八呎半．

　　　　（戊）建造新屋時。無論何層或每層外牆上所開空洞．其面積大於無論何層或每層全牆面積之二分之一時。則此空洞應：——

　　　　　　（一）置有適當之磚墩，或其他有效之支撐，以能担負其上部之重量為度．

　　　　　　（二）置有適當之磚墩，或其他有效之撐支於距牆角三呎或三呎以內之處．

　　　　（己）（一）凡屬貨棧或公共房屋，每一分間牆厚度至少八吋半。並須高出最高之屋面或氣樓，或天溝，至少三尺。如屬其他房屋，則至少十五吋．該項尺寸以與屋面成直角之垂直量法為准．

(二)凡任何房屋之屋頂或屋面．與新屋之分間牆相距在二呎以內。其上設有軒樓，氣樓，氣窗，或其他易於燃燒之材料所造之建築物者．此分間牆，應照前訂厚度，高於及每邊寬於此項建築物，至少十二吋。又任何屋頂與新屋之分間牆相對．且相距在二呎以內者．此分間牆應照前訂厚度，高於此屋頂之任何部分，至少十二吋。

(三)凡任何屋頂之一部分，與新屋之分間牆相對，且相距在二呎以內者．此分間牆應照前訂厚度，高於此部分至少十二吋。

(四)倘屋面之屋簷，伸出於房屋之外．且爲易於燃燒之材料所做者．每一分間牆．厚度至少八吋半．須用磚或石作成壁肩．向外與伸出之屋簷相齊．並向上砌高．貨棧三尺．其他屋屋十五寸。

(庚)新屋牆垣高過屋面，而成一壓簷牆時．應做有壓頂，或其他有效方法．使雨水不致沿壓簷牆流下，或浸入牆內。

(辛)新屋之外牆，橫牆，或分牆間上．除合於下列各項規定者外，不得有任何壁洞，或凹進之處。（RECESS）：

(一)該項凹進處之背後牆身．仍應具有合法厚度。（住宅八寸半．貨棧或公共房屋十三寸。）

(二)該項凹進處之上部，應置有適當之彎措，或不易燃燒之橫楣。

(三)該項凹進處之牆度，如不及該層牆垣高度之一半，則背後牆身可較該牆應有之牆身爲薄。

(四)該項壁洞或凹進處之邊，應與任何內牆角相距至少三尺。

磚　　柱

第八條　凡磚柱之四面臨空，而無適當支撐者，其高度不得逾其最小寬度之六倍。如有適當支撐，則該項支撐點之相距，不得逾其最小寬度十倍。凡二十吋以內之磚柱，皆應用水泥黃砂砌成。

欄　　柵

第九條　(甲)每一欄柵，無論係用木料或金屬．每端除托入分間牆或外牆外．應至少有四吋另托於適當之磚礅，石礅，木柱，或鐵柱上。稽查員有權鑒定，每一欄柵是否需要此項另置之支柱，俾可負担上部之重量。凡木欄柵之端，距分身牆中線，至少應有四吋。

(乙)金屬欄柵之每端，須留一空隙。欄柵每長十呎或其分數，則空隙應留四分之一吋。以備遇熱之伸長。

(丙)與欄柵互相固連之木料或木板，不得置於牆內。

(丁)每一欄柵，如係置於分間牆內．均須托於穩固之磚塊，石塊，或鐵塊上。放入之長度，至少爲牆身厚度之半。寬度則與欄柵之全寬相同。

(戊)木料之端，得置於穩固之石肩，或鐵肩上．放入牆內之長度，至少八吋。或另置於稽查員合意之支撐上。

(己)如用有背之鐵製之托樑盒,則托樑盒之背,可置於分間牆之中線上。

(庚)在每層地板及天花板處,凡欄柵之置於新屋牆上者。其中空隙均須以磚料,或混凝土,或其他不易燃燒之材料填滿。但置於牆中之木質膿柵之盡頭處,應留有充足空隙。以便流通空氣。

烟　囱

第十條　(一)倘壁肩由牆面伸出之寬度,不大於牆寬者。煙囪可做於磚製,或石製,或其他堅硬而不易燃燒之材料所製之壁肩上。其他煙囱,槪須做於實質之基礎上。且須備有如牆卽之底腳。否則無須做於鐵桁上直接固結於分間牆,外牆或橫牆內。以得有稽查員之滿意方可。

(二)烟囱之具有適當之烟煤門,其面積不小於四十方吋者。可以作成任何角度。但與地平線相斜之角度,不得小於四十五度。且轉角處應作圓形。一槪烟煤門與木料之距離,至少應有十五吋。

(三)每一烟囱之空洞上。爲支撐其本體起見。應做一適當之磚製,或石製之環拱。在盡頭處置一可以上下搖動之鐵條。每邊放入爐墩內至少八吋半。

(四)無論屬商業用,或屬製造用。不得爲新置之火爐,或鍋爐,採用或設置烟囱。但烟囱之建築,經稽查員之核准者除外。

烟囱不能用作鍋爐或熱氣引擎之用。倘烟囱自鍋爐之地面之高度,至少有二十呎者除外。

新屋烟囱之裏面,槪須以灰泥或灰砂塗光。並須至少一吋厚之避火材料舖滿砌上。所有稜角處,亦須以硬磚,或其他不易燃燒之材料磨平。

烟囱在房屋以外之各部分。其位置及層數均應顯明表出。但烟囱之外面,用作外牆之面者除外。

烟囱不能築於分間牆內。但四週用至少四吋厚之新磚,且經適當之砌結者除外。

每一烟囱之上部,與地平線作成之角度,不及四十五度者。其厚度至少應爲八吋半。

(五)每一壁爐之墩,在爐門每邊之厚度,至少應有十三吋。

(六)烟囱本身及四週之磚料,厚度至少應有四吋。

(七)壁爐之背,置於分間牆內者。其厚度至少應有八吋半。其高度至少應在壁爐以上十呎。

(八)每一煙囱須用磚砌,或石砌。全部厚度至少四吋。高度至少在屋面,或水溝之最高點以上三呎。

每一煙囱之頂上六層,須用水泥做就。

煙囱(用於蒸汽引擎,釀酒廠,蒸水廠,或製造廠者除外。)之磚工,或石工。在屋面以上之高度,不得高於烟囱之最小寬度之六倍。但若與另一烟囱合做,或連結者除外。

(九)在烟囱空洞之前。須舖石板,或其他不易燃燒之材料一層。與每層之地板相平。每邊較空洞至少多寬六吋。在烟囱本身之前,至少寬十八吋。

(十)在每層地板上 (最底一層除外。)上節所述之板。應舖於石製鐵製,磚拱,或不易燃燒之材料所做之支持物上。但在最底一層,可舖於地面之混凝土上,或其他之堅實材料,置於此混凝土之上者。

(十一)壁爐或石板均須全部置於磚製,石製 或其他不易燃燒之材料所製之材料上。連同此項材料 其

—— 4 ——

任壁爐或石板之頂面以下之厚度，至少應有六吋。

(十二)煙囪之迤同牆身，或築於牆身之內者。不得捨棄不用。但經稽查員證明，不致損礙房屋之堅固者除外。任何木料不得置於下列各處：

(甲)牆內或煙囪內，距煙囪空洞之裏面，不及十二吋之處。

(乙)煙囪空洞之下，距壁爐之上面十吋以內之處。

(丙)煙囪磚料或石料之厚度，不及八吋半者。距磚面或石面二吋以內之處，但磚面或石面之已經粉光者除外。

(十三)房屋之外面，不得裝置管子。為流通煙氣，或臉送灰爐之用。但裝管之處，距任何燃燒材料至少在八吋半以上，及高過屋簷至少在三呎以上者除外。

火爐之烟囱

第十一條 除經另行核准者外。凡屬用於引擎，釀酒，蒸煉，及製造之鍋爐煙囪。如係磚料所做。須遵照下列之規定。

(一)煙囪之全部，須最好之磚料及灰漿砌造。如係尖錐形，自底至頂，每加十呎之高度，其寬度至少應差二吋半。

(二)自煙囪之頂點至頂點以下十五呎之處。磚料之厚度至少應為八呎半。向下每加十五呎，則厚度至少應加寬半塊磚。

(三 煙囪之頂部，平台柱，礎，或由磚面加出之建築物等。均須另加於本章程所需磚料之厚度以外，並須合法建造。以得有稽查員之滿意始可。

(四)煙囪之基礎，須築於經稽查員滿意之混凝土上。或其他適當之地基上。

(五)煙囪之底腳，須由底盤四週整齊凸出。其伸出之寬度，須等於底盤週圍磚料之厚度。底腳內之空隙，無須於工作進行時填實。

(六)煙囪之底盤，如係方形，其寬度至少應為所訂高度之十分之一。如係圓形，或多角等方形，至少應為高度之十二分之一。

(七)煙囪下部之內，如用火磚。則與本章程所遺磚料之厚度無關，而為另加者。二者亦不互相砌結連合。

屋 面

第十二條 (一)凡新屋之屋面，及屋頂，與新屋屋頂上所置之軒樓，氣樓，氣窗，天窗，或其他之建築等。均須於外面遮蓋以石板，磚瓦，五金，混凝土，或其他避火之材料。以備隨時可得稽查員之同意。但此等遮蓋屋頂之物。不得置於任何稽查員認為係屬絕緣，或係引火之材料之上。但本條不適用於此等軒樓，氣樓等之門，窗，門框，窗框，及氣窗，天窗之框架。

（二）凡係會經註冊之油氈，所製之屋頂材料之邊，必須捲入×內．或用其他經稽查員同意之固着方法。

（三）新屋屋頂上之水溝，凹溝等，概須用避火材料．或具有鉛皮之木料．或其他五金屬之板料建造。

（四）設置於新屋屋頂之水溝．必須妥為安置．其剖面面積至少須有十四吋．並須由屋頂用水落管，接連及於地面．以便將屋頂之水．全部流下．而不致冲入公路．或人行路上。

材　　料

第十三條　新屋之屋頂，樓梯，及地板．須各用良好材料建造．並須視房屋之如何用途．而顧及居住者之安全．以得有本局之合意為度。

房 屋 之 高 度

第十四條　（甲）各種新屋（教堂除外）．之高度．或後來繼續添高之高度．（除去軒樓或其他美術裝飾物）．如未經本局之允許，不得高過八十四呎．但本局於允許加高之前，得玫慮其房屋四隣之情況．又新屋如係傍於一寬過一百五十呎之永留空地．則本局不得拒絕其加過上訂高度。

（乙）新屋之高度，（除去合理之美術裝飾物）不得大過自沿此屋之路綫．至沿對面房屋之路綫之垂直地平距離（按卽路寬）之一倍半．倘若路將放寬．則須量至對面放寬後之路線．（按卽放寬後之路寬）

（丙）新屋造於轉角處．則所沿靠者不祇一條公路．如房屋正面係沿一較寬之路．則房屋之高度．以較寬之路為標準．如所沿較狹之路之長度．（不得過八十呎）等於其所沿較寬之路．其高度亦以較寬之路為標準。

（丁）新屋不得高過六十呎．但用本章程第二章所選用之避火材料建造者．不在此限。

（戊）新屋之高度，在本章程內，均係指自路冠起至屋頂底面之高度。

貨 棧 容 量 之 限 度

第十五條　凡貨棧係用避火材料建造者．容量不得大過450,000立方呎．其用不能避火之材料建造者．容量不得大過200,000立方呎。

貨棧之單獨部分，在同一層屋上．不得大過150,000立方呎。

防 火 牆 內 之 防 火 門 及 空 洞

第十六條　空洞不得做於間隔貨棧各部分之任何分間牆內．或做於係用不能避火之材料所造．而總共各部分之容量，大過200,000立方呎之貨棧之分間牆內．或做於避火之材料所造．而總共各部分之容量，大過450,000立方呎之貨棧之分間牆內．貨棧之各單獨部分之容量，均不得大過150,000立方呎．但具有下列情形者除外：

—— 6 ——

（甲）此項空洞應備有磚製，石製，鐵製，非熟鐵所製，或不易燃燒之材料所做之底板，榜柱，及頂。並應有兩扇防火門，或經本局同意之滑門，以便關閉。其相隔之距離，於牆之全厚。安置於鐵製，或非熟鐵所製，而無木料之凹槽內。滑門則須用繫釘，或他種維繫物安固。並須每面可開。且須用有實效之方法以建造之，固置之，及存留之。

（乙）此項空洞在表面上不得大過五十六呎。寬不得過七呎。高不得過九呎。在每層牆內，此項空洞之寬度，（為牆內之空洞不祇一個。則以各空洞之寬度綜合計算之）。不過大過此牆長度之半。但本局認為此項空洞可用較大之高度或寬度者，於允准後，不用此例。

安 全 之 準 備

第十七條　公共房屋或房屋之作特別用途者。連同牆身，地板，屋頂，走廊，及樓梯與鐵筋混凝土或他種材料之建築物。均須視其用途，顧及居住者之安全。於建造時預作準備。並須經本局之核許。

蓆棚，竹架，或各種雙層屋頂均不得置於無論何種房屋屋頂之上。其用作臨時修理，或更改者除外。

火 警 時 之 逃 避 方 法

第十八條　下列新屋，如係一層以上者，概須設有太平門，或其他適當之避火設備。並須經本局核准。以便遇有火警時，居住者可以立即逃避。一，工廠，儲庫，機廠，製造廠，洗染廠，或其他任何房屋。其住居於內或受僱者數在三十人以上者。本局認為概應設有太平門，或其他適當避火方法。

火 警 龍 頭

第十九條　以下新屋如工廠，儲庫，機廠，製造廠，洗染廠或其他任何房屋其住居於內或受僱之人數在三十以上者。在本局認為必需時，均須設有防火水管，開關，抽水器具，龍頭，皮帶及防火用具。其數目，質料，及式樣與安放之位置。亦須經本局救火會之核許。但房屋之高度，（自路冠至屋頂）在七十五呎以上者。亦須設有連接水管之抽水設備，抽水機，儲水池，及其他必需器具。其數目，質料，及式樣，與安放之位置亦須經本局之核許。

房 屋 四 圍 之 空 地

第二十條　（甲）新造住宅或公共房屋之不臨公路者。其前面均須留有空地。此項空地須伸過房屋之全部前面。並須在地面以上不另置其他建築物下列者不在此例：

（一）走廊，門廊，踏步或同樣由門楣伸出之物。籬笆或門牆其高度在九呎以內者。

（二）洋臺，但在第一層平面及在第一層平面以上而由屋前伸出部分不過三呎者除外。

（三）窗，在第一層平面及在第一層平面以上者，但由屋前伸出部分不過一呎六吋，及窗之總長度不過此層房屋之牆身長度之五分之二者除外。

（四）窗上之遮陽蓋，其在人行道之背以上之高度不小於七呎六吋者。

（五）簷及其他美術裝飾物之應伸出者。

上述之空地概應與接近此等空地之屋牆之表面，成正角形，其深度應有三十呎。

（乙）此項留出之三十呎空地，倘係在不屬於同一業主之房屋之前面則每一業主均應讓出空地之一部份。但空地之總寬，應仍爲三十呎。而各業主亦應經本局之合意，負責各自騰讓。

倘一屋之前牆相對他屋之後面，空地應由此屋之前面量至他屋後面天井之外牆。

任何房屋倘有更改或添造情事，不得減去本章程中所需空地之面積。

第二十一條　（甲）每一新造之住宅及新造之公共房屋·其全部或一部作爲居住之用者。除本局特許外，概須直接連結 及在後部連結空地一方，以便增足光線，並可流通空氣。此空地之面積，應照以下之規定：

（一）凡係不過二層之房屋 空地之面積不得小於此屋後面之長度（圍牆除外）乘十呎。

（二）凡係二層以上之房屋，空地之面積不得小於此屋後面之長度（圍牆除外）乘十五呎。

（乙）在地面以上，此空地之三分之二以內不得造有任何建築物，剩留之三分之一之上，可造廁所，遮棚，廚房及僕室，其高度均不得過九呎。但此空地內備有天井，而天井之總面積不小於七十五方呎者除外。

（丙）倘係華人住用之洋房，此空地可備作天井，或其他用途。本局應同意於作爲空地之此類方法，除非有充足空氣可以流通。

（丁）倘係避火材料所造之商店，其前後均可出進且其後面接近於一不小於十九呎寬之街，經本局審查後，得允許將此店後面空地之全部，遮蓋至一層之高。除非此層之屋頂，得有充足空氣之流通，經稽查員之合意爲限。

（戊）在第一層地面之上，可設備一露天之水井。但不得大於應備空地之三分之一。

（己）遇有特別情形，因土地之形狀，及大小之關係，實際上不許在新屋後面留一遵照本章程所規定之面積之空地，本局得用變通辦法，仍以無礙於充足之光線及空氣爲合度。

（庚）露天走道應有最小之寬度五呎。

流 通 空 氣

第二十二條　新造住宅內，最下層房間之用木質地板者。（地板用木料安入於混凝土之上者除外）在混凝土之上面，及攔柵之下面之中間，須有至少六吋之空隙。在外牆內，須用適當之氣磚，或他種方法，使空隙中之空氣，可以完全流通。一切流通空氣之空隙，均須以格子柵欄關閉之，以經稽查之同意爲合度。

新屋之住房及浴室內，至少應有臨空之窗一扇。此窗之總面積，如不只一窗 則數窗之總面積，除去窗框外，至少須等於此房地板之面積之十分之一。此窗至少應有一半可開。並須中空至窗之頂端。

遇有特別情形，此項浴室使屋主感覺非常困難，以致無從遵照本章程之規定，則本局可用變通辦法，以適合實際上之需要。

新造住宅內 須置一儲放食物室，至少在此室各牆之一牆上，做一足以永久流通空氣之格子棚欄或窗，其間所淨留之空洞之總面積，至少不得小於五方吋，遇有特別情形，此項儲放食物室使屋主感覺非常困難，以致無從遵照本章程之規定，則本局可用變通辦法，以適合實際上之需要。

新造住宅之住房內，如無壁爐應做有適當之氣通設備，此項設備，可在近天窗處，做一足量之空隙，或通氣管，其剖面面積至少應有五十方吋。

住房除有一部或全部在屋頂內者外，每部由地板至天花板之高度，不得小於八呎六吋。

住房之一部或全部在屋頂以內者，至少須有全屋面積之一半，其由地板至天花板之高度，不得小於八呎。

公 路 上 之 伸 出 物

第二十三條　（甲）門窗，之臨公路者，在公路以上七呎六吋之高度以內，不得伸出於屋線之外。

（乙）洋台應置有水溝及水落管，高於公路至少十二呎，伸出於公路者不得過三呎。

（丙）窗之置有水溝及水落管者，高於公路至少十二呎之處，可以伸出，可伸出於公路者，不得過一呎六吋，此窗之總長度，不得過此層牆長之五分之二，伸出於公路上之窗之各部，不得距離最近分間牆之中線在四呎以內。

（丁）壁肩，牆簷，及其他之美術裝飾物，可造於公路以上八呎之處，惟須建造穩固，且須閂着於正牆上。

（戊）遮陽，不得置於人行道上七呎六吋之內，或置於車道上十五呎之內。

（己）蓆棚，或竹具，不得伸出於公路之上。

水 溝

第二十四條　（一）一切溝管之置於地下者，概應用不透水及不吸水之材料，如石料，或水泥混凝土等做成，裏面應完全光滑，模樣應一律正確，並須經稽查員之核許。

（二）一切溝管須有足夠之容量，如係總溝管，其裏面直徑不得小於六吋，如係其他溝管，不得小於四吋，並須用適當之坡度安掛之，其連接處須用水泥或其他經稽查員合意之不透水材料固結之，使其互相結合，而不透水。

（三）除事實上別無他法可用外，溝管不得在任何房屋之下穿過，倘溝管（厚度最小半吋之熟鐵管子除外。）穿過房屋時　安放於地下之距離，卽自此溝管之最高點之頂之至此房屋下之土地之面之距離，至少應等於溝管外面之直徑，所有此項溝管，（厚度最小半吋之熟鐵管子除外。）在可以實行之時，應將在房屋下之全長，做成直線，並應完全安置，及覆蓋於四圍至少厚六吋之良好及結實之水

—— 9 ——

泥混凝土內。

此項溝管在屋下部分之每端，應用適當之方法通達之。

（四）溝管之入口處，（非此項溝管之通氣入口處。）應有適當之防臭設備。一切溝蓋，應用稽查員核准之材料及計劃建造之。

（五）溝管之交叉處，無論立放平放，不得做爲直角。但枝管之接於另一溝管者，應照水流方向，將其歪斜接上。惟所具之角度，不得大於六十度。

（六）一切溝管，均應照本章程第三章之詳細規定，安放於石灰，或水泥混凝土之結實基礎上。石灰，或水泥混凝土之厚度至少四吋。伸出於溝管每端至少三吋。溝管不得支持於結合處。

（七）屋內陰溝應依公共污溝及最遠入口處相互位置，而在其完部長度用最大之坡度。

（八）陰井，須用磚或其他堅硬而不透水之材料建造，裏面大小須二呎見方，四方及底面須用水泥灰漿塗光。蓋須用適當石頭，或鐵做成。每一陰溝直長不過壹百呎之處，及陰溝變換方向之處均須設有陰井。陰井之蓋，須照其所置之處，與公路或人行路或地板之面相平。如係蓋沒之陰井，則其位置須在鄰牆明白顯出。此項陰溝之盡頭處，亦須設有陰井。

（九）溝管非經本局委員核准，不得蓋沒。

（十）陰溝須與公共溝管連接時，及陰溝之任何部分須安放於公路之下時，均由本局辦理。費用則由請照人照給。屋內陰溝不得在有關之公共溝管未安以前設置。

（十一）一切房屋之地面水溝，均應用剖面爲半圓形之明溝。以本章程第三章所規定之水泥混凝土，或他種不透水之材料做成之。並應有適當之坡度，斜入陰溝或小溪內。其排列方法亦應經本局稽查員之同意。

（十二）凡房屋內用爲流去雨水或污水之水管，均須裝出於此屋之外牆。而流入於明溝。此溝則接於距離至少十八呎外溝洞，或流入於稽查員核准之溝洞內。在公路上之流水管，均須連接於一溝洞。此溝洞須由本局供給並安設之，費用則由請照人繳付。

廚房天井等之舖做

第二十五條　廚房，食器儲藏屋，糞食室，小便處，廁所，及連接之天井，與可以藏蓄污水等空處，均應遵照下列規定做之：

（甲）三吋厚之水泥混凝土，厚於三吋厚之石灰混凝土上。

（乙）四吋厚之水泥混凝土。或

（丙）瀝青置於混凝土上。或他種不透水及不易損壞之材料，可得稽查員之同意者。

總之，以現出一光滑而不透水之面，並向陰溝具有適當之坡度爲限。

廁所，小便處，及洗滌室

第二十六條　新屋均應設有廁所，及小便處，或洗滌室，以爲僕役之用。其作此用者，可以兩人或數人共用。此項廁所及小便處或洗滌室之數目及計劃，須能得稽查員之同意。並須以水泥灰漿，或他種不透水之材料粉地牆面及塗板。又須與外面之空氣，得有適當之流通，一切空洞，應用鑽孔之白鉛，以避蚊蠅。門則概應備有彈簧，使可自關。

　　　　　所有洗滌室，應照本章程之規定建造之。

改 造 及 添 建

第二十七條　房屋之添建或改造，（無影響於外牆或分間牆之建造之必要修理，不在此例。）應與本章程中用於新屋之一切規定相符。

　　　　　房屋或房屋之一部，未經本局之核准，不得改變更動。或此類房屋或其一部之改更，與本章程對於此類房屋之規定不符，亦不得未經核准，卽爲改更。

　　　　　　　　　　　　　　　　　（未完）

（ 定 閱 雜 誌 ）

茲定閱貴會出版之中國建築自第………卷第………期起至第………卷

第………期止計大洋………元………角………分按數匯上請將

貴雜誌按期寄下為荷此致

中國建築雜誌發行部

　　　　　………………………………………啓………年………月………日

　　　　　地址…………………………………………

（ 更 改 地 址 ）

逕啓者前於………年………月………日在

貴社訂閱中國建築一份執有………字第………號定單原寄…………

………………………………收現因地址遷移請卽改寄…………

………………………收為荷此致

中國建築雜誌發行部

　　　　　………………………………………啓………年………月………日

（ 查 詢 雜 誌 ）

逕啓者前於………年………月………日在

貴社訂閱中國建築一份執有………字第………號定單寄…………

………………………收查第………卷第………期尚未收到祈卽

查復為荷此致

中國建築雜誌發行部

　　　　　………………………………………啓………年………月………日

盡是鋼精(Aluminium)製成

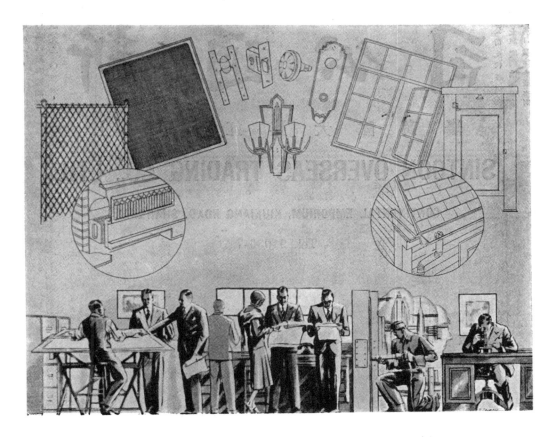

鋼精(Aluminium)對於現代建築有無上之功効

鋼精用於建築上，旣『堅』且『輕』(較通常五金輕三倍)，而其力量不亞於普通之鋼鐵。

鋼精絕對不生銹。用鋼精製成之屏簾 (Screen)，屋頂 (Shingle)，排水管 (DrainagePipe) 等等，永久不壞。

鋼精水汀傳熱迅速，(較鐵水汀有五倍之速率)，體輕而美觀，爲建築界至尊無上之材料。

鋼精製成之建築，俱有白金之種種特色，極合現代建築之要求。欲求其建築摩登化者，不可不使用鋼精。

鋼精之優點極多，且價格較廉。詳細節目，祈接洽

ALUMINIUM (V) LTD.

鋁 業 有 限 公 司

上海北京路二號 電話 11758 號

總公司
上海九江路大陸商場
電話 九一〇三六七

分公司及代理處
天津 太原 廈門 汕頭 香港
廣州 漢口 長沙 重慶 濟南

新通公司

上海九江路大陸商場

SINTOON OVERSEAS TRADING CO., LTD.

CONTINENTAL EMPORIUM, KIUKIANG ROAD, SHANGHAI.

Tel. 91036-7

經理
美國第博德廠
保險庫門
保管箱

AGENTS FOR:—

DIEBOLD SAFE & LOCK CO.

OHIO, U.S.A.

〇〇一五六

顧炳記營造廠

（兼營地產）

上海新北門安仁街七二街念三號

華洋電話八○六○四號　　　南市電話二六五六號

考參備以下如舉略程工各造承廠本

愛多亞路通易銀行

愚園路愚谷村

江西路愛多亞路瑞臨里

垃圾橋南塊浙江路三層市房

蒲石路沙遜大廈地腳

圓明園路念一號七層大廈

十六舖中國實業銀行分行

小東門福安公司

KOO PING KEE

GENERAL BUILDING CONTRACTOR

ALSO

REINFORCED CONCRETE CONSTRUCTION.

NO. 23 ON ZUNG KA.

72 LANE. NORTH GATE

SHANGHAI

TELEPHONE 80604

NANTAO TELEPHONE 22656

振蘇磚瓦公司

上海靜安寺路六八八弄二號　電話三一八六〇號

本公司營業已十有餘載廠設崑
山南鄉蘇州河岸特建最新式德
國窰貳座專製機器紅磚各種空
心磚青紅機製平瓦及德式筒瓦
質料細靭烘製適度是以堅固遠
出其他磚瓦之上而且價格低廉
交貨迅速久為各大建築營造公
司廠家所贊許爭相購用信譽昭
著茲將曾購用敝公司出品各戶
台銜略舉一二以資備考其他因
限於篇幅不克一一備載諸希
鑒諒是幸
振蘇磚瓦公司附啓

四達里　恆豐里　均益里　鄰聖坊　來安坊　和安坊　大合邨　四明別墅　模範別墅　靜安別墅　永安公車站　北車大戲院　榮物大研究院　動華大學　中央研究院　華中中學　茂昌冷氣堆棧　天味精廠　富安紗廠　公大紗廠　永安紗廠　申新紗廠　光華火油棧　德士古火油棧　申報館　華新公司　先施公司　大陸商場　證券交易所　國銀行　大陸銀行　金銀行　麥特赫司脫公寓

施高塔路　施高塔路　界園路　愚園路　新閘路　霞飛路　施高塔路　巨籟達路　福煦路　靜安寺路　愚園路　霍必蘭路　界文義路　懷悌路　愛爾培路　亞爾培路　愚園路　十六鋪　崇明路　軍工淞　吳工　宜昌路　高昌橋　定海橋　山海關路　南東路　南京路　南京路　漢口路　北京路　九江路　江西路　靜安寺路

CHEN SOO BRICK & TILE MFG. CO.

BUBBLING WELL ROAD, LANE 688 NO. F2

TELEPHONE　　31860

滬江水電材料行

包裝大廈水電工程　專辦各廠電機馬達

本行專辦歐美名廠水電材料電機馬達

新發明家庭發電機包裝修理各種電梯

電扇電爐電灶熨斗並經理美國恩培如

廠著名蓄電池代客汽車過電及修理等

類經售衛生磁器浴缸面盆抽水馬桶冷

熱水龍頭及配各種零件承包水電工程

等名目繁多不克細載承蒙

賜顧參觀無任歡迎之至

自運各國衛生磁器　統辦環球電器材料

地址　上海法租界辣斐德路甘世東路口十號至十二號　電話　七○三○八號

嚴蓉昌記掄稙

THU LUAN KEE

CONTRACTOR

21 Ling Ping Road. SHANGHAI. Tel 50444

電話另五四四四號

廠址海上臨平路二一號

工務局 土地局

上海市中心區各局辦公房屋本廠最近承造之工程歡迎如以小大等任工切一屋房託諮路泥造就道各區中心市海上

橋梁水廠本迎及鋼

○一六四

BUILDING MARBLES TERRAZZO WORKS ETC.

THE

SHANGHAI

MARBLE

COMPANY LIMITED

山海大理石廠

股份有限公司

專承各種大理石

及磨石子建築工程

EXECUTED IN MARBLE

FROM THE MOST FAMOUS
QUARRIES OF THE WORLD
IN ITALY, GREECE, BELGIUM
PORTUGAL, SPAIN, SWEDEN
AND CHINA.

FACTORY

565 Sish Tu Road

Neu-Tao

Tel. Nantao 23769

OFFICE
6th Floor
Continental
Emporium Bldg.
Nanking Road
Tel. 92760

本廠專辦中西各國各
種大理石，如意大利，希臘，比
利時，葡萄牙，西班牙，瑞典各
國礦產大理石、無不應有盡
有，一經採用精美絕倫。

事務所

上海南京路大陸商場六

樓六〇七號

電話九二七六〇號

工廠

上海斜土路五六五號

電話南市二二七六九號

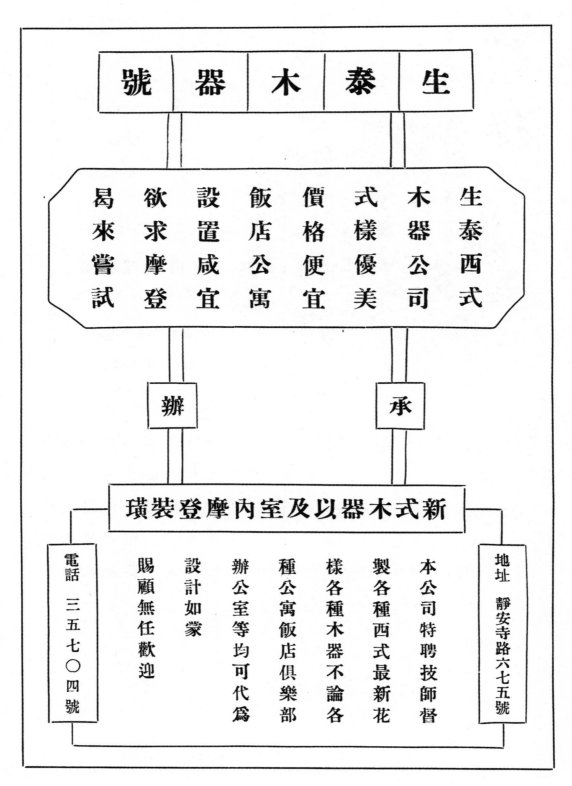

生 泰 木 器 號

生泰西式
木器公司
本公司特聘技師督
製各種西式最新花
樣各種木器不論各
種公寓飯店俱樂部
辦公室等均可代爲
設計如蒙
賜顧無任歡迎

式樣優美
價格便宜
飯店公寓
設置咸宜
欲求摩登
曷來嘗試

新式木器以及室內摩登裝璜

承　辦

地址　靜安寺路六七五號

電話　三五七○四號

正在建築中之恆利銀行大樓

承 造

銀行。公寓。堆棧。

住宅。學校。以及

各種大小工程。造價

公道。工作迅捷。經驗

豐富。堪使業主滿意。

仁昌營造廠啟

地址 同孚路廿五號

電話 三五三八九號

興業甆磚股份有限公司

營業所：上海四川路一一二號

電　話：一六〇〇三號

本公司出品之一斑：

各種美術鋪地瓷
美術牆磚
防滑踏步磚
羅馬式瓷磚
缸磚

用美術地磚鋪成之最新式屋頂花園

THE NATIONAL TILE CO. LTD

112 SZECHUEN ROAD, SHANGHAI

TELEPHONE 16003

清 華 工 程 公 司

號 七 十 四 路 波 寧 海 上
號 四 八 八 三 一 第 話 電

答	蒙	製	衛	造	本
覆	諮	圖	生	暖	公
以	詢	及	工	汽	司
酬	當	裝	程	工	專
雅	竭	置	設	程	門
意	誠	倘	計	及	營

NATIONAL ENGINEERING CO.

HEATING, PLUMBING AND VENTILATION

ENGINEERING AND CONTRACTORS

47 NINGPO ROAD

TELEPHONE 13884

電光公司 東方年紅

註冊商標

美化建築！

建築物上裝東方年紅

電光公司出品年紅燈，美觀無比；因爲經驗豐富，工料精良，可推國內獨步；且承辦本外埠年紅電光工程，不下二千餘家，人人贊美，所謂有目共賞，不愧爲廣告大王！

總公司：上海靜安寺路四一一號 ▶

◀

東方年紅 電方重

全國各大商埠均有分經理

廣告大王

電報掛號…○三四二

電話總工廠…三五八三九
營業所…三五○八五

美商

約克洋行

冷製 凉專
藏氷 氣家

上海仁記路念一號　電話一一四五○

For Every Refrigeration Need, Thers is a "York" Machine

YORK SHIPLEY, INC.,

21 JINKEE ROAD

Shanghai.

王 開

電話 第九一二四五號
地址 南京路三〇八號

美術照像 技術優良
建築拍照 特別擅長
外景內部 設計圖樣
一經拍攝 永留榮光
經驗豐富 設備麗煌
價格公道 藝術高尚

上 海 南 京
茂利衞生工程行
承辦

衞生裝置 暖屋水汀
冷熱水管 消防工程

專家數計 週到切實
如蒙垂詢 竭誠奉覆

總行 上海北京路三七八號 電話 九一八〇二
分行 南京下關祥泰里三十四號 電話 四一二三三

SHANGHAI PLUMBING COMPANY
CONTRACTORS FOR
HEATING SANITARY VENTILATING INSTALLATIONS
PHONE 91802   378 PEKING ROAD. SHANGHAI.
PHONE 41233   BRANCH NANKING, CHINA.

亞洲合記機器公司 承辦
四行廿二層大廈之
煖屋水汀設備
衞生救火工程

四行念二層大廈為東半球唯一最高之建築該廈煖屋設備採用最新式之眞空水汀工程器具由敝公司採用美國可樂廠出品之最優美磁器共有浴室一百七十七間顏色鮮豔美麗絕倫預計本年年底可以完工敝公司係完全華商組織在本埠及南京杭州廣州等處承辦重要工程多處不及備載如蒙垂詢無不竭誠奉答

亞洲合記機器公司
經理 朱樹怡

辦公處四川路二百十五號（上海青年會北階墅）
電話 一五九四〇

勝 利 鋼 窗 廠
VICTORY MFG CO.
ALL KINDS OF METAL WORKS
STEEL WINDOWS-DOORS-SHOP FRONTS

專製鋼窗鋼門及銅鐵工程

事務所
甯波路四十七號四樓
電話一九〇三三號

製造廠
薩坡賽路四百五十號
電話八三七〇五號

司公限有份股泥水國中

Head Office: 452 Kiangse Road, Shanghai

Works: Lungtan, Kiangsu.

Cable Address
Eng: "Chiporcemt"

Chinese 2828

Code Used:
A.B C. 5th Edition
Rentley's
Tele: 15157-8

泰山牌水泥

商　　　　　標

本公司廠設江蘇龍潭鎮聘請德國專
家用最新方法製造泰山牌普通及特
別水泥曾經中外各大機關化驗認為
品質精良給有證書並歷經各大工程
採用成績卓著茲特舉其特點如后

（一）凝結迅速
（一）勁力甚強
（一）使用便利
（一）定價低廉
　　　　倘蒙
光顧曷勝歡迎

中國水泥股份有限公司
廠設江蘇龍潭鎮
總事務所上海江西路四五二號
電話一五一五七至八
電報掛號二八二八

"TAISHAN" BRAND PORTLAND CEMENT

本圖愚園路極斯非爾路轉

角柏拉蒙跳舞廳採用

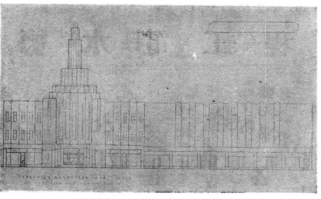

計設師築建鏐錫楊

泰山磚瓦公司

上海南京路大陸商場五三四號

電話 九四三〇五號

泰 新 山式
避水 光面
磚

FUNG CHEN KEE FURNITURE & CO.
FURNITURE MANUFACTURE OFFICE EQUIPMENT
CABINET MAKING. STORE FITTING. PAINTING.
DECORATING. GENERAL CONTRACT AND ETC.

2922 POINT ROAD

TELEPHONE 52828

馮成記西式木器廠

廠址：上海周家嘴路鄧脫

本廠特聘

專家繪樣

精製現代式

木器時式

裝璜美術

佈置兼造

中西房屋

粉刷油漆

如蒙惠顧

無任歡迎

路底鑫益里內二九二二號

號八二八二五話電

榮德水電工程所

承辦

水電工程

電機馬達

水汀溝管

發電機器

衛生器具

各種另件

如蒙賜顧

竭誠歡迎

地址 上海海葛羅路十九號

電話 八五零九五號

周芝記營造廠

建築要素　堅固爲先

經驗豐富　建築安全

第二要素　乃推適用

材料相當　效力基重

既堅固矣　而又適用

美之條件　自然歸併

做營造廠　設立有年

經驗既富　材料又全

中西房舍　廠房堆棧

銀行校舍　一律包辦

作工迅捷　按期落成

如蒙委託　竭誠歡迎

徐雲記營造廠

事務所 康腦脫路五八〇弄八一號

電話三〇四七一號

本廠專門承造各種中西房屋銀行大廈廠房堆棧及一切大小鋼骨水泥工程無不經驗豐富定能使主顧十分滿意如蒙委託無任歡迎

TRADE MARK

商標

本公司之馬牌藍晒圖紙顏色鮮麗品質優良歷久不致走光晒洗後加蓋紅墨水線可不化早經各建築師證明兼售各種臘紙臘布圖畫紙等價格均極廉宜外埠函購由郵局寄奉倘蒙 賜顧不勝歡迎

馬江公司謹啓

地址上海虹口外虹橋堍斐倫路平安里四十五號

電話 四二七二七

公記營造廠

事務所

上海南京路

大陸商場

五二九號

電話三四五一六號

本廠專門承造各種中西房屋橋樑鐵道碼頭以及一切大小鋼骨水泥工程並代客設計規畫工程堅固美觀各項職工經驗豐富能使主顧十分滿意如蒙委託無不竭誠歡迎

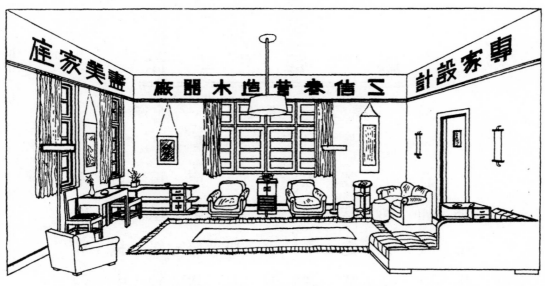

專家設計　　　　　　　　　　　　　　壽美家庭
乙街巷營造木器廠

本號自造
中西木器
油漆洋房
定做生材
裝修門面
劃配玻璃
花色鏡架
一應俱全
倘蒙
賜顧無不
歡迎

開設康腦脫路
五七七弄二一
六號
電話三五六九
九號

夏仁記營造廠

本廠專造一切大小鋼骨水
泥工程各項工作人員無不
經驗豐富工作迅捷如蒙
委託承造竭誠歡迎

本刊投稿簡章

（一）本刊登載之稿，概以中文為限；翻譯，創作，文言，語體，均所歡迎，須加新式標點符號。
（二）翻譯之稿，請附寄原文。如原文不便附寄，應注明原文書名，出版地址。
（三）來稿須繕寫清楚，能依本刊行格繕寫者尤佳。
（四）投寄之稿，俟揭載後，贈閱本刊，其尤有價值之稿件，從優議酬。
（五）投寄之稿，不論揭載與否，概不退還。惟長篇者，得預先聲明，並附寄郵票，退還原稿。
（六）投寄之稿，本刊編輯，有增刪權；不願增刪者，須預先聲明。
（七）投寄之稿，一經揭載，其著作權即為本刊所有。
（八）來稿請註明姓名，地址，以便通信。
（九）來稿請寄上海南京路大陸商場四二七號中國建築師學會中國建築雜誌社收。

中 國 建 築

THE CHINESE ARCHITECT

OFFICE:

ROOM NO. 427, CONTINENTAL EMPORIUM, NANKING ROAD, SHANGHAI.

廣 告 價 目 表

底外面全頁	每期一百元
封面裏頁	每期八十元
卷首全頁	每期八十元
底裏面全頁	每期六十元
普通全頁	每期四十五元
普通半頁	每期二十五元
普通四分之一頁	每期十五元
製版費另加	彩色價目面議
連登多期	價目從廉

Advertising Rates Per Issue

Back cover	$100.00
Inside front cover	$ 80.00
Page before contents	$ 80.00
Inside back cover	$ 60.00
Ordinary full page	$ 45.00
Ordinary half page	$ 25.00
Ordinary quarter page	$ 15 00

All blocks, cuts, etc., to be supplied by advertisers and any special color printing will be charged for extra.

中國建築第一卷第一期

出 版	中國建築師學會
地 址	上海南京路大陸商場四樓四二七號
印 刷 者	國光印書局 上海新大沽路南成都路口 電話三三七四三

中華民國二十二年七月出版

中國建築定價

零 售	每 冊 大 洋 五 角	
預 定	半 年	六 冊 大 洋 三 元
	全 年	十二冊大洋五元
郵 費	國外每冊加一角六分 國內預定者不加郵費	

THE TRULY MODERN APARTMENT
MUST HAVE ATTRACTIVE FLOOR
COVERIHG IN EVERY ROOM.

What more appropriate than

ELBROOK SUPER CARPETS

The Original Chinese "Super."

Our extensive, organization and cur long exper'ence
in this field enable us to be of particular service to
architects and decorators in planning this feature.
Whether you require carpets for a single Room or
for a palatial hotel consult us before you decide.
Made to order carpets in exclusive designs is our
specialty.

ELBROOK, INC.

31-47 Davenport Road	156 Peking Road
Tientsin	Shanghai

荷　繁多價格視何種需要而異倫　　惠顧無任趨企

本廠開設天津有年自紡自織　具有相當經驗各種出品花樣

盡美之效果　室中裝飾配襯得宜而收盡善　照建築師計劃承造以期對於

造堅固無論任何色樣皆可按　咸公認為標準因取材精純織

天津製造之海京地毯

壯觀瞻而尤以　公共建築中無不舖設地毯以　歐美各國之住宅大廈旅館及

海京毛織廠

廠　址　天津英租界十一號路　電報掛號　三一八九　駐滬辦事處　上海北京路一五六號

陸根記營造廠

事務所　上海寧波路四十七號三樓

電話　一三七五六號

上圖爲愚園路極司非而路轉角，正在工作中之新式跳舞廳。上層爲公寓，規模宏大，設備麗煌，由敝廠承造。他如西摩路之公寓大廈，惇信路之西式洋房，均在承造中，敝廠信用之著，於此可見一斑矣。

中國近代建築史料匯編（第一輯）

中國建築

第一卷　第二期

中國建築

中國建築師學會出版

THE CHINESE ARCHITECT

VOL. 1 No. 2　　　　　　　　第一卷　第二期

中 國 建 築
第 一 卷　　　　第 二 期
民 國 二 十 二 年 八 月 出 版
目 次
著 述

插 圖

卷　頭　弁　語

　　中國建築進步遲緩，非特不克與外國爭競，亦且未能應本國需求。夷考其由，固非一端。而國人之但肆空譚，不務實際之通病，亦居重要原因之一。試觀國內近出各種書籍，其中屬於建築者，已居最少數，至關於建築之定期刊物，似更爲稀。有同人不揣謭陋，因特勉編本刊，冀於建築上呈萬一之貢獻，藉對民生上盡微末之職責云爾。

　　本刊內容專主切實合用，一方面派人赴新興及舊建工程地方，將一切建築之重要處，優美處，特別處等實行攝影；一方面向國內各專家搜集資料，徵求著作，並請各大營造廠，供給報告。總之冀能於近代建築之形質，求其盡量表現，於舊時建築之精華，使其保存無遺。本刊中像片與稿件並重，亦由是故。

　　住爲人生最大需要之一。住宅建築之關係於人生者，實非淺鮮。不但結構須求其堅實，舉凡房間之佈置；內部之陳設，外觀之形式等無處不須美術，無一不須研究。因之本刊特設住宅一類，每期登載，既足供建築師之參攷；復可備業主之採取，想亦讀者之所樂覩也。

　　設計監工，爲建築師分內職務，固當聚精會神以赴之，竭心盡力以成之。但交易上之事項，亦應審慎辦理。蓋建築師業主及承造人三方，事實上各立於不同地位，相互間遂生有特殊關係。每方既各有其應享之權利；亦各有其應盡之義務，所以一切須於事前規定詳密，以免事後爭論糾葛，本刊特設建築文件一欄，登載工程說明書等，此皆爲施工時所必須備具，且爲業經實際採用者置身建築者參閱之，當可應其需要，助其實用也。

　　刊末所載建築章程，原文甚長，與建築師營造廠兩方關係綦密，擬於刊完後另訂單行本，故其頁數，係另自編排，致與每期正文之頁數不接，希讀者注意及之。

　　本社創設伊始，歷時未久，幸承中國建築師學會及愛護本刊諸君，不吝指敎，惠賜臂助，或於材料上予以充實，或於進行上予以便利，裨益本刊殊難量計，謹致微忱，並鳴謝悃。

　　本刊每期登載圖樣影像甚夥，製版印刷等費比較他種刊物爲鉅，所需成本與售價相差頗大，顧本社爲讀者易於購備起見，不計取值，定價仍力求低廉也。再者本社人員不多，兼之時間匆促，對於校對諸事，容有未週，尚希鑒察，是所深幸。

中國建築

民國廿二年八月　　第一卷第二期

譚故院長陵墓設計情形

　　前行政院院長譚組菴先生陵墓工程，起建於民國廿年九月，落成於廿二年元月。設計者為基泰工程司關頌聲，朱彬，楊廷寶等；建造者為申泰興記，及蔡春記等。費時年半，用款約二十萬元，業於一月九日舉行落成典禮。該工程雖非宏大，而此種建築之在今日，殊有討論批評之價值，用與研求中國古建築者一商榷之。

　　〔寶頂〕　墓壙在中山門外，靈谷寺旁，總理陵之東南。蒼松翳蔭，古柏參天，地殊幽肅。桐棺早於前歲九月入壙。該墓皆用水泥鋼骨築成，外覆厚石，堅固異常。墓前分兩級大小平台，周以欄杆，襯以銅爐，階中鑲以九福雲石，精工雕刻，佈置頗饒古意。魚池當前，環以小路，至此則墓道迴轉可三四折，而至祭堂矣。

　　〔祭堂〕　面南，位於墓道之左，完全為北平宮殿式。由地基至屋脊，皆以水泥鋼骨建成。屋頂覆琉璃瓦，乃由北平定燒，確是官窯出品。全頂中黑邊綠，實屬美觀。式樣皆照古例，尺寸全有遵循。據謂該建築師關頌聲等，自美返後，研究中國舊建築有十餘年之久，書籍圖樣，搜羅極夥，仿築各殿閣模型，有數十座之多，無怪乎譚墓之一切式樣，皆能入眼為安，並無虎狗之憾，或冠履之不相稱也。該祭堂之天花柁樑牆壁，以及堂外椽檐等，皆貼金粉繪，工筆畫彩，滿目輝煌，至極華麗。然白壁朱柱，又令人起敬肅之心，不因彩樑畫柱，而失其正氣與莊嚴。祭堂正中，立以圍屏，為大理石雕做，如殿中之寶座然。地板及牆裙，鑲白黑相間之雲石，窗門皆仿古，內外雕菱花，扣以金釘，披蘇油朱，南中少有所見。堂前平台，亦為石砌，階下為墓道，左上入墓，右下可達廣場。

　　〔廣場〕　為類似橢圓形之空地，在原計劃上本一停車場耳，後由北平購得古代白石牌坊大碑等，分立場邊，

譚故院長陵墓俯視圖 　　　　　　　　　　　　　　　　　基泰工程師設計

　　途較莊嚴．場東所立之碑，爲譚故院長湖南舊屬部下所公立．該碑及龜龍，高約二丈四五，其麗大殊無比，重約四
十噸．據運者云：『在北平起運時，一百數十驟驢，拽此一鑿，人畜莫不汗出』今者譚墓得此，謂爲江南無第二，
或不諢也．碑後有小徑，可達入墓之道．徑左立國葬命令碑，碑後裁柏爲屏．四周有雨花圓石路，似又寓點綴於紀
念中也．廣場之牌坊，石白稍遜於碑，此名曰荷葉青，立於萬綠叢叢之前，雖因稍大而感不稱，然其莊嚴閎偉，適

譚故院長陵墓石牌樓之壯觀　　　　　　　　　　　　　　基泰工程師設計

足以壯廣場之雄闊。

　〔龍池〕　由廣場越石橋,通大道而至龍池,此卽墓之進門處也。「龍池」亦古名,池中鑄龍頭二,一出水,一入水。池周圍以石欄,與大道口之石坊,同用湖南石雕成。池前之國葬碑,立於百樹蔭中,遊人至此,飽聞樹香,竹橋草道,點染不凡,誠境也佳。

譚故院長陵墓之寶頂　　　　　　　　　　　　　　　　　　　　　　基泰工程師設計

〔陵園〕　由龍池而上，有山溝蛇行至墓，並達紫金山巔。沿溝築壩十餘，途中可聞淙淙水聲，短瀑如銀，洩於青石之間。近更有浙江省府出巨資，建譚陵花園於山溝之西南。首爲紀念亭，亦以鋼骨水泥爲胎。上覆琉璃瓦與彩畫，次有水心亭，虹橋，臨瀑閣，香竹芳等，山徑曲折，殊有佳趣。

　　全陵分四部，已如上所分述。一龍池，二廣場，三祭堂，四寶頂。謁陵者，或遊人，至龍池，卽瞻國葬之碑，該處

譚故院長陵墓祭堂內之畫棟彫欍　　　　　　　　　　　　　　　　　　基泰工程師設計

樹林陰翳，有如桃源之洞口，景緻甚佳；惟嫌左右房宇擁擠，致失中正之威嚴耳。提步至廣場，見石坊，石碑，木橋等，錯觀以陳，甚有自然之美。碑後小路，不直達祭堂，免迎面直向之俗，斯乃見建築師之獨具隻眼處。由正路拾級道祭堂，顯其偉大，但較之孫陵，則又另開一格，而以幽致見勝。綜觀全墓，盡有條理。襄者荒山今，成佳境。非僅在歷史佔一位罟，且爲我京多一勝地，更可爲考古家，工程界，作一研究之良材也。

譚故院長陵墓祭堂斜視圖　　　　　　　　　基泰工程師設計

譚故院長陵泰祭堂入口之壯觀　　　　　　　　　　　　　基泰工程師設計

台祭墓陵長院故譚　　　　　　　　　　　基泰工程師設計

〇九一〇〇

美 藝 公 司 設 計

中國內部建築幾個特徵

中國對於建築一事，自古視爲宗匠，向不列於文藝之門，致爲士大夫所不道。實在中國建築，自漢唐以降，十分可觀，所謂合用，堅固，美觀之三大要素，已兼而有之矣．惜乎國人少知注意，不加探討，致使莊嚴偉大之中國建築，未能與西洋文化並駕齊驅，深可惜也．茲將中國內部建築之特徵，簡舉如下，以供研究斯道者之參閱焉．

— 9 —

大德路何介春先生住宅內部建築

凱泰建築公司黃元吉建築師設計

（一）擧架　中國建築其全部擧架之構造，可以一目瞭然。擧架之骨幹，完全有相當聯絡。其最要之點，卽在幾根垂直之立柱，與使這些立柱互相發生連絡關係之樑與枋，而橫樑以上之梁架，桁及椽，檩等則用以支承屋頂部分，此爲中國建築獨具之特徵。

（二）天花　天花在宋稱「平棊」，在中國建築中，天花多飾以彩畫，以收美觀之效。彩繪之設施，在中國建築中非常愼重，可使其濃淡輕重得當，並不濫用色彩，而失其莊嚴和諧，此爲中國人有特殊之美術觀念也。

（三）樑　中國的匠師，因爲未能計算到橫樑載重的力量，祇與梁高成正比例，而與樑寬的關係較小，所以樑的體積，常是過於粗大，這雖是匠師們不瞭然力量支持之弱點，但飾以色素，繪以文彩，非有如斯之偉大，却難以表現其莊嚴，而造成中國獨有之畫棟雕樑。

（四）色彩　中國建築，無論新建或修葺時，常加以油漆，故具一種特殊色彩。按此種色彩，可以保存木質抵制風雨之侵蝕，並可牢結各處接合關節，且能藉以表現建築物之構造精神。每一時代，各有其不同之構造法，故其色彩之粉飾制度，亦各有不同。欲考證其建設之年代，多以此爲根據。

大德路何介春先生住宅內部建築　　　　　　凱泰建築公司黃元吉建築師設計

大德路何介春先生住宅內部建築　　　　　　凱泰建築公司黄元吉建築師設計

八仙橋青年會內部建築之一　　　　　　　　　　　　李錦沛建築師設計

（五）　斗栱與天花接頭，亦獨具美術思想。此外如大廳之宏曠，空氣之流通，在各建築物上，均能設計適當，絕不介古希臘之蟠雲院（PANTHEON）專美於前也。

　　總之，中國建築，在世界上已有相當立場，一見而知其偉大堅固。但以時代之推移，與夫人生環境之變遷，並加以西歐新式建築之輸入，多尚直線，專求簡潔。中國建築，形勢雖十分麻煩，實在一線貫通，視之可迎刃而解。但影響所及，內部建築亦多有改良。近來中國內部建築，天花多施以灰幕，然後再置花樑，視之則又覺莊嚴調諧矣，此又建築師之別具匠心也。但願我邦之專於斯道者，握其把柄，從事研究，取西歐之所長，補我國之所短；勿專注意外表，更須注重內部，蓋內部建築，與人生有密切關係，未可脫離須臾。建築界諸君，幸注意及之，勿使東方建築文化，永步西歐之後塵也。

八仙橋青年會內部建築之二　　　　　　　　　　　李錦沛建築師設計

八仙橋青年會內部建築之三

八仙橋青年會內部建築之四　　　　　　　　　李錦沛建築師設計

八仙橋青年會內部建築之五

什麼是內部建築？

不曉得什麼緣故，我們平常提起建築，就是專指房屋外部的設計而言。至於內部的設計工作，好像不屬於建築師，而屬於所謂內部裝飾家。其實內部的設計，也是受建築學上基本原理的轄制，所以應當認此為建築上的問題，而受建築師的支配。本篇題目上所謂內部建築，就是指房屋內部在建築上的設計。但是內部建築不可和內部裝飾相混。二者是造成一間佈置完竣的房間中先後不同的兩種步驟。有一點須要注意的，尤其是當建築和裝飾不是由同一人設計的時候，就是二者應當聯成一氣，中間不可露出差別。

內部建築的意義，就是在設計當中使房屋內部的結構有一種特性和趣味。內部裝飾乃是就已有的內部建築配置上日用的傢具，以供生活的需要。所配置的傢具，應當和建築的式樣互相調和。

建築設計，不論是關於房屋的內部或外部，都是從（一）平面（二）立面（三）結構，或材料和結構的選擇三者發展出來的。在這些步驟之中，所加入的原素應當彼此融合，使完成後的設計有一種美的性質，同時使房屋能夠切合牠特殊的用途。平面配置是建築設計中的基本。設計任何構造所最要緊的條件——個性——便可以在平面配置中有極大的機會來表現。房間的大小和形狀，交通的方法，窗的位置，壁爐的裝置，還有許多可以使一所房子顯出特性的細節，都是在平面上佈置出來的。平面的配置對於將來定成後的設計，不論在內部或外部，都有很大的影響。

從平面布置上所發展出的立面布置，對於美觀上有重要的關係。在立面上可以決定房間的高低，因此限制了牆面的比例，影響後來的設計很大。一扇門不祇是適應交通的需要，在立面上還要有悅目的比例。窗口離地的高低，和窗洞的比例，也要在立面上決定。這些對於房屋的外觀，很有影響，同時對於已有的牆面的比例也要顧及。

平面和立面的設計在構造上，對於材料的選擇也有相當的關係。譬如某種尺寸的窗洞沒有現成的窗可以採用，必須定製。如若要用鋼窗，卽應在某種構造上裝置起來就比較便當些。無論選擇任何材料的時候，應當使外觀不失所要的性質。譬如牆面選定用「施得可」，使粗糙的質地可以和其他的材料相配，并可保護內部的結構，免受風雨的侵蝕。材料的質地應當仔細決定，使牠能增加建築物的美觀，并且和其他材料十分地和諧。

建築之所以有特性，就在乎材料和形式的選擇。內部設計便應當從這點上着意，求合理的發展。但是往往有許多建築師在設計內部的時候，對於應取的式樣和特性一點沒有成見，便草草了事，交給了別人去裝飾。不知在結構上既沒有可以裝飾的地方，後來的內部裝飾家也就無所施其技了。我們看西班牙式房屋所以有牠特具的美點，就是因為牠所用的材料和所取的形式，能夠使建築的內外別緻有趣。牠的式樣是根據結構來的，結構部分的顯露，可以使建築物得有一種趣味。

根據這種意思讓我們來研究內部設計的幾點，內部建築中牆是最要緊的。因為面積很大，而又恰當人的視線上。我們在牆壁上時常施以花紋或者加上些裝飾品，以免去單調的感覺，同時也可使牆面的形狀更加顯著，并可增加建築上別種線條的力量。譬如門窗的門頭線使門窗的形狀更加顯著，壁爐上裝飾可以引人注意使牠成為一室的中心。牆壁不應祇當作傢具的背景，牠的布置是整個裝飾計劃的主腦。傢具上遮蓋如椅套桌布等，應當和

牆壁反襯，在質地上現出明顯的對照．在內部設計上，次要的便是地板．牠的長寬的比例，就是房間平面的形狀，也是應當顯示出來的．光秀的地板看了使人乏味．尋常總是鋪上一塊地氈，四圍留出一圈一般寬的空．這樣一來，房間平面的形狀，便立刻顯著了．地氈邊上若是有些花紋，更可以使覆着花布的傢具容易同地板聯串些．滿片花紋的地氈最好和覆着樸素材料的傢具放在一起．反之，傢具上面若是蓋着有花的材料，那麼地氈最好用樸素的．在起居室中，傢具常可分作幾組來擺，（把房間分作休息，閱讀和音樂等幾部分．）以免呆板，而便於賓主的酬酢．這樣擺法，可用幾張小塊的地氈．幾組的傢具，便由牠們聯貫了起來．如用這種辦法，那麼房屋的建築對於傢具的擺法便很有影響．鋼琴的後面一定要有一塊充分的牆壁，地位也不可離通川空的門太近．休息的部分以壁爐為中心．閱讀的部分應當和書架相近．所以設計平面的時候，不但要計劃地板的材料，傢具的地位，連地氈也要注意到．牆壁的中間最好加以「音索來」板．現在有一種做牆壁的材料質地美觀，可以粉刷花樣，同時在構造上也很堅固．一種材料同時在裝飾和構造上都能合用總可以稱為建築上的材料．

編者深願建築設計能夠注重結構，也希望建築師能多注意內部建築．建築師和內部裝飾師各有他應盡的職務，但是他們的目標是相同的．他們應當彼此合作總能得到完美的結果．

談 談 住 的 問 題
鍾 燧

當一九二五年，巴黎開全世界美術建築裝飾工業展覽會的時候，各國人士無不竭其匠心和資力，來研究現代的建築裝飾，互相競美，由此而宣揚藝術的精靈，交換各國的文化，以促成無國際界限的新式建築裝飾，推進世界的大同，人類的幸福．

住的問題，為民生四大需要之一，值得我們來悉心研究．我國關於建築裝飾，自紂王造鹿臺起，迄今已有數千年之悠久歷史，其外形的堂皇美麗，內部的精巧別緻，素為歐美各國所稱道，可是自秦漢以還，國人心理，只知做模古化，毫無改進的思想．

近來我國有志之士，不惜光陰資力和精神，也有負笈重洋，去悉心研究歐美建築裝飾的藝術精華，來貢獻本國社會，滿足民眾需要，才得與世界各國並駕齊驅，

可是建築與裝飾，稱述時雖常連用，實際上自有區別．有堂皇建築的外表，沒有美麗裝飾的內容，宛如繡枕草心，有美麗裝飾的內容，沒有堂皇建築的外表，好似錦衣夜行，所以兩者有密切連帶的關係，缺一是不行的．為迎合人們愛美的心理，改造地方粗鄙的環境，使大小各種建築裝飾物品，有多樣的色彩，來渲染襯托，用不同的線條，來配合調和，使一般社會人士，目悅神怡，隨時隨地受到美的感化，生活上也就得着適宜的安慰，那末，不但可以改造個人的思想，而且能夠推進民族的文化，改善社會的現狀，功效是非常偉大的．

上海一隅，為各國通商的巨埠，也是全國人才集中的所在，各種建築裝飾，勾心鬥角，素為國人所注意，上海實為摩登化的建築裝飾的發軔地，此後如能奮勉精進，前途是不可限量的，希望國人以愛美的熱忱，社會的福利，為中國的建築與裝飾創造空前的新紀錄．

—— 17 ——

設計：鍾熀　（圖　一）　裝飾者：藝林公司

譬如（圖一）所表示的客廳與餐室，是完全富於現代性的藝術，而適合於現代社會人心所需要。如色彩的調和，室內的佈置，光線的和合，完全可使人心愉快。圖中屋頂用三層平板條，來代替平頂線脚，金黃色平頂和深黑色的線條，那牆上面用金黃色，牆脚上漬大紅漆，作為凹凸式。該牆的面積甚寬，不能用極簡單的線條，可以來分開此寬闊的面積，所以用金和黑做色彩，在相當的地位上來配合一切。餐室與客廳相隔的階級上；僅用短鐵門，可以使光線流通，一目堂皇暸然。室內器具用我國福建的黑磨光漆，加上紅與銀色鋁條，來調和成章。椅子蒙料，用金紅色的絲光絨，與四壁的色彩相符合，地毯也同樣的構成。今已具此華麗之裝飾，決不可用太強之直射燈光，所以室內平頂上，用以大部份之間接暗射光線，來顯出它的裝璜的美滿。

又看到（圖二）臥室的佈，置其色彩完全與客廳餐室不同，其平頂略作小圓形，由平頂內裝出五個圓圈，大小不等來，射出淡藍色的燈光。內中銀灰色的牆，用淡灰藍與深灰藍，叠彎相隔，又用橫線條，覺得房屋暢爽。傢俱則用灰色鑲深藍線條，濃淡咸宜，又用克羅米拉手管子，玲瓏精巧，用銀灰色綢做的門窗簾，又用同樣綢料蒙椅子，及床毯，其灰藍色，地毯鋪滿全個房間，僅有少許花紋綉在大地毯上之角上，使人觀之悅目清心。

設計：鍾熀　（圖　二）　裝飾者：藝林公司

偉 達 飯 店

偉達飯店係由李蟠建築師設計店址在上海霞飛路全部工程均用鋼骨混凝土建造房屋共計九層底層爲會客室及大餐室一層至五層爲旅館六層至八層爲公寓屋頂爲花園屋內各室無不空氣暢通光線合度亲之佈置新雅陳設富麗在海上新建飯店中實爲最能令人滿意者

—— 19 ——

正面圖　　　　　　　　　　　　　李蟠建築師設計

屋頂花園 　　　　　　　　　　　　　　李蟠建築師設計

地盤圖

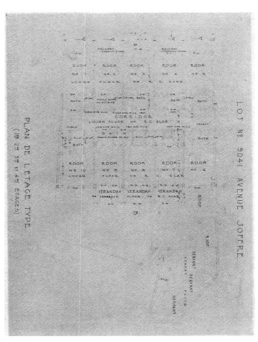

一二三四層平面圖

屋面圖　　　　　　李蟠建築師設計

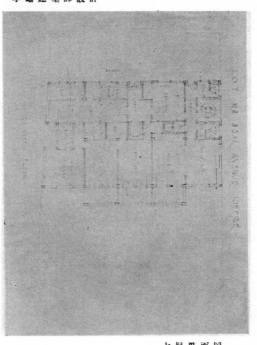

五六層平面圖　　　　　　　　　　　七層平面圖

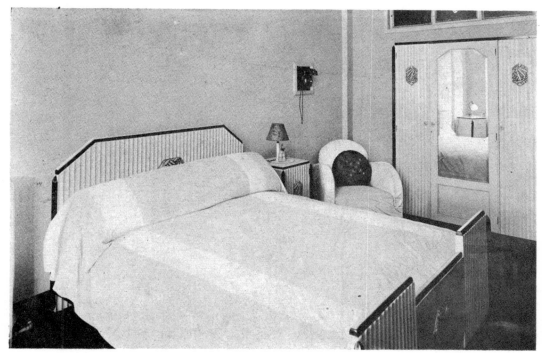

旅館內臥室之一　　　　　　　　　　　　　李蟠建築師設計

旅館內臥室之二　　　　　　　　　　　　　李蟠建築師設計

— 23 —

鄭相衡先生住宅 路斯來澄巨 計設所務事築建華蓋

內景之一

內景之二

總 理 銅 像

建 築 師 董 大 酉　　雕 刻 師 江 小 鶼

地　　　點　　大上海市中心區域市政府新屋北面

業　　　主　　上海各界建築總理銅像籌備會建築委員會

承　包　人　　裕綸記營造廠

完　工　日　期　　二十二年十一月

材　　　料　　全部用古銅及芝蔴石

銅像高九尺盤高十尺底盤爲圓形直徑十七尺分三級九步每級置銅鼎四只雕刻完全仿北平故宮式樣

MONUMENT FOR COL. ROBERT McCAWLEY SHORT, SHANGHAI

ROBERT FAN, ARCHITECT
29, SZECHUEN ROAD, SHANGHAI

范文照建築師設計

墓之士烈特蕭人美日抗義仗

住 宅 建 築 引 言

　　洋場十里，人煙稠密，多至三百餘萬，秦斗稅屋而居，市房，里房，因而比櫛焉。至其式樣，數十年來，皆採石庫門；迄今一仍舊貫，未加改進；以致地位狹隘，光線晦暗，欲求能空氣流暢，陳式新穎者，幾若鳳毛麟角之不可得。西人稱之曰 Bungalow，譯者或作爲鴿鴿籠，蓋紀實也。惟原其故，良以中國建築，墮廢已極。十年前欲求一能少知建築學者，殊不多觀。業主欲造房屋，祇得委之營造廠，一任其自由建造；而營造廠家，又故步自封，墨守繩法，對於建築式樣，除石庫門外，未見新穎計劃。居其室者，深感偪促不快。近來建築事務，突飛猛晉，習建築之學術者，亦日加衆。故於住宅房屋之設計，力求進步，石庫門式，始漸廢絕也。試考業主之投資，凡事莫不願以最少之資本，換取最大之利益。而在租賃者言之，又莫不欲以最低之租價，居住最好之房屋。因須適合二者之需要，建築師乃鈎心鬥角，殫精竭慮以赴之。對於設備，則力求完善，期以達到業主之願望，并以迎合租賃者之心理也。對於材料，則力求經濟，期以減少業主之成本，因而減輕租賃者之擔負也。推陳出新，日新月異，倘能類習之而刊於書冊，將見其美不勝收焉。本刊特收各建築師所設計各處之新式里房，逐期揭載，每處另附說明，以供參考，想亦讀者所樂觀歟！

愚谷邨正面圖　　華信建築公司設計

愚谷邨斜視圖

華信建築公司設計

滬西愚園路愚谷邨

滬西愚園路愚谷邨，係出租住宅。佔地二十餘畝，北面愚園路，南臨靜安寺路，東達地豐路，共計有房屋一百餘幢。全部造價約銀六十餘萬兩；每宅計銀五千兩。第一部工程，現已完竣，第二部工程，正在招標估價，卽將興建中。每幢房屋內有起居室，餐室，臥室，浴室，盥洗室，衣箱間，僕室，廚房等大小十餘間。各間光線充足，空氣通暢，大小適宜，設備完美，他如衛生器具，冷熱水管，煤氣，電氣等一應俱全，極合現代家庭之需要，在一切住宅中，實爲上選。全部工程之設計者，爲華信建築師楊潤玉；楊元麟；承造者爲顧炳記營造廠。

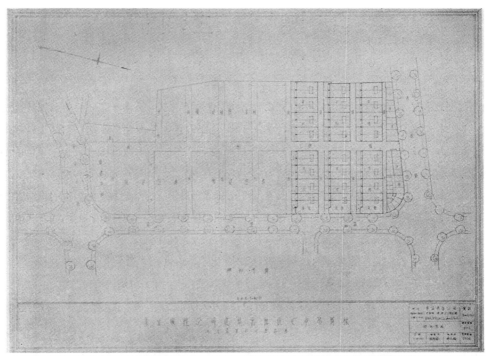

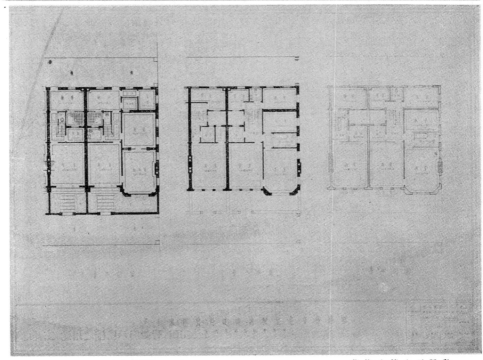

愚谷村地盤及平面圖　　　　　　　　　　　　　　　　　計設司公築建信華

圖工施製說

楊　肇　輝

————◆————

一槪建築之形質,胥賴圖樣以表明;各種工程之實施,更須圖樣作楷模。圖樣對於建築工程,既爲頃刻不可缺少之物;製圖一事,遂成業建築者之基本工作。或者以製圖係平常容易之事,並不深加注意;往往起始因細微之疏忽,毫釐之差誤;以致發生意外枝節,感受特殊困難;終至影響全部,盡毀前功。圖樣之關係重要,顯然可見,故製圖者隨時隨地,均不可不以審慎出之也。

大凡關於建築之各種圖樣,可稱之爲施工圖。施工圖者,卽實行工程時所需之一切必要圖說;承造者依據之以爲工作,遵照之以估價值者也。至施工圖之製法,原無一定規程;製之者各因其自己之見解,而定其不同之方式,一一此則由於習慣之向例者有之,但大都由於每日之進展及平時之經驗也。

繪製施工圖之尺寸,須視其用途而定:或用較小者,或用較大者,均以能得表示明晰爲主旨。因之,普通圖之尺寸以八分之一吋作一呎,或四分之一吋作一呎爲最適用,亦爲最合宜。至於詳細圖須用二分之一吋作一呎至三吋作一呎之比例,甚至須用一呎作一呎者;此則因面積之大小,工程之情形及需要之限度以爲伸縮,並無一定之規則可憑。

施工圖之種類　大槪可因其性質而分別爲建築圖及機械圖。建築圖包括(一)地盤圖,(二)正視圖 (三)側視圖,(四)平面圖,(五)剖面圖,(六)基礎圖,(七)屋架圖,(八)樑,柱,桁與其他關於結構各圖,及(九)扶梯,門,窗圖。機械圖包括(一)落水管圖,(二)電氣機械圖 (三)冷熱氣工程圖,(四)衛生設備圖 (五)溝渠圖,(六)升降機圖,及(七)空氣流通圖等。

各種圖樣,均應簡明。惟其簡:方可提要鈎元;旣當棄去無意義之繁瑣;尤應避免已備具之重複。惟其明:方可明晰清楚 俾使閱圖者一目了然 不致混淆;且便承造人按圖估價,不有錯訛。圖中各種尺寸,應用細線或淡線注出。字體不宜過小,但須淸楚。

製施工圖之前,製者當於腦際縈迴審慮。自問此圖究係何用?着手應從何處?何者爲此圖之重要部分而必須繪出?何者與此圖有連帶關係而應卽標明?俟有深切之認識,精密之了解;方可確立標準,設定計劃;然後製之成圖,始得免於錯誤。

施工圖製就後,幷須另附說明書。兩者相合,便成建築之根本計劃;故圖係表明應做何種工作,而說明書係述如何方可做成此種工作者。

平常圖樣可繪於透明紙上;但重要圖樣須用墨水繪於臘布之上,以便複印而耐實用。各種施工圖並應細爲核對,查其內容尺寸及標注之材料等有無差誤;如有,當時卽應用顏色筆指出,立與改正,俾免再錯。

製施工圖之原則,無論其係重大建築或係微小工程,均屬同一無二;除製出簡要明晰之圖樣外,切勿以承造人能隨意建築都可無誤,卽不謹愼將事而任便爲之。本篇附列各施工圖,皆能明示圖樣之用途,工程之情形,需用之材料等。閱者苟能參照圖樣,詳爲研考;對於製施工圖之梗槪,固不難索獲也。

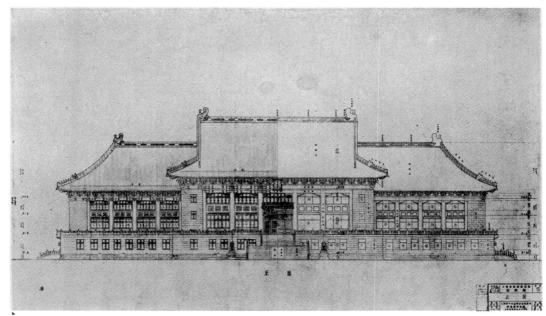

上海市政府新屋正面圖　　　　　　　　　　　董大酉建築師設計

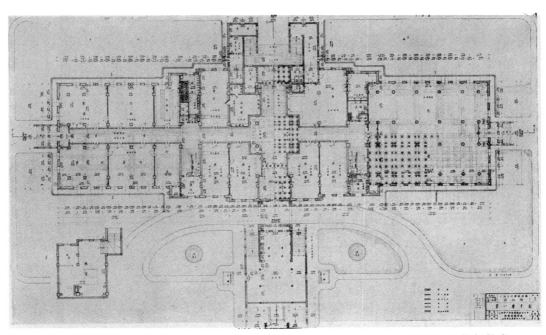

上海市政府新屋平面圖　　　　　　　　　　　董大酉建築師設計

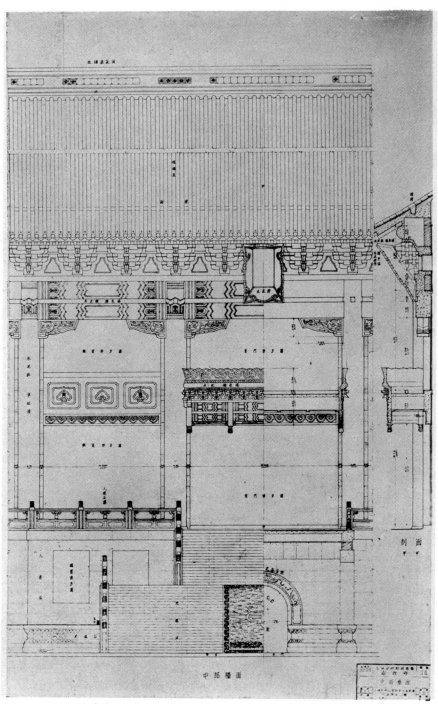

上海市政府新屋中部牆面圖　　　　　　　董大酉建築師設計

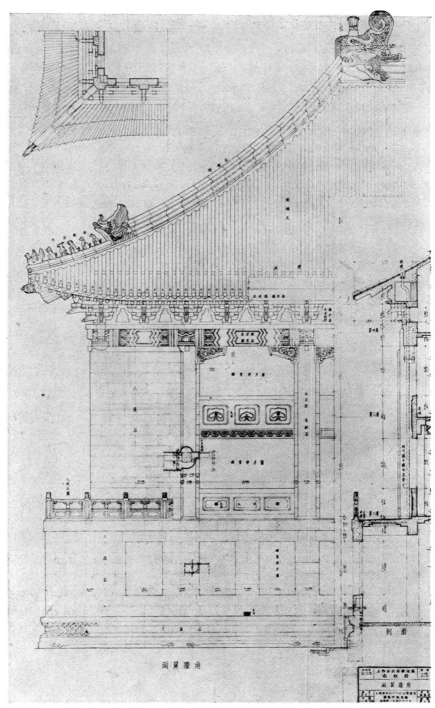

上海市政府新屋雨翼牆角圖　　　　董大酉建築師設計

中央大學建築工程系小史

中央大學建築工程系，創始於民國十六年，爲中國大學校中設有建築系之先進。推其原因，實由蔡元培，周子競兩先生，鑒於時代之需求，與夫中國建築學術之落伍，力主添設；乃將蘇州工業專門學校建築工程科移京，組織中央大學建築工程科，並聘劉福泰爲主任教授，李毅士爲專任教授。當斯時也，所有學生 俱由蘇工轉學，又以事屬始創，一切規模設備，未臻完善，嗣經盧奉璋，劉士能，貝季眉三先生相將來校，主持教務，更添置各種模型，及中外圖書，於是逐漸成爲國內惟一之建築工程科。一切成績，蒸蒸日上，畢業諸生，服務於各機關，各建築公司，莫不克盡厥職。民國二十一年夏，學校突生風潮，因被解散，盧奉璋，劉士能，貝季眉三先生，先後他就，發展上途受影響。幸而學潮不久平息，秩序次第恢復，復聘譚桓，朱神康，陳裕華，劉旣漂諸先生擔任教職，重行整理，再加擴充，並改建築工程科爲建築工程系。將來國內建築師之產生，及建築業之進展，均將誰此是賴，甚望其日益發揚，而爲我國建築界現一異彩也。茲於本期刊登本校課程標準及學生作品數張，以備參閱焉。

建築工程系課程標準

一 年 級

學　程	第一學期學分	第二學期學分
國　文	3	3
黨　義	1	1
英　文	2	2
物　理	4	4
微積分	3	3
建築初則及建築畫	2	
初級圖案		2
投影幾何	2	
透視畫		2
模型素描		2
徒手畫	2	
	19	19

二 年 級

學　程	第一學期學分	第二學期學分
建築圖案	3	4
西洋建築史	2	2
模型素描	2	2
水彩畫	1	1
陰影法	2	
應用力學	5	
材料力學		5
營造法	3	3
	18	17

三 年 級

學　程	第一學期學分	第二學期學分
建築圖案	5	5
西洋建築史	2	
中國建築史		2
中國營造法		2
鐵筋混凝土	4	
鐵筋混凝土屋計畫		2
美術史		1
圖解力學	2	
內部裝飾	2	2
水彩畫	2	2
	17	16

四 年 級

學　程	第一學期學分	第二學期學分
建築圖案	6	6
都市計畫		3
建築師職務及法令	1	
暖房及通風		1
電焰學		1
庭園學	2	
鐵骨構造	2	
施工估價	1	
建築組織	1	
測量		2
給水及排水		1
水彩畫	2	2
中國建築史	2	
	17	16

正面圖

公共辦公室習題

今擬於沿長江下游入口處，某繁盛之商業城市內，建一公共辦公室。該城於最近兩年內，發展慕速，故人口衆多，各色俱有，而地價亦因之昂貴異常。故於設計上對生產一問題上，須加注意也。

房屋面積	長 70'—0" 寬 50'—0"
房屋高度	不過 200'—0"
需備建築	底層應有店鋪辦公室扶梯電梯廁所
	等其他各層應分作辦公室及旅館

比例尺： 正面圖 $\frac{1}{8}$" = 1'—0"

平面圖 $\frac{1}{16}$" = 1'—0"

剖面圖 $\frac{1}{16}$" = 1'—0"

草圖 $\frac{1}{23}$" = 1'—0"

中央大學戴志昂設計公共辦公室

平面及斷面圖

側面圖

建 築 文 件

（續）第一期

　　建築文件中除合同而外最重要者厥為說明書英文稱之為 SPECIFICATION 此

SPECIF CATION 中大都分為二部份第一部份為總綱 GENERAL CONDITIONS

第二部份始為各項材料之說明及工程進行之方式等等此二部份雖統稱之曰 SPECI

FICATION 然其性質則迥異前者凡各工程可以同一之 GENERAL CONDITION 以

支配之而後者則每一不同之工程必有一不同之說明書以解釋該工程之進行方式根據

以上理由故將此二部份分之為二前者名之曰建築章程後者名之曰施工細則以較醒目

茲將敝事務所習用之章程製版如下該章程沿用已數年未加修正疏漏在所難免尚祈建

築同志有以敎之

　　　　　楊錫鏐識

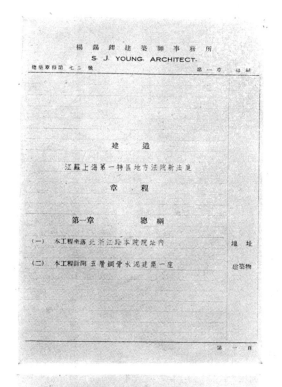

楊錫鏐建築師事務所
S. J. YOUNG. ARCHITECT.
建築章程第七二號　　　　　第一章　總綱

建　造
江蘇上海第一特區地方法院新法庭
章　程
第一章　總綱

(一) 本工程車蕩北浙江路本院院址內　　地址

(二) 本工程計間五豐鋼骨水泥建築一座　　建築物

第一頁

楊錫鏐建築師事務所
S. J. YOUNG. ARCHITECT.
建築章程第七二號　　　　　第二章　圖樣說明書

第二章　圖樣與說明書章程

(三) 圖即總計十三張。其餘大小圖樣為建築各項工程所需者　圖樣
　　得隨時由工程師繪送。著搬承攬人照做。

(四) 設項一切圖樣說明書及章程。意在互相說明本建築之一切　圖樣章程
　　構造法及材料。二者有同等之效力。凡有載明于此而未載　與說明書
　　明了者者。亦應照建造。設遇二者有不符之處。則臨時
　　由工程師解釋。得依任何一項為標準。承攬人不得借詞推
　　諉。凡圖樣或說明書上遇有特別名詞記號或不甚明晰處。
　　承攬人不能明瞭。應隨時向工程師詢明。否則如有遺漏差
　　誤。應由承攬人負責。
　　如按例應有之物。而圖樣說明書均未載明者。亦應遵工程
　　師之指示照做。不得推諉。

(五) 圖樣雖按此圖尺寸繪就惟日後容有走縮。故一切尺寸均以註　尺寸
　　明之數碼為準。如未註數碼之處。得隨時向工程師詢問。如
　　于未詢明之前。以圖上量出之尺寸擅自工作。則日後查有
　　差誤。承攬人應負之完全責任。遇有必要拆除重做時。應遵
　　命照做。

(六) 一應門窗暨暖汽及燈柱做放大樣。工作進行時由工程師　大樣
　　陸續繪就發給。如承攬人于未領到該項大樣之前擅自先行
　　工作。則日後如有差議。承攬人應負之完全責任。

(七) 該項大樣發出後。如承攬人認為與總樣不符。將發生額外　大柱與總樣
　　工作或材料時。承攬人得于四十八小時內向工程師提出抗
　　議。發明應加工料。否則該項大樣即認為與總樣相符。將

第二頁

楊錫鏐建築師事務所
S. J. YOUNG. ARCHITECT.
建築章程第七二號　　　　　第三章　工作範圍

本不得要求加賬。

(八) 任何工作如在未建造前以為有修改之必要時。得由工程師　經改圖樣
　　臨時出條正圖樣。交承攬人照做。惟如因該項更改將發生
　　額外工作或材料時。應由承攬人及業主雙方議定增減之價
　　格。簽訂修改價目單。以為將來退價加減之標準。如未有
　　該項價目單之簽訂。則該項修正圖樣即認為與原樣之工作
　　材料相等。將來不得要求加賬。一切圖樣及說明書為工程
　　師所有物。承攬人使用時務宜謹慎從事。不得任意污損。
　　待房屋完工後應全數繳還工程師。

第三章　工作範圍

(九) 全部建築除下列各條所載明者外。一切材料工作及工作時　工程範圍
　　所需之器具機器等。均據承攬人供給。
　　下列各項無論圖上註榜與否。均由業主另行招標承造。惟　另行招標
　　于各項工程進行時承攬人應予以相當之協助。不使有妨工
　　作。
　　(甲) 全部暖汽工程
　　(乙) 衛生及水管工程
　　(丙) 一應電綫電器設備工程
　　(丁) 電梯工程

第三頁

楊錫鏐建築師事務所
S. J. YOUNG. ARCHITECT.
建築章程第七二號　　　　　第四章　工程師之職權

下列各種材料均由業主自行購備。運至作場交由承攬人負　業主自行
責裝配定樣。該項材料由自運至作場起至完工止由承攬人　購備
負責保管之責。如有失竊損壞等事發生歸承攬人負責賠償。
　　(甲) 鋼窗
　　(乙) 門面五金

第四章　工程師之職權

(十) 工程師供給及解釋一切建築本工程所需之圖樣說明書及章　供給圖樣
　　程。

(十一) 工程師負責查察及核準一切用于本建築之材料視其是否合　核準材料
　　用之否。

(十二) 工程師應盡力督察工程之進行。審查工作之合法與否。惟　督察工程
　　工程自身之責任仍由承攬人直接負責。工程師不代負
　　責任。如遇任何工作如有需該監工之必要時。應由業主約　常駐監工
　　工程師之同意。另行常駐監工同。薪水由業主負擔。該監
　　工者應受工程師之直接指示。惟該監工者如有疏忽錯誤等
　　情。仍由承攬人負責。

(十三) 工程至領款定期時。工程師應根據承攬人之報告繪明工程　工程付款

第四頁

楊錫鏐建築師事務所　S. J. YOUNG. ARCHITECT.

建築章程第 二 號　　　　第五章　承攬人之責任

狀況之是否與相符合。以憑發本合同所載應付欵項之證書
(十四)工程師有解決及列舉一切工程上之疑問字樣及加要意期解葛之權。 [解決疑問]

第五章　承攬人之責任

(十五)承攬人對於本工程應負一切完全之責任。在房屋未突卸之前。一應已成或未成之建築物或材料。無論因有何有損壞或遺失時。均歸承攬人負責。 [負完全責任]

(十六)凡工程上發見差謬滲漏時。無論其工人或轉包人之疏忽所致。均應由承攬人負修理或重做。 [差謬及滲漏]

(十七)承攬人負襄助其他一切承包者各種工作之義務。設因其他之工作面有妨礙本工程時。承攬人應相任修理。 [襄助各業]

(十八)承攬人應遵守該工作所在地段之一切法律與章程。所有一應建築師合併清楚准應者均由承攬人負責。 [遵守法律]

(十九)承攬人當工作進行時對於鄰近屋房及作業應如意保護。如因本工程而使其有所損壞妨紀時。承攬人應負責辦理。 [鄰近建築]

(二十)所有一切需水需電需電話等等件件凡以用關建築進行者。應由承攬人向准該管局所或公司行行移設。完工後造復原狀。一切費用由承攬人擔任。 [障礙物]

(廿一)承攬人須備齊一切預防公眾危險之物品。如燈標路燈及記號。以防發生大小事故。均由承攬人自行理直。 [預防危險]

(廿二)房屋地位尺寸水平高低均由承攬人按照圖樣自行量出 [房屋地位尺寸及水平]

第五頁

楊錫鏐建築師事務所　S. J. YOUNG. ARCHITECT.

建築章程第 七 號　　　　第六章　承攬人與工程師之關係

非願完全準確。設有差誤應負全責。
(廿三)完工時房屋全部均應灑掃清淨。一切竹頭木屑另磚件垃圾等。均應運離地基牆屋遠遺。所有玻璃水應揩拭明淨。 [掃除]

(廿四)承攬人應先期至地基察視一周。對於地面形勢應完全明瞭。如因地勢關係有有額外工作時。均應于估價時顧及。不得于日後要求加賬。 [地基形勢]

(廿五)完工後二年內房屋如有走動損壞伸縮搭折裂欄制落等等發生。或牆面漆濕。設賣係做工不佳物料窳劣所致者。承攬人仍應負責修理完善。一切費用應歸承攬人承認。 [保固二年]

第六章　承攬人與工程師之關係

(廿六)工程進行時應備具輕安之橋架腳手等物。以便工程師隨時至各處察看工程。該橋架等須建堅固。得工程師之滿意。 [腳手]

(廿七)工程進行時承攬人須備一相當房屋。設備桌椅等物件。以備工程師之應用。該室內應常貯圖樣及章程一份以便查閱。 [休息室]

(廿八)承攬人如不能自身常駐工場時。則應派當有工程程驗之監工者每日駐場全權代表承攬人一切責任。不得離開。以便工程師之隨時詢問囑于工之情形及工作狀況。該監工者如工程師以為不能滿意時。得命承攬人撤換之。 [全權代表]

(廿九)所用一切材料均須備有樣品。選呈工程師核准。核准後凡工程上所有材料均須與此樣品相符。如查有未核准或與樣品不合之材料發見時。得立命承攬人于二十四小時內全數 [材料樣品]

第六頁

楊錫鏐建築師事務所　S. J. YOUNG. ARCHITECT.

建築章程第 八 號　　　　第七章　承攬人與業主之關係

運離工場。否則工程師得自行屋人運離。費用歸承攬人負担。一應人工材料均須上等。做法均依工程師之指示。如有次貨及不良工作。或有意故違工程師之指示。應隨時撤退重做。

(卅)承攬人或其小包所觀之一切大樣均須經工程師之核准。方可發工回做。否則將來查有差議。應拆除重做。 [圖樣]

(卅一)遇必要時工程師得令承攬人先做誠房屋任何部分之模型。核准可否。 [模型]

(卅二)凡各材料如工程師認為有試驗之必要時。承攬人應證其指示。施行試驗。並担一切費用。 [材料測驗]

(卅三)工程到領欵期限時。承攬人應備具正式書面報告。呈繳一切工程之進行。附有尺寸以上之照相三紙。顯明工作狀況。以為憑證。 [領欵手續]

(卅四)說明書房指定之材料設因臨時市面缺乏或價格飛漲。承攬人以得有他種同樣材料可代替應用時。應將該替代材料樣品選呈工程師審查核准。出有正式准許證。方可替用。 [材料代替]

第七章　承攬人與業主之關係

(卅五)業主與承攬人訂立之一切合同。均由工程師作證。 [合同]

(卅六)合同內載一切欵項。皆由工程師之簽字證明。業主方能遞證付給。 [領欵手續]

(卅七)將來工作如有增減。應由業主先行通知工程師。由工程師 [工作增減]

第七頁

楊錫鏐建築師事務所　S. J. YOUNG. ARCHITECT.

建築章程第 七 號　　　　第七章　承攬人與業主之關係

出具圖做通知單。並由承攬人與業主雙方議定增減之價格。在單上簽字證明。然後做之。否則不得擅行更改。

(卅八)合同內所載繪制及未期應繳期間之付欵。不能使業主對于該工程完全滿意之遞欵。如將來查有劣工窳料。仍應按章程辦理。 [劣工窳料]

(卅九)工程進行時其餘材料及已做工程。應由承攬人向殷實可靠之保險公司投保火險。數目隨工程之進行結帳遞加。如數保足。保單應交繳主收執為憑。如有火災發生。即由業主會同承攬人向保燴行領欵贖出。再由業主承攬人工程師三方共同查勘。按物力之損失支配之。作業如遇燴火災。該工程已訂之合同仍繼續有效。惟完工日期應另行訂定。 [保險]

(四十)業主與承攬人間一切糾紛及爭執。以及加期減賬等糾紛。均由工程師按章程合同秉公調處。如遇重大事故工程師不能圓滿解決時。則請組織公證人列決之。該公證人會由業工承攬人及工程師三方公諸認可于建築工程三人相織之 [公證人會]

第八頁

上海公共租界房屋建築章程

（上海公共租界工部局訂）

楊 肇 煇 譯

第二十六條　新屋均應設有廁所，及小便處，或洗滌室。以為僕役之用。其作此用者，可以兩人或數人共用。此項廁所及小便處或洗滌室之數目及計劃，須能得稽查員之同意。並須以水泥灰漿，或他種不透水之材料粉地牆面及塗板。又須與外面之空氣，得有適當之流通，一切空洞，應用鑽孔之白鉛，以避蚊蠅。門則概應備有彈簧，使可自關。

所有洗滌室，應照本章程之規定建造之。

改 造 及 添 建

第二十七條　房屋之添建或改造，（無影響於外牆或分間牆之建造之必要修理，不在此例。）應與本章程中用於新屋之一切規定相符。

房屋或房屋之一部，未經本局之核准，不得改變更動。或此類房屋或其一部之改更，與本章程對於此類房屋之規定不符，亦不得未經核准，即為改更。　　　　　　（總章完）

第 一 章

牆 —— 弁言

本章第一節及第二節，均適用於長度不小於八吋半之堅硬而完美之磚所造之牆，或石塊及他種堅硬而不易燃燒之材料所造之牆，牆之各層均須平直。

每一新屋，除另經核准與本章程相符者外，均應四週圍之以牆。牆須以堅硬完美之磚，或石塊，或他種堅硬而不易燃燒之材料築成之。新屋之每一牆脚，均應置於具有適當厚度及分層樁實（每層厚度不得過九吋）之完美混凝土上，其伸出於牆脚，每面外之寬度至少六吋。

凡屬臨空棚廠，其高度不過十六呎及面積不過四百方呎者，經本局稽查員核准後，可用任何材料及任何方法建造之。

凡用堅硬完美之磚，或石塊，或他種堅硬而不易燃燒之材料所造之牆，均應適當固結，堅質砌合，並將每層做平，其方法如下：

（甲）用上等石灰及潔淨之砂摻合而成之灰漿，但其比例不得小於一份石灰與二份砂之比，或用其他適當材料，或

（乙）用水泥，或

（丙）用水泥摻合於潔淨之砂中，但其比例不得小於一份水泥與二份半砂之比。

牆之高度大過四十二呎者，應將其下部用水泥灰漿建造之。

除專為美術裝飾之伸出物及適當做成之壁肩外，新屋之牆不應有任何部份伸出於其下部之外。

住屋之牆，倘非用以上說明之材料所做，而其厚度係照本章第一節及第二節所需要者，亦可稱為適當；或照本局稽查員所核准之厚度亦可。

新屋之任何外牆可以做為中空牆，但須遵照下述規則建造之：

（甲）牆之內部及外部應以一空隙分開之，其全長之寬度不得大過三吋，並應備有合宜之水溝，且使空氣流通。

（乙）牆之內外部應用具有充足力量之合宜枕木以固連之。此種枕木係用鉛鐵，白鉛，石器，或其他之適宜材料做成；間隔放置於牆中一平向距離不得過三呎，直向距離不得過十八吋。

（丙）牆之每部之厚度，全部不得小於四吋半。

（丁）當中空牆建造時，空隙之每面均有一牆，具有本章程所需要之全厚度。

（戊）中空牆若用中空混凝土塊建造者，須遵照本章程中關於鐵擎混凝土之第九十一條。

房屋各層之高度暨牆之高度及長度均應依下述方法決定之：

（甲）I．頂層之高度，應由地板上面之水平向上量至屋頂，或他種屋蓋之枕木底面之水平；如無枕木，則應向上量至屋桷，或他種屋頂支撐物之垂直高度之一半處之水平

II．除頂層外，每層之高度應由此層之地板上面之水平，向上量至上層之地板上面之水平。

（乙）牆之高度，應由牆腳上面量至牆之最高處；其上部如係三角牆，則應量至此三角牆之高度之一半處。

牆之明顯長度應以迴牆別之。牆之長度應由迴牆量起。外牆，分間牆或橫牆之厚度須照本章程之規定；並須砌連於牆內，俾可示出區別。

柱腳如有任何伸出部分，不應算入在其底腳之牆之厚度。除牆之載於擱柵之上或鐵擎混凝土基礎之上者外，每牆均應具有牆腳，——其具有別種方法以分載重量於地基之上，且經本局稽查員之核准者，不在此例。

在牆之每面牆腳最寬部分之伸出處，至少應等於在柱腳上之牆之厚度之一半；如無柱腳，至少應等於牆底之厚度之一半。

牆腳應具有凸出平台（offsets）或在牆腳之上，至少每兩層磚，應具一凸出平台。如不祇一凸出平台，而其在下者係兩層磚之厚度，餘則至少每一層磚應整齊凹進磚長之四分之一，直至牆面為止，或至柱腳為止，但牆腳之底至牆底之高度至少應等於柱腳上之牆之厚度之一半，——如無柱腳至少應等於牆底之厚度之一半。

新屋之牆可與他牆作成角度，但應互相適當砌連，又在角上不應做為任何中空牆，轉角處亦須做成實質。

牆及煙囪之基礎應以磚或石做成，置於與舊牆或建築物同厚之水泥上，並須有適當之底腳，——牆之高度加增至必要時，水泥之厚度自亦隨之加增。牆及煙囪之基礎概應置於混凝土或其他之堅實建築物上；全部之進行應以得有本局稽查員之合意為度。

除得有本局稽查員之通告外，牆均不應加厚。牆之加厚部份應以用水泥之磚工或石工，適當砌連固結於原建築上，以得有本局稽查員之合意為度。

第一節．—— 非公用暨非貨棧類之房屋

外牆及分間牆之厚度不應小於以下每項所說明之厚度：——

1．——牆之高度不過二十五呎者，其厚度應照下方之規定：

倘牆之長度不過三十呎及所包括者不多於兩層，其全部高度之厚度應為八吋半；

倘牆之長度過於三十呎或所包括者多於兩層，頂層以下之厚度應為十三吋，而所係高度之厚度應為八吋

半。

2.——牆之高度過於二十五呎，而不過四十呎者，其厚度應照下方之規定：

如牆之長度不過二十五呎，其頂層以下之厚度應為十三吋，其餘高度之厚度應為八吋半；

如牆之長度過三十五呎 第一層高度之厚度應為十七吋半，頂層以下之高度之厚度應為十三吋，其餘高度之厚度應為八吋半。

3.——牆之高度過四十呎而不過五十呎者，其厚度應照下方之規定：

如牆之長度不過三十呎，其第一層高度之厚度應為十七吋半，頂層以下之高度之厚度應為十三吋，其餘高度之厚度應為八吋；

如牆之長度過三十呎而不過四十五呎，其底下兩層高度之厚度應為十七吋半，其餘高度之厚度應為十三吋；

如牆之長度過四十五呎，其第一層高度之厚度應為二十一吋半，次層高度之厚度應為十七吋半，其餘高度之厚度應為十三吋。

4.——牆之高度過五十呎而不過六十呎者，其厚度應照下方之規定：

如牆之長度不過四十五呎，其底下兩層高度之厚度應為十七吋半，其餘高度之厚度應為十三吋；

如牆之長度過四十五呎，其第一層高度之厚度應為二十一吋半，次兩層高度之厚度應為十七吋半，其餘高度之厚度應為十三吋。

5.——倘任何一層之高度大過十六倍於本章程所規定此層牆之厚度，此層全部之每一外牆及分間牆之厚度均應增加至此層高度之十六分之一；此層以下之每一外牆及分間牆之厚度亦應同量增加；但此項增加之厚度亦可限用於適當分配之基礎上，其綜合之寬度須至牆之長度之四分之一。

6.——週圍之牆之厚度小於十三吋者，此層自地板至天花板之高度，或自地板至屋頂之高度不應多於十二呎。

7.——一概房屋，除公用房屋及本章程所定屬於貨棧類之房屋外 關於牆之厚度均應遵照本章此節。

第二節．　公用房屋曁屬於貨棧類之房屋

公用房屋及屬於貨棧類之房屋之外牆及分間牆，其底部之厚度不應小於以下每項所說明之厚度且均不應小於十三吋：——

1.——牆之高度不過二十五呎，不論任何長度，其底部之厚度應為十三吋。

2.——牆之高度過二十五呎而不過三十呎者，其底部之厚度應照下方之規定：

如牆之長度不過四十五呎，其底部之厚度應為十三吋；

如牆之長度過四十五呎，其底部之厚度應為十七吋半。

3.——牆之高度過三十呎而不過四十呎者，其底部之厚度應照下方之規定：

如牆之長度不過三十五呎，其底部之厚度應為十三吋；

如牆之長度過三十五呎而不過四十五呎，其底部之厚度應為十七吋半；

如牆之長度過四十五呎，其底部之厚度應爲二十一吋半。

4.——牆之高度過四十呎而不過五十呎者，其底部之厚度應照下方之規定：

如牆之長度不過三十呎，其底部之厚度應爲十七吋半；

如牆之長度過三十呎而不過四十五呎，其底部之厚度應爲二十一吋半；

如牆之長度過四十五呎，其底部之厚度應爲二十六吋。

5.——牆之高度過五十呎而不過六十呎者，其底部之厚度應照下方之規定：

如牆之長度不過四十五呎，其底部之厚度應爲二十一吋半；

如牆之長度過四十五呎，其底部之厚度應爲二十六吋。

6.——每牆自牆頂起至牆頂以下十六呎處之一部份，其厚度均應爲十三吋。自此處起至牆底之一部份之厚度應爲兩直綫，——每綫係由牆頂以下十六呎處（厚度卽十三吋）之每邊連至牆底（厚度卽以上各項所規定者）之每邊，——中間之厚度。兩直綫之中間均應完全做實，不得有空。

7.——凡屬公用房屋或貨棧類之房屋之任何一層，其牆之厚度，如照本章之規定而小於此層高度之十四分之一，則此厚度應增加至此層高度之十四分之一，此層以下之每一外牆及分間牆亦應同量增加；但此項增加厚度亦可限用於適當分配之基礎上，其綜合之寬度至少須至牆之長度之四分之一。

8.——公用房屋或貨棧類房屋之牆，如非以前說明之材料所造者，其厚度若照本章之規定，亦可稱爲足發適當，或照本局稽查員所核准之其他厚度亦可。　　　　　（第一章完）

第　二　章

避　火　材　料

本章程規定下列各項爲避火材料：

工.——爲建築用，爲太平門及爲樓梯之作爲避火時用者如下：

（甲）磚工，係用上等磚料所造，經過妥善燒煉，堅硬完好，且爲適當砌合及堅實固結者：

　　（1）用上好石灰與尖銳而清潔之砂摻合而成之上好灰漿；或

　　（2）用上好水泥；或

　　（3）用水泥與尖銳而清潔之砂混合。

　　用本章程中特許之鐵礫混凝土及爲建築用之鋼者，不在此例。

（乙）花崗石及其他合格房屋用之石料，因其堅實及耐用之故；

（丙）鐵，鋼，及銅，但以之作樑，桁，柱或其他建築時須經本局稽查員之合意；

（丁）石板，瓦，磚及磁磚用之於屋頂或壁肩者；

（戊）旗石用之於礤拱上之地板者，但此石不得用於下面之露出處及盡頭之支撐處；

（己）混凝土，用碎磚或瓦與沙及石灰，或碎磚，瓦，石屑，石子，或爐炭與水泥混合者；

（庚）混凝土與鋼或鐵之任何混合物。

Ⅱ.一爲特別用者如下：

(甲)作地板及屋頂用者：

磚，瓦，或混凝土——照本章程第三章之規定而混合者；但其與鋼或鐵相合之厚度不得小於四吋；

(乙)作內部分間壁連腰梯及過道用者：

最小厚度八吋半之磚工，或磁磚 混凝土或其他不易燃燒之材料，厚度不得小於四吋；

(丙)一概太平門均應照本局稽查所核准之材料及方法以造成之。

Ⅲ.——任何其他材料，隨時經本局稽查員核准係爲避火用者。　　　　　（第二章完）

第 三 章

灰 漿 及 混 凝 土 之 混 合

種　　類	用　　　途	總章中述及之條目	混 合 物 之 成 分
水 泥 灰 漿	粉 塗 於 小 便 處 之 牆 上	第 二 十 五 條	一 份 水 泥 二 份 半 砂
水 泥 混 凝 土	混 凝 土 地 面 水 溝 之 底 脚 地 面 水 溝 之 凹 槽 鋪 砌 廁 所 屋 頂 鋪 砌 廚 房，洗 盤 處，及 空 地	第 五 條 第 二 十 四 條 第 二 十 四 條 第 二 十 五 條 第 十 二 條 第 二 十 五 條	一 份 水 泥 二 份 沙 三 份 石
	水 泥 混 凝 土 地 基	第 一 章	一 份 水 泥 二 份 半 砂 五 份 石
柏 油 混 凝 土	混 凝 土 地 面	第 五 條	四分之一吋之石屑混合於十加侖之沸熱柏油中，做成厚度三吋之面積一方

（第三章完）

（待續）

（定閱雜誌）

茲定閱貴會出版之中國建築自第………卷第………期起至第………卷

第………期止計大洋………元………角………分按數匯上請將

貴雜誌按期寄下爲荷此致

中國建築雜誌發行部

………………………………………………啓………年………月………日

地址…………………………………………………

（更改地址）

逕啓者前於…………年…………月…………日在

貴社訂閱中國建築一份執有………字第………號定單原寄…………………

………………………………………收現因地址遷移請卽改寄………………

………………………………………收爲荷此致

中國建築雜誌發行部

………………………………………………啓………年…………月…………日

（查詢雜誌）

逕啓者前於…………年…………月…………日在

貴社訂閱中國建築一份執有………字第………號定單寄…………………

………………………………………收查第………卷第………期尚未收到新卽

查復爲荷此致

中國建築雜誌發行部

………………………………………………啓………年…………月…………日

中　國　建　築

THE CHINESE ARCHITECT

OFFICE:

ROOM NO. 427, CONTINENTAL EMPORIUM, NANKING ROAD, SHANGHAI.

廣 告 價 目 表

底 外 面 全 頁	每 期 一 百 元
封 面 裏 頁	每 期 八 十 元
卷 首 全 頁	每 期 八 十 元
底 裏 面 全 頁	每 期 六 十 元
普 通 全 頁	每 期 四 十 五 元
普 通 半 頁	每 期 二 十 五 元
普 通 四分之一頁	每 期 十 五 元
製 版 費 另 加	彩 色 價 目 面 議
連 登 多 期	價 目 從 廉

Advertising Rates Per Issue

Back cover	$ 100.00
Inside front cover	$ 80.00
Page before contents	$ 80.00
Inside back cover	$ 60.00
Ordinary full page	$ 45.00
Ordinary half page	$ 25.00
Ordinary quarter page	$ 15.00

All blocks, cuts, etc., to be supplied by advertisers and any special color printing will be charged for extra.

中國建築第一卷第二期

出　版	中 國 建 築 師 學 會
地　址	上海南京路大陸商場 四樓四二七號
印 刷 者	國 光 印 書 局 上海新大沽路南成都路口 電話三三七四三

中華民國二十二年八月出版

中國建築定價

零　售	每 冊 大 洋 五 角	
預　定	半　年	六 冊 大 洋 三 元
	全　年	十 二 冊 大 洋 五 元
郵　費	國外每冊加一角六分 國內預定者不加郵費	

廣 告 索 引

THE AMERICAN FLOOR CONSTRUCTION CO,

司 公 板 地 美 大

Floors of the following are supplied and laid by the

American Floor Construction Company.

The American Floor Construction Co. supplied the flooring for the following new buildings recently:

1. The Central Hospital Health Dept. Nanking.
2. The Continental Bank Building
3. The State Bank Building
4. The Land Bank Building
5. Gen. Chiang Kai-shek s residence
6. The Grand Theater

New China State Bank Building

7. The Central Aviation School. Hangchow
8. The Edward Ezra's Building
9. Hamilton Building
10. Ambassador Dance Hall
11. St. Anna Dance Hall
12. Shanghai Club
13 The Country Club
14. Mr. Yu's residence
15. Mr. Chow's residence
16. Mr. Fan's residence
17. Mr. Wong's residence
18. Mr. Lui's residence
19. Mr. Chen's residence

The American Floor Constructon Co. maintains a net work of parquet, flooring, motor sanding, filling. laying. waxing, painting, polishing, for public building, offices, banks, churches, theaters, hospitals, dance halls, etc., in fact, for all purposes where a hygienic floor is required.

We manufacture parquet and flooring in agreatly variety of artistic designs and coloring with different kinSs of wood.

Orders, whether large or small. rece've prompt attention and every endeavor is being made to render efficient service in delivery of material to destination.

Estimates and any other desired information gladly furnished free of charge,

---

Room A425 Continental Emporium, Nanking Road.

Telephone 91228.

總事務所： 上海南京路大陸商場四樓　　電話九一二二八號

堆棧： 楊樹浦路眉州路中

興業甎瓷股份有限公司

營業所： 四川路一一二號

電　話： 一六〇〇三號

復興時期建築

上之大供獻

本公司用上等原料

精製各種地牆瓷磚

品質堅韌花式新穎

美觀經久不變並極

經濟衛生無論公共

場所學校旅館私人

住宅等處之地牆上

或平頂一經舖用興

業出品則富麗堂皇

常能使君愉快誠爲

建築上不可多得之

良材也

出品項目

美術鋪地瓷磚

美見牆磚

防滑牆步磚

羅馬式瓷磚

缸磚

THE NATIONAL TILE CO. LTD

112　SZECHUEN　ROAD, SHANGHAI

TELEPHONE　16003

東鋼窗

方公司

發行所　南京路大陸商場六二五號
電話　九零六五零號

製造廠　上海華德路六零九號
電話　五零六九零號

Asia

DAI PAO GENERAL CONTRACTORS

大寶工程建築廠

滬江水電材料行

包裝大廈水電工程　專辦各廠電機馬達

自運各國衞生磁器　統辦環球電器材料

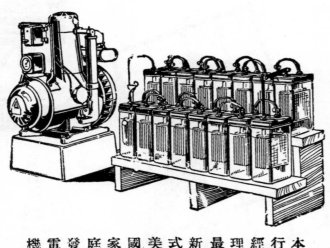

最新式美國家庭變電機

本行經理

本行開設歷有年

所所辦工程美觀

牢固素蒙

各界推許故承包

大小工程每年毌

慮千百爰將

廈以及公司醫院

各大廠號公館大

等略舉一二以資

證信爲

滬江水電材料行

本　埠　工　程	
南京飯店	山西路
交通銀行	蕪湖
特區第一法院	北浙江路
潘永泰烟廠	海門
呂班坊	呂班路
英美烟公司	南京
精華糖廠	白利南路
英美烟公司	徐州
柳迎邨	愛文義路
中國銀行	南昌
壽萱坊	愚園路
徐公館	大西路67號
天章綢廠	杭州
慈豐坊	普陀路
同義醫院	寧波
精華玻瓈廠	白利南路
匡村學校	無錫
徐公館	麥尼尼路153號
吳江中學	吳江
陳公館	西愛威斯路495號
蘇景織綢廠	蘇州
穎邨	辣斐德路
緯華毛織廠	周浦
席公館	愚園路68號
安慶大旅社	安慶
怡廬	勞而東路

外　埠　工　程

上海法租界辣斐德路廿世東路口十至十二號　　電話七〇三〇八號

廠造營記炳顧

（兼營地產）

號三念街二七街仁安門北新海上
號六五六二二話電市南　號四○六○八話電洋華

本廠承造各工程略舉如下以備參考

小東門福安公司

十六舖中國實業銀行分行

圓明園路念一號七層大廈

蒲石路沙遜大廈地腳

垃圾橋南塊浙江路三層市房

江西路愛多亞路瑞臨里

愚園路愚谷村

愛多亞路通易銀行

KOO PING KEE

GENERAL BUILDING CONTRACTOR

ALSO

REINFORCED CONCRETE CONSTRUCTION.

NO. 23 ON ZUNG KA.

72 LANE. NORTH GATE

SHANGHAI

TELEPHONE 80604

NANTAO TELEPHONE 22656

嚴造營記掄葙

廠址海上臨平路一二號電話另五四四四號

THU LUAN KEE

CONTRACTOR

21 Ling Ping Road, SHANGHAI, Tel 50444

亞橋骨水泥承造路房建造一切涵洞工程任等程大歡迎爲及鋼

江南天主堂貝督路聖母院最近承造之工程如以小

本廠無論承造路房亞橋骨水泥及鋼筋洋灰工程暨涵洞一切工程無論大小無不歡迎

盡 是 鋼 精(Aluminium)製 成

現代金屬拱腹
(Spandrel)，
多用鋼精
(Aluminlum)
製成．
拱腹用作窗下
鑲板（Panel)
時，可使房屋
全部，益現美
觀．鋼精用於
建築上，其特
點獨多：——
(一)美麗,(二)
堅固，(三)輕
便，(四)不生
銹，(五)良導
體，(六)不需
油漆，(乚)價
值較廉．欲知
詳細節目，祈
接洽！——

ALUMINIUM (V) LTD.

鋁 業 有 限 公 司

上海北京路二號　　　　電話 11758 號

朱森記營造廠

廠址：平涼路五五七弄五號

電話：五〇七五三號

本廠營造工程之一斑

上海市政府

陳英士紀念塔

中央氣象研究所

生物研究所

明復圖書館

蘇州金城銀行

蘇州交通銀行

廠造營記蘭桂

旨宗廠本

以最新建
築工程學
服務社會
振興國內
建設

本廠專門承造中西房屋
學校醫院市房住宅崇樓大
廈鋼骨水泥及鋼鐵建築廠
房橋樑碼頭等工程無不經
驗宏富如蒙委託無任歡迎

程工近最之廠本

新亞酒樓

上海北四川路天潼路口

五和洋行設計

地址：上海閘北大統路德里十五號

榮德水電工程所

承辦

水電工程
電機馬達
水汀溝管
發電機器
衛生器具
各種另件

電話
八五零九五號

地址
上海葛羅路十九號

如蒙賜顧
竭誠歡迎

公記營造廠

事務所

上海南京路
大陸商場
五二九號
電話三四五一六號

本廠專門承造各種
中西房屋橋樑鐵道
碼頭以及一切大小
鋼骨水泥工程並代
客設計規畫工程堅
固美觀各項職工經
驗豐富能使主顧十
分滿意如蒙
委託無不竭誠歡迎

慰利衛生工程行

上海 南京

承辦

衛生裝置 暖屋水汀
冷熱水管
消防工程

專家設計 週到切實
如蒙垂詢 竭誠奉覆

電話九一八〇二　總行　上海北京路三七八號
電話四一二三三　分行　南京下關祥泰里三十四號

SHANGHAI PLUMBING COMPANY
CONTRACTORS FOR
HEATING SANITARY VENTILATING INSTALLATIONS
PHONE 91802　378 PEKING ROAD. SHANGHAI.
PHONE 41233　BRANCH NANKING, CHINA.

美商

約克洋行

專涼
家氣

製冷
藏水

○五四一一話電　　　號一念路記仁海上

For Every Refrigeration Need, Thers is a "York" Machine

YORK SHIPLEY, INC.,

21 JINKEE ROAD

Shanghai.

TRADE MARK

標　　　商

本公司之馬牌藍晒圖紙
顏色鮮麗品質優良歷久
不致走光晒後加蓋紅
墨水線可不化早經各建
築師證明兼售各種臘紙
臘布圖畫紙等價格均極
廉宜外埠函購由郵局寄
奉倘蒙　賜顧不勝歡迎
馬江公司謹啓
地址上海虹口外虹橋堍
斐倫路平安里四十五號
電話 四二七二七

王開

地址　南京路三○八號
電話　第九一二四五號

美術照像　　　技術優良
建築拍照　　　特別擅長
外景內部　　　設計圖樣
一經拍攝　　　永留榮光
經驗豐富　　　設備麗煌
價格公道　　　藝術高尚

廠窗鋼利勝

VICTORY MFG CO.

ALL KINDS OF METAL WORKS
STEEL WINDOWS-DOORS-SHOP FRONTS

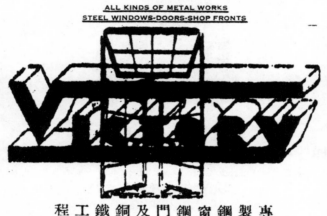

專製鋼窗鋼門及銅鐵工程

事務所
甯波路四十七號四樓
電話一九〇三三號

製造廠
薩坡賽路四百五十號
電話八三七〇五號

本廠專造一切大
小鋼骨水泥工程
各項工作人員無
不經驗豐富工作
迅捷如蒙委託
承造竭誠歡迎

夏仁記營造廠

廠址　環龍路一八
　　　八弄四號

泰 新式 山
避 水 光 面 磚

本圖四行儲蓄會
念二層大廈採用

泰山磚瓦公司

上海南京路大陸商場五三四號

電話 九四三○五號

欲增進建築內部之美觀

請 用

蔡根 (M. B. CHAIKIN) 大理石廠

之

各色做真人造大理石

(ARTIFICIAL MARBLE)

樣 品 待 索

地址： 大西路美麗園三十二號

電話： 27537

CRAND STUDIO

242 BUBBLING WELL ROAD

SHANGHAI

———

TELEPHONE 35825

建築物之外部及室內一切照片向係普通照

相館之附帶營業毫不注意本館除佈置最完

美之人像攝影室外另設專部延聘中西專門

技師規劃建築攝影以出品代表一切餘言不

贅如蒙賜顧請以電話通知當飭人趨前接洽

大 同 照 相

靜 安 寺 路 二 四 二 號

電 話 三 五 八 二 五 號

COMMERCIAL SPECIALIST

LARSEN & TROCK

44 AVENUE EDWARD VII

SHANGHAI

本行獨家經理丹國替

必替名廠出品各種大

小電氣馬達電機吊車

電熱電動器具電線等

項一應俱全

承接電燈裝置等工程

地址 上海愛多亞路四四號

電話 一六八三八號

羅 森 德 洋 行

陸 福 順 營 造 廠

地址：天津福五弄西首

電話：九一七五五號

承做各項工程

定做西式木器

裝修門面房屋

接做油漆粉刷

本廠開設四十餘年所製木器

均經焙乾無裂縫之弊凡

賜顧者當竭誠招待價值克己

SHEET No. 538

司　公　藝　美 英商

承接石膏花頭及雕花裝修工程

上海靜安寺路一百九十號　電話三四二二六號

馮成記西式木器廠

| 廠址：上海周家嘴路鄧脫 | 本廠特聘繪樣代式現時美術造屋漆顧迎 | 路底鑫益里內二九二二號 |

專家製木器裝璜佈置中西粉刷油漆如蒙惠顧無任歡迎

FUNG CHEN KEE FURNITURE & CO.

FURNITURE MANUFACTURE OFFICE EQUIPMENT
CABINET MAKING. STORE FITTING. PAINTING.
DECORATING. GENERAL CONTRACT AND ETC.

2922 POINT ROAD　　　　　　TELEPHONE 52828

電話五二八二八號

大東鋼窗公司

承辦一切鋼窗

鋼門工程倘荐

惠顧無任歡迎

發行所

河南路四百九十五號

電話

九九二四零零號

黃新記營造廠

事務所

西愛咸斯路二六六號

電話

七〇五九四

本廠專門承造

各種中西房屋

橋樑鐵道碼頭

鋼骨水泥工程

以及一切大小

代客設計經驗

豐富所修工程

堅固美觀能使

主顧十分滿意

如蒙

委託承造無不

謁誠歡迎

大 耀 建 築 公 司

| 建築部 | 地產部 | 保險部 | 信託部 |

上 海 博 物 院 路 三 號　　電 話 二 六 三 二 六 七 號

Dah Yao Engineering & Construction Co.

Property, Construction, Insurance & Trust Departments

3 MUSEUM ROAD, SHANGHAI.

Telephone 16216 & 16217

告廣司公窰機興華

本公司創立十餘年。專製各種手工坯紅磚。行銷各埠。質優價廉。素蒙建築界所稱道。茲爲應付需要起見。于本年夏季起。擴充製造。計有大小樣四面光機磚空心磚及瓦片等多種。均經高尚技師精心研究。完善監製。故其品質之優良光潔。實非一般粗製濫造者可比。至定價之低廉。選送之迅速。猶其餘事。如蒙惠顧。無任歡迎

上海辦事處　貴州路一零七號
電話　九二八五五
廠址　崑山大西門外九里亭
電話　崑一六九

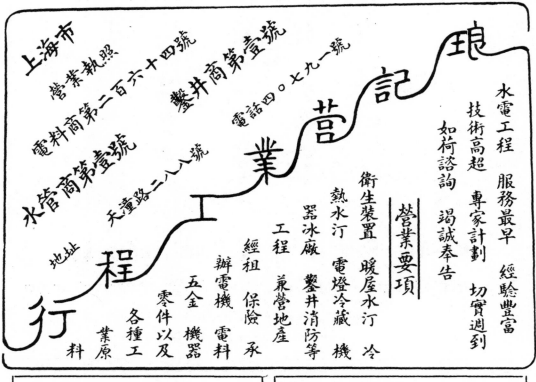

琅記營業工程行

上海市
營業執照
電料商第二百六十四號
水管商第壹號
鑿井商第壹號
電話四〇七一九號
天潼路二八八號
地址

水電工程　服務最早　經驗豐富
技術高超　專家計劃　切實週到
如荷諮詢　竭誠奉告

營業要項

衛生裝置　暖屋水汀　冷
熱水汀　電燈冷藏機
器冰廠　鑿井消防等
工程　兼營地產
經租　保險　承
辦電機　電料
五金　機器
零件以及
各種工
業原
料

亞細亞曬圖股份有限公司

國旗　　商標

經理安記廠出品國貨曬圖紙

本公司備有電光曬圖機器
及新式烘機印晒各項建築
圖樣交件迅速兼售各種繪
圖臟布臟紙文具儀器等價
格極廉外埠函購由郵局寄
奉倘蒙
賜顧不勝歡迎

上海寧波路四七號
亞細亞晒圖股份有限公司謹啓
電話一三三五七號

鐘山營造廠

總事務所　天潼路三八一號
電話　四〇七一九號
眞茹分廠　眞茹車站對面
江灣分廠　江灣路東總青會路上海
　　　　　信託公司第一樓範村
南京分廠　花牌樓文華印務局樓上

本廠承造洋房碼頭駁岸橋
樑道路大小裝修及一切土
木工程等工作堅固美觀各
部職員悉屬專門人才倘蒙
諮詢無不竭誠容覆

監理　黎明旭碩士
總經理　庚蔭堂學士
工程師　黃五如學士
南京分廠經理　徐宗堯學士
江灣分廠主任　黃燨昌學士
眞茹分廠主任　楊少如

慎昌洋行

總行上海圓明園路四號

分行 漢口 廣州 香港 遼寧 哈爾濱 北平 天津 濟南 青島

經理 美國謀斯樂廠

保險箱
保險櫃
保險庫門

敝行代理美國謀斯樂廠經營保險庫工程以應現代之需要用最新設計上等工料承辦周詳功效確實茲將各地已經裝用之謀斯樂保險庫門攝逃於左

上海東亞銀行
上海中央造幣廠
上海中國實業銀行
上海通商銀行
杭州浙江興業銀行
天津鹽業銀行
上海通易信託公司
上海華僑銀行
上海花旗銀行
上海中國墾業銀行

上海中南銀行
上海四行準備庫
上海銀行公會
上海女子商業儲蓄銀行
天津浙江興業銀行
上海浙江實業銀行
上海鹽業銀行
上海大來大廈
上海大陸銀行
中國銀行上海虹口分行

久記營造廠

本廠專造棧房碼頭鐵道橋樑以及大小鋼骨水泥一切工程

事務所：上海圓明園路二十三號　　設廠：上海南市機廠街二一七號

電話：二九二七六
　　　二六三七〇

SPECIALISTS IN

Godown Harbor. Railway. Bridge Reinforced Concrete and General Construction Works.

THE KOW KEE CONSTRUCTION CO.

Town Office: 23, Yuen Ming Yuen Road

Factory: 217, Machinery Street, Nantao.

Telephone 16270.
19176.

安記營造廠

上海梅白格路祥康里六十九號
電話 三五〇五九號

AN—CHEE

Lane 97 House 69 Myburgh Road

Telephone 35059

CONSTRUCTION CO.,

本廠專門承造一切大小建築房屋鋼骨水泥工程廠房橋樑鐵道塢岸等兼理地產房租並押款立造等凡有諮詢押派專員趨前面洽

馬源順五金製造廠

本廠聘請技師製造銀箱庫門大小銅鐵五金及建築工程並設水電部及修理部如蒙賜顧竭忱歡迎

五金部
吳淞路三三四一五號
電話四三〇〇三號

製造廠
海勒路二七一號
電話五二四六一

本刊投稿簡章

(一)本刊登載之稿，概以中文為限；翻譯，創作，文言，語體，均所歡迎，須加新式標點符號。

(二)翻譯之稿，請附寄原文。如原文不便附寄，應注明原文書名，出版地址，

(三)來稿須繕寫清楚，能依本刊行格繕寫者尤佳。

(四)投寄之稿，俟揭載後，贈閱本刊 其尤有價值之稿件，從優議酬。

(五)投寄之稿，不論揭載與否，概不退還。惟長篇者，得預先聲明，並附寄郵票，退還原稿。

(六)投寄之稿，本刊編輯，有增刪權；不願增刪者，須預先聲明。

(七)投寄之稿，一經揭載，其著作權即為本刊所有。

(八)來稿請註明姓名，地址，以便通信。

(九)來稿請寄上海南京路大陸商場四二七號，中國建築師學會中國建築雜誌社收。

廠造營記根陸

事務所 上海寧波路四十七號三樓

電話 一三七五六號

由敏廠承造之西摩路公寓大廈

中國近代建築史料匯編（第一輯）

中國建築

第一卷　第三期

中國建築

中國建築師學會出版

南京中央體育場專刊

THE CHINESE ARCHITECT

VOL. 1 No. 3　　　　　第 一 卷　 第 三 期

請交換

HUNG INN LIBRARY 海上 摘英圖書館 SHANGHAI

中國石公司

商標　　　　　註冊

CHINA STONE CO.
SHANGHAI OFFICE　33 SZECHUEN ROAD
TEL.　15886

總公司　青島蒙古路二十一——二十二號
電話　五一〇七
電報掛號　五一〇七

上海事務所　四川路三三號七樓七一五號
電話　一五八八六
電報掛號　一五二七

自採國產各色閩長石花崗石
大理石〇品堅固光耀美麗價格
低廉製作精良遠勝舶來〇計推
備有石樣歡迎參觀如蒙惠顧定能滿意

營業項目

建築：鋪地石磚　內外牆磚
　　　窗台石板　牆壁浴室
　　　各種棧柱　裝飾石料
製作：牌匾櫃台　樓梯石面
　　　紀念碑塔　花盆花台
　　　各式其碑　零件飾石
承辦：雕刻水晶　玻璃器皿
　　　銅鐵五金　堅硬物品
　　　裁鑲磨光　各項石料

最近承造石工

靜安寺路四行二十二層大
廈自四樓以下外部花崗
石面及愚園路轉角拍
拉蒙跳舞廳內部花
崗石牆面地板均
由本公司承造
現在建築中

興業瓷磚股份有限公司

出品

各種美術地牆瓷磚

花式層出不窮　市上絕無僅有

且其品質優良　色澤歷久如新

出品項目

美術鋪地瓷磚

美術牆磚

防滑踏步磚

羅馬式瓷磚

缸磚

本外埠各大工程大牛鋪用本公司出品均極滿意備

有各種美術瓷磚圖樣足供參考并可隨時設計服務

週詳信譽卓著如蒙光顧無不竭誠歡迎

營業所：上海四川路四一六號

電話：一六〇〇三號

THE NATIONAL TILE CO. LTD.

Manufacturer of All Kinds of Wall & Floor Tiles

416 SZECHUEN ROAD, SHANGHAI

TELEPHONE 16003

東南

磚瓦股份有限公司

本公司用上等原料精

製各種火磚瓦片品質

堅韌經久不變而且價

格低廉交貨迅速素蒙

建築界所道稱如荷

賜顧無任歡迎

事務所：牛莊路六九二號

電話：九四七三五號

廠址：閔行鎮對河

中 國 建 築

第 一 卷　　　　　第 三 期

民 國 二 十 二 年 九 月 出 版

目　　次

著　　述

插　　圖

卷 頭 弁 語

　　本刊此卷此期（第一卷第三期）印就出版之日；正值南京中央運動場全部工程完竣之時；又當國慶日全國運動會首次在此場舉行之際．勝事與盛會俱逢；又與建築學及國家建設生有密切之關係；實爲本刊問世後之第一遭；特編專刊，亦爲本刊發行後之第一次．本社之爲此舉，目的有二，具如下述，並藉爲此場此會留誌紀念；當亦讀者所樂許也！

　　一者，此場建於首都．範圍廣闊，佔地千畝．規模宏大，居全國冠．前後耗去之時間約三年；費去款項數百萬；而主持計劃，監督工事者，則爲昔日蜚聲國外體育健將而又今時著譽宇內之建築專家關頌聲先生．是以其中各種建築，無不完善堅固；一切設備，無不新美便用．洵可稱爲近日國內重要之巨大工程；更可占居此類建築之首位而無愧．本社用特商請關先生，取得此場之設計及實地攝影等，用以編爲南京中央運動場專刊；使研究工程者，於以明瞭此場計劃之精美與建築之堅實．是則不但於學識方面，可供參攷；卽於實際經驗，亦可裨益非尠也．

　　二者，我國積弱，由於民族之不振與民性之怠惰；而致此之原因，又由於身體孱弱與精神衰萎．故在今日，提倡運動，以加强國民體力；普及體育，以增進羣衆健康；誠爲不可緩之急務．政府當局之設立此場，舉行此會，蓋因此故，而本社之將此期作爲專刊，亦欲藉以喚起普遍之注意，引起運動之興趣，若然，則關先生曁爲此場盡力諸君之無量心血，爲不虛擲矣！本社不敢自安，爰亦乘此佳會，爲此場特作專刊；於慶祝此國內唯一體育大建築落成聲中，寓其提倡健美之忱；是則本社所願三致意焉者也！

　　同人等除向關先生曁襄助本刊諸君鳴謝外，謹申述其微意於此．

編者謹識　二十二年九月五日

民國廿二年九月　　　　　　第一卷第三期

中央體育場籌建始末記

陳　希　平

　　溯自國民政府奠都金陵，對於各項重要建設，無不積極籌辦，惟體育運動場所尚付缺如；政府有鑒於此，爰於民國十九年四月，由蔣介石先生提議，組織民國二十年全國運動大會籌備委員會，負責辦理一切；並經國務會議議決，指定在首都郊外，總理陵園內，闢地興建中央體育場，本修築陵園爲科學化之實現，以激勵國民對於體育運動之注意，且爲紀念．

　　總理偉大革命之精神場地，位於　總理陵墓迤東，靈谷寺之南，採用基泰工程公司所繪圖案，全場計分田徑賽場，游泳池，棒球場，籃球場，排球場，國術場，足球場，及跑馬道等，佔地約一千畝，可容觀衆六萬餘人．所有建築，均用鋼骨凝土，以求鞏固．全部工程，由利源建築公司得標承辦，建築費用，共爲八十餘萬元．其他設備，如道路，橋樑，涵洞，停車場，遷墳整地，植樹佈景，電燈，電話，電鐘，播音機，自來水工程，衞生工程，暖汽機器，鐵絲圍欄等，所需經費，約六十餘萬元．嗣以全國水災彌重，且東北上海事變相繼發生，民國二十年之全國運動大會，未能及時舉行，民國二十年全國運動大會籌備委員會，當將中央體育場全部，詳加整理佈置，以臻妥善．迨至民國二十二年二月間，所有整理佈置，均告就緒，而國難仍未稍舒，乃呈准政府自動撤銷，政府當以該場係由

　　總理陵園管理委員會撥地建築，且在陵園範圍以內，故特介

　　總理陵園管理委員會接收保管，以一事權．現由敎育部向

　　總理陵園管理委員會立約商借，開民國二十二年全國運動大會之用，綜上所述，爲中央體育場籌建之大略情形也．

—— 1 ——

中央運動場鳥瞰圖

1. 停車場
2. 臨時市場
3. 網球及排球場
4. 國術場
5. 臨時飯廳
6. 田徑場（下部宿舍）
7. 棒球場
8. 游泳池
9. 籃球場
10. 馬　道
11. 足球場
12. 馬球場

中央運動場田徑賽場正門之偉觀

堅固，美觀，適用，為建築上三大要
素，綜觀上圖，知此三項已兼而有之矣
。上圖為田徑賽場入口處，入口上部為
司令台，設計力求莊嚴。建造雖採新式
，雕飾反依古裝；且能使其調和適度。
足為中國古式建築開一新紀元。

中央運動場游泳池之正面

上圖爲游泳池正面攝影，前面房屋，爲更衣室辦公室等，紅磚青瓦，古氣盎然。台階用水泥人造石，勢操仿古；兩旁用宮殿式欄杆，異常莊嚴，身歷其境，心神煥發。

— 4 —

中央運動場籃球場之全部

上圖為籃球場，呈八角形
。中式牌門，豎立入口；場
地鋪以木板，圍場繞以綱牆
，八卦池中，健兒大顯身手
，誠勝境也。

— 5 —

中央運動場田徑賽場內部之大觀

田徑賽場，規模宏大。看台三萬
五千座，跑圈五百數十米。田徑之
外，球場亦分列其中；觀衆雖多，
無綠入賽場之路。舉行決賽，可有
條而不紊。在中國運動場建築中，
尤當首屈一指。

中央運動場國術場之一瞥

一觀上圖之門，如登明孝陵，立感其莊殿而偉大。形呈八角，意寓八卦拳術，含國術之深義。他如牌坊相接，石級重疊，堪稱偉觀也。

— 7 —

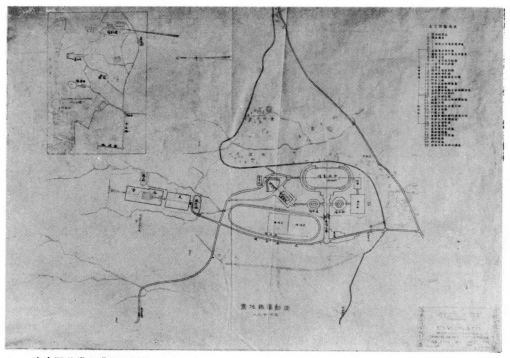

中央運動場全場之平面圖

中央體育場概況

夏 行 時

　　中央體育場，建於南京郊外總理陵墓之東，靈谷寺及陣亡將士公墓之南，距中山門約十里，距總理墓約四里．全場佔地一千二百畝，闢爲田徑賽，游泳，棒球，籃球，排球．（與籃球場合用），國術，網球，六場．各場皆有看台，總共可容觀衆六萬餘人．全部建築出於基泰工程司之設計．承造者利爲源建築公司．造價八十五萬元．於二十年二月興築，至同年九月告成．此場每爲年一次之全國運動大會舉行之所，故名中央體育場，茲將各場概況略誌如下：

　　〔田徑賽場〕　爲橢圓形，佔地七十七畝，四周俱爲看台，長二千七百五十呎，可容觀衆二萬人，全部建築爲鋼筋混凝土之結構．在東西南三面之看台下，建有運動員宿舍及浴室廁所等，可容二千七百人居住．北面看台．因地勢關係，將原土壓實後，直接安置坐階於其上，大門設於東西兩邊，進門處有拱形花格鐵門三，高十八呎．入

門爲大穿堂,長五十二呎,廣四十呎,左右建辦公室及裁判員休息室,新聞記者休息室等,樓上爲司令台及特別看台,上蓋天蓬,左右闢有男女賓休息室洗盥室等。正門外表之裝飾花紋,由木模刻成實樣,釘做壳子板,澆擣混凝土後,再加人工修琢而成。場地圍於看台之中,計長一千呎,廣四百一十呎,內設十公尺寬之五百米跑圈一,十三公尺寬之二百米跑道二。跑圈內闢足球場,網球場,及跳高,跳遠,擲鐵球等之田類賽場。跑圈之北闢網球場三所,跑圈之南闢籃球場二所,排球場一所,以備將來各項運動之決賽,俱可在田徑賽場內舉行之。(關於各場地寸尺做法等可參中國工程師學會工程週刊第二卷第九期中央體育場一文)。

〔游泳池〕 在田徑賽場之西北。房屋部分爲我國宮殿式之大廈一所,長八十八呎,廣四十四呎。屋頂蓋筒瓦,外墙砌泰山面磚。彫樑畫棟,朱漆彩畫,極爲煥發美麗。屋分地下室及正屋二層:地下室中置全部濾水機及鍋爐等;正屋分東西兩部,東部爲男子更衣室,浴室等,西部爲女子更衣室,浴室等。泳游池在屋前,長五十公尺,寬二十公尺。最淺處深四呎,最深處深十一呎。全部用鋼筋混凝土建之。分四層建築:最下做四吋厚之 1:2:4 鋼筋混凝土一層,上壓貼油毡三層,油膠四遍,再上做六吋厚和避水漿 1:2:4 鋼筋混凝土一層,最上蓋三吋厚1:1:2 鋼筋混凝土一層,面上砌飾磁磚。如是可保池水之不致滲漏。游泳池露天,受日光蒸晒之影響甚大,故在中下兩

中央運動場田徑賽場南面看台側面圖

中央運動場游泳池正面圖

段做紫銅板伸縮節兩道，每道寬二吋．池之四壁裝有水內電燈三十二盞，晚間燈光映射水中，別饒景趣．池壁之外，築夾層擋牆，做成暗過道，以便修理水管及電線等．池水仰給於陵園蓄聚之山水及自流井水，全池需水六十萬加侖，水由水管輸入沙濾機濾出，放入池中應用．用過之水，仍可由池中吸入沙濾機重濾，並加以消毒之處理後，再回入池中應用．

〔籃球場，國術場，棒球場，網球場〕．籃球場位於田徑賽場前之北首，為長方形，就原有地勢挖成盆形，盆底闢作球場，四周順坡築成看台．正門向南，入口處建地下室，闢為男女運動員更衣室及廁所等．

國術場位於田徑賽場前之南首，與籃球場相對立．場作八卦形，正門向北，入門為刀劍陳列台，長六十呎廣四十八呎，台下建辦公室，更衣室，男女廁所等．看台築在四周，場地圍於中心，其構造與籃球場相彷．

棒球場位於游泳池之北．場地作扇形，半徑二百八十呎，兩邊為看台．前面有二十呎高之鐵絲網欄一道，以為防護．

網球場在國術場之南，佔地二十三畝，闢作網球場十六個，各場間俱有鉛絲護網互相隔間．場南高崗上建休息室一所，內設男女廁所浴室及休息室等．

　　各場間築有廣寬之石片路，互相通達，木隙地佈置花，以增風景．

　　中央體育場房屋與場地部分之造價爲八十五萬元．其他如遷填整地，道路，涵洞，及水電衛生設備等所費計六十餘萬元．合其他行政方面開支等實計所費爲一百五十五萬元．我國至是乃有一完美之國家體育場！以地勢言，中央體育場負鐘山爲屏，北望總理墓巍峙於左，陣亡將士紀念塔矗立雲際，介人感及總理革命精神之偉大，與先烈爲民族生存而奮鬥犧牲之悲壯，更足加強健兒尙武之精神，與發奮自強意念．以建築言，所用之材料，幾全部爲鋼筋混凝土，最爲堅強穩固；在式樣方面，儘量發揮我國建築美術之特長，博大敦實；地位之佈置，亦甚寬裕暢坦，毫無偏狹侷促之感，凡此種種，無形感應於運動員之心身上者甚大．各場入口之門極多，每門一邊附一售票亭，開會時隨時隨地可無擁擠紊雜之虞．斯皆爲該場優越之點．惟當設計之初，以時間迫促，對於各項設計未能一一加以詳細之考慮，致有田賽場內網球場線後餘地過少，及棒球場地位不足等之局部缺點發生．在營造方面，亦因限期急迫，未能處處依最佳之方法進行，致有日後發生常需修理補綴之弊．用水方面，當初未精細顧慮到，致開會時感覺用水應付之難．經濟方面之限制，亦使已有計劃之運動員食堂，臨時市場及停車場等，未能一一實現．斯則未免爲美中之不足耳．

中央運動場排球網球場側面觀

中央運動場遠觀圖

中央運動場田徑賽場正門前之古銅亭大燈

中央運動場籃球場之入門

中央運動場之售票亭

中央運動場游泳池側面之壯觀

中央運動場上部之雕刻

首都中央體育場建築述畧

（一） 籌 建 經 過

溯自國民政府，奠都金陵畢，凡重要建設，靡不力為籌辦；惟體育場所，尚付闕如．民國十九年春，浙江省政府舉辦全國運動大會於杭州，英才畢聚，盛極一時，當道諸公，復有感於提倡體育之必要，遂由蔣介石委員長提議組織民國二十年全國運動大會籌備委員會，董理其事，改在首都舉行，並由國務會議議決，指定首都郊外，總理陵園迤東，靈谷寺南地內，建築永久會場，所以激勵國民，對於體育運動，知所留意，而首都建設，因此亦得日就完成；為國表率，兼以地依陵寢，更可時存景仰．該會於是約聘基泰工程司，担任繪圖設計，及監督工作，以其曾經設計體育場多處，頗有經驗，其建築師關頌聲君，又為體育專家，計時三月，全部圖樣，繪盡完竣．全場共分田徑賽場，游泳池，棒球場，籃球場，排球場，國術場，網球場，足球場，及跑馬道等，佔地約一千畝，可容觀衆六萬餘人，所有建築，均用鋼骨混凝土，以求堅固，全部工程，由利源建築公司得標承辦，計土木工程建築費用，共為八十餘萬元，其他設備，如道路，樑橋，涵洞，停車場，遷填整地，植樹佈景，電燈，電話，電鐘，播音機，自來水，衛生暖汽工程，鐵絲圍欄等費約六十餘萬元，合計共為一百四十餘萬元．閱時七月，完竣交工．是年適以國內水災瀰重，東北上海事變繼起，運動大會，未得及時舉行，乃由籌備委員會接收保管，時加整理，嗣以國難頻仍，大會舉行有待，該委員會遂呈准政府，自動撤消，當以該場原由陵園撥地興築，改由陵園管理委員會保管，今年全國運動大會，已定十月十日舉行，乃由教育部向保管委員會立約借用，其籌建經過，約略如是．

（二） 式 樣 選 擇

該場位於首都，密邇陵園，聞其式樣之選擇，頗費躊躇，蓋陵園建築，全採中國式樣，該場旣在園地之內，論理自宜一致，惟場內佈置，盡爲近代需要，中國建築史上，無例可援，事實旣難强合，而體育場之特性，在美觀上，恐亦未能盡量發揮，結果採用中國建築之精神，而將其形體與裝飾，略加變化，使合於體育場之用．又以國人心理，於體育一道，素所輕視，故全場設計，大體固不必論，卽一磚一瓦之微，靡不盡以莊嚴肅穆之意出之，而同時安插自然，絕無牽强迹象．

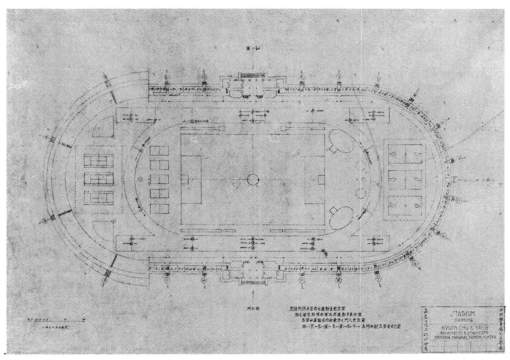

中央運動場田徑賽場平面圖

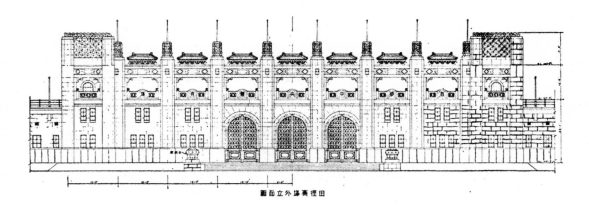

田徑賽場外立面圖

（三） 田徑賽場

田徑賽場，佔地最廣，場內除五百米跑圈外，尚有二百米直跑兩道．場爲橢圓形，位向南北，蓋利用其馬蹄式之天然地勢，如此不特可以節費省時，卽游泳池籃球及棒球各場部位，亦能排佈自如；而同時足球場及二百米直跑道，亦可包容於跑圈之內．此外復有各項球類賽場，分佈其中，爲備各項運動決賽，俱能於場內舉行，其場之所以取五百米跑線而不取四百米者，以其能容一標準尺度之足球場，而比賽時，罰踢角球，又可不必走入跑道，更因世界運動會，最近規定跑程，五百米以上者，多從五百米遞加，如此則路程易於計算，將來遠東或世界運動會，亦可在此舉行，二百米直跑道，寬爲十三米，十二人可以用同時並跑，此數於預賽淘汰時，分配最易．

此場及其他各賽場地下，均裝有去水管（Armco perforated pipes）能於天雨時將地面及地下積水，導而他去，天氣一晴，卽可立時比賽，不因潮濕而致遲滯，此種設備，各國通常體育場，亦多未有，其於多雨之區，尤爲便利．

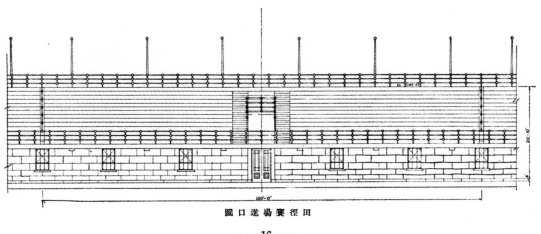

田徑賽場進口圖

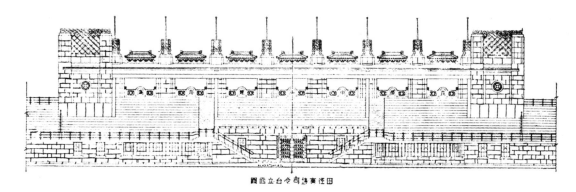

田徑賽場今司令台立面圖

　　場之四週,環以看台,有三萬五千座位.東西各建司令台一座,下闢大門,西門正向進場大道,為中國牌樓式而稍加變化,使與看台體裁融合,蓋取牌樓古有表揚榮慶之意,門共三堂,亦舊山門之義.門前高樹兩旗杆,斗內裝放射燈,傍晚高照大門,則又不僅可作懸旗用也.台旁設有男女談話室,及男女洗盥室,蓋於公共場中,略留私人休憩之處.

　　看台之下為辦公,盥浴及運動員寄宿諸室,既屬隙地利用,復於觀瞻無礙.每段看台,另有小門通行,可免人多擁擠,管理較易.室內安裝冷熱水管,抽水便具,及雨浴噴器.總門均罩鐵紗,絕無蚊蟲蠅蟻之擾.運動員宿舍臥床,分上下兩層,墊以軟草褥,起臥舒適.

　　場內佈置,力求嚴整,觀眾祇能從各門購票入座,無路可達賽場.運動員則從鐵門入場,其未與賽者,另有休憩之所.評判員及辦事員,均有特別位置,可以直入賽場.報館訪員,待以別室,內陳椅桌,電話,及電報收發機各應用器物.從室中可以瞻眺全場,司令台上聲音,亦能聞聽,但無通入賽場之路.總之,觀眾雖多,秩序亦能有條不紊.各處復置傳音筒,遞達消息,遠近可聞.

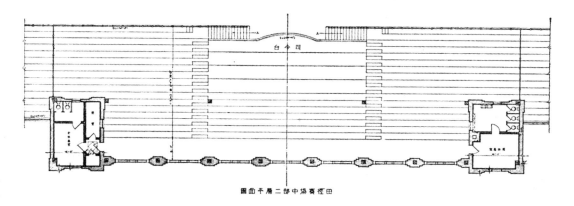

田徑賽場中部二層平面圖

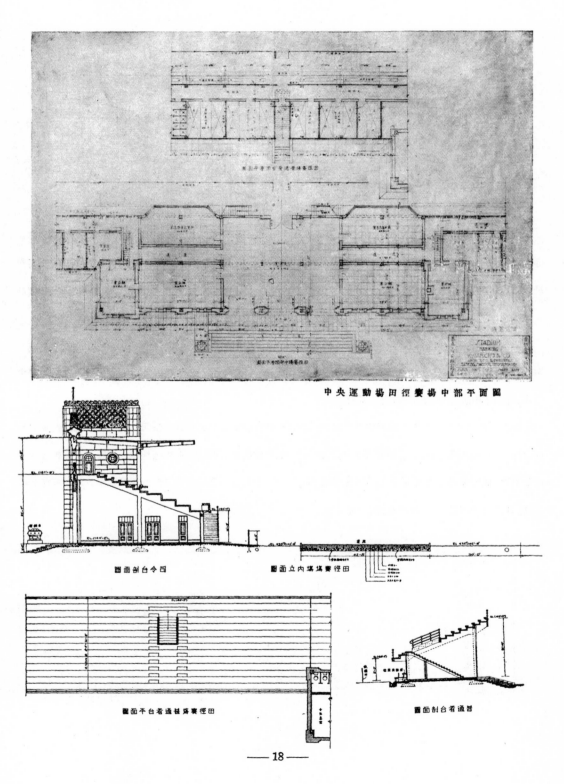

中央運動場田徑賽場中部平面圖

西令台剖面圖　　　　　田徑賽場內填立面圖

田徑賽場短道看台平面圖　　　普通看台剖面圖

（四） 國術場

方之設,故天壇與祈年殿,採用圓形以象天,地壇則用方形以象地,而我國拳術,亦有太極八卦
採用八角以象八卦.進場處拾階而上,有牌坊與北面籃球場,遙相輝映.場上設平台,陳列各種武
,與更衣室. 看台座位,能容五千四百五十人,距場最遠處,僅為四十尺,蓋國術比賽,宜於近觀,
周視線,遠近比較平均.周圍俱有進場台階,觀眾出入,可免擁擠.全場更圍以鐵紗網牆,以便管

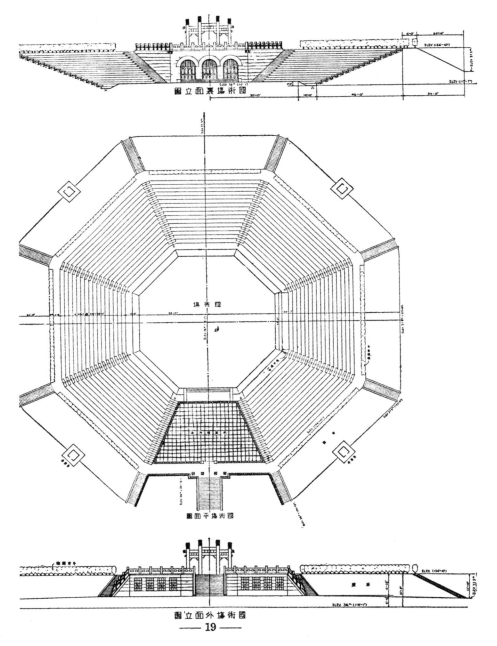

國術場裏立面圖

國術場平面圖

國術場外立面圖

（五） 籃球場

　　籃球場與國術場相對，樣式亦相稱．男女更衣室置台下．球場爲木地板，四周看台，則因土坡砌洋灰塊座位，容五千人，法與國術場同．入場處，樹立牌門，以爲點綴．圍場亦設鐵絲網牆，以利管理．平台後面，爲運動員進場之道，門上掛成績牌，以示觀衆．

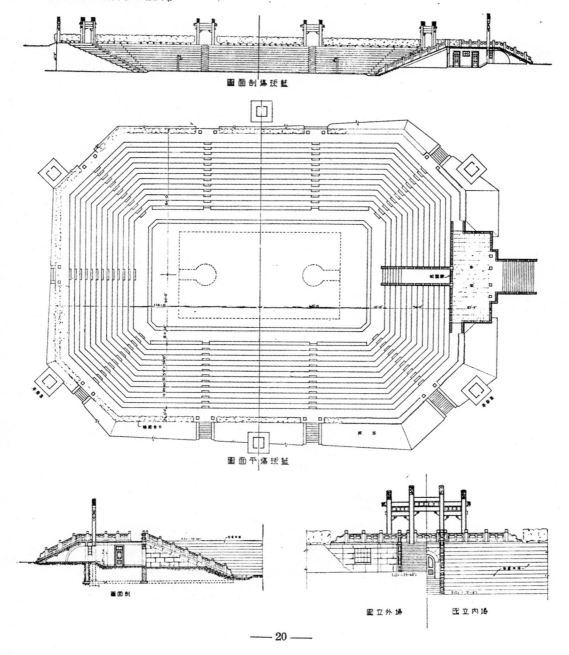

籃球場剖面圖

籃球場平面圖

剖面圖

場外立面　　場內立面

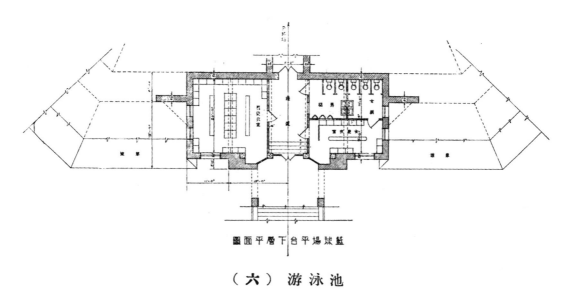

籃球場平台下層平面圖

（六） 游 泳 池

游泳池長一百六十四尺,（卽五十公尺）寬六十五尺七寸,（卽二十公尺）可容九人,同時比賽．四周及池底,均鑲小磁磚．池底更用磁磚作黑線九道,使賽時可各緣一線,以為界限．池壁裝設水內射燈,晚間光映水中,別饒景趣．四週緣邊作扶手槽,槽內有孔去水,可納痰涎．稜角處,另鑲防滑磁磚,足履其上,不致傾滑．四角壁上凹梯作法,亦與此同,上部並有銅管扶手．池之四週,留有隙地,運動員可以藉此往來,旁置坐槐,以為休憩．觀衆則另設道路來往,與此互不相雜,故此隙地,雖因運動員上落,而致潮濕,但亦不能有爛泥穢物,雜入池中．池端設低跳板二方．高跳板則設平台上,台可逕通更衣室．看台列於池之兩旁,其法亦因土坡鑲洋灰座位,可容四千人．池之一端,另設特別看台．

池之中段,裝置連續伸縮節壹道,中置銅板,上墋橡皮膏及避潮漿粉,以防池底混凝土,因天氣冷熱,而生伸縮影響,其他各場有混凝土部份,類皆有此設備．

更室衣為廡殿式．卽五脊六獸作法．簷椽額枋,施以彩畫貼金,平台踏步,均用宮殿式欄杆．進門為辦公室櫃台,入內分男女更衣室,各設淋浴廁所,光線充足,空氣流通,並設灌足池於後廊內,為浴室通游泳池必經之地,池放藥水,泳者灌之,可免足疾傳染．地窖裝置鍋爐及各種機械,清濾池水,並以藥料消毒,又用新鮮空氣逼入水中,使常澄清閃動,若泛微波,泳者浴乎其間,彷彿天然池沼．

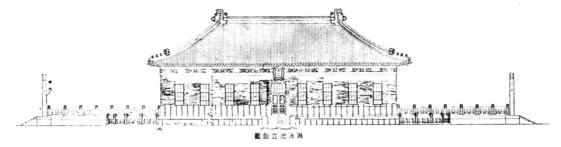

游泳池立面圖

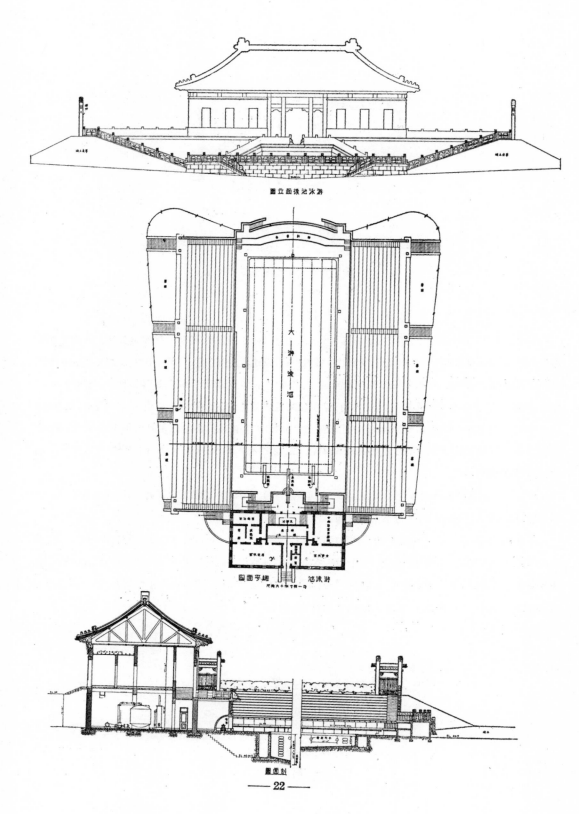

游泳池後面立面圖

游泳池總平面圖
每一格方十大英尺

剖面圖

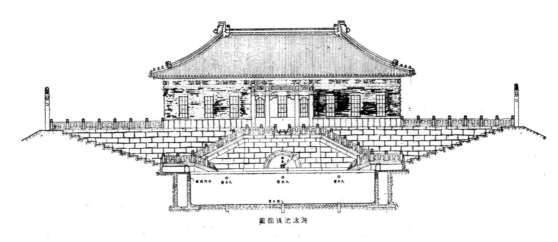

游泳池後面圖

（七） 棒球場

場形因山坡作看台，成扇面式，而微向內收，（即東北兩看台構成之角，小於九十度，）以利觀衆視線，運動員休憩處，均微降地平線下，亦即爲此．看台就原地建造，頗收節費省時效之，有四千座位，其中洋灰造成者，僅屬少數，但隨時均可增加．場之四週，圍以鐵絲網牆，留兩牌門，以通場內．

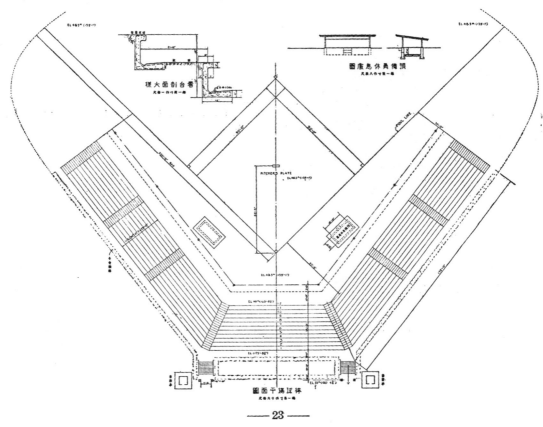

棒球場平面圖

（八） 網 球 場

　　網球場與國術場，棒球場，成一中線，而與進場大道，適成直角.每一賽場，均設高鐵絲網，分別間隔.更衣室居南面高崗上，內分男女更衣，淋浴，廁所各室，並有茶點室一所，以備平時人往戲球，能得休憩之地.全場共有座位一萬零五百五十，門廊前則因土坡作洋灰座位數排，作法與他場略同.

（九） 安 全 試 驗

　　該工程建築方面，略如上述，至其各種結構，因屬會場，對於載重一事較他種建築為要，故開均按最新穎最穩固之方法設計.工竣之後，為測驗部內結構安全程度之，是否與設計標準相合起見，曾擇看台最衝要處，為載重試驗，先將該處用磚堆壓，至規定載重每方尺一百磅之度，測看結果，毫無彎曲痕迹，其後復在磚上立滿工人，始見下垂英寸八分之一，其數量遠在各種撓曲公式之下，故上立之人，甫行離開，該處立卽彈回原狀.開當時曾攝影留紀念，並證該工程之穩固焉.

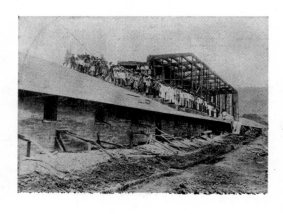

中央運動場田徑賽場修造時安全試驗之一

中央運動場田徑賽場修造時安全試驗之二

<h2 style="text-align:center">（十）　詳　　圖</h2>

　　凡建築物之特殊部分，如欲將其重要處，優美處及精細處完全表現無遺，則須繪有詳圖。蓋唯備有詳圖，方可使閱者明瞭於其設計之一切及其計劃之要點；而造者亦得依照之以估算工料及進行工作。因之詳圖之關係工程，實屬重大。茲特將運動場詳圖，擇要製版刊登，俾讀者益得深切之了解焉。

　　自詳圖中，當可窺見門，窗，牆及欄杆上雕刻花紋之精工美麗；屋簷與屋脊之純取中國宮殿式。進場大門儼似舊時牌樓，而門拱等之構造與材料之選用則悉照新法，視之不特賞心悅目，美麗無比，亦且堅固莊嚴，雄壯絕倫也。看台之高度坡度均以科學公式計算，再經新穎方法建造，坐立隨心，觀視合意，在國內此類建築中，實無出其上者。田徑賽場中之跑道跑圈，地下皆置鉛管；上鋪石子，煤渣，煤灰；旁設牙道，流水眼；倘遇天雨，洩水極易，一俟天晴，立卽放乾；如是則無論何時，立其上者咸可不受阻礙矣。他若游泳池中之設備，跳高跳遠之砂池等均係安置齊備，設計安全；美觀合用，猶餘事焉。

　　總之，各種建築之詳圖，讀者一經細閱，定能了然於其一切計劃之情形；卽材料之優劣，工價之多寡及工程之巨細等，亦可依據而估計之，固亦不難索獲也。

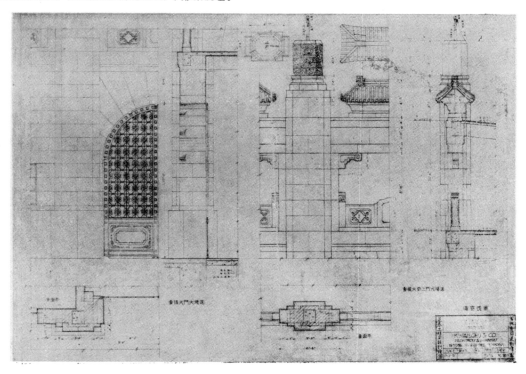

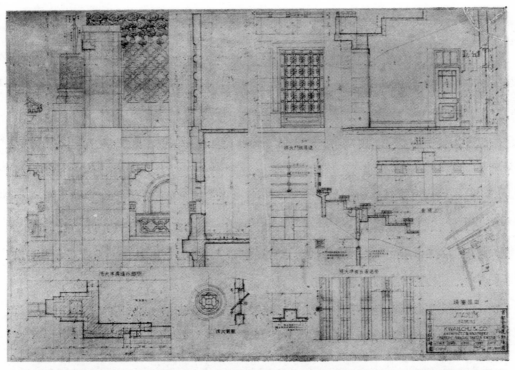

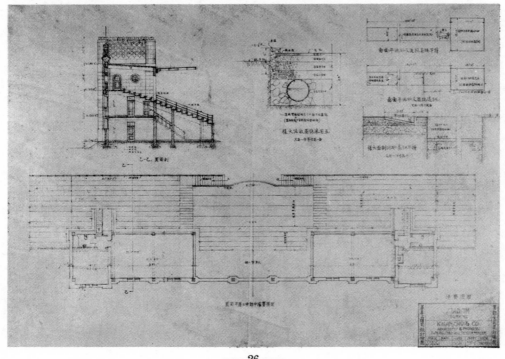

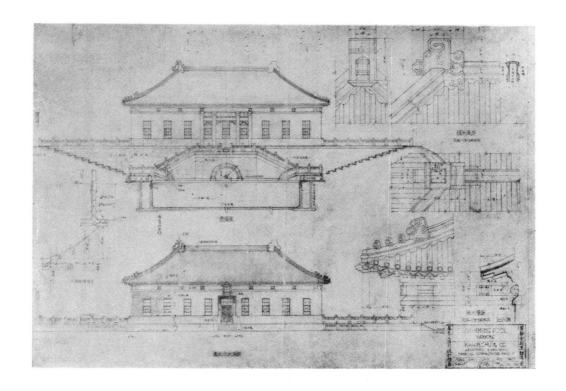

（十一） 結　　論

　　總觀該體育場建築，規模宏大，體制堂皇，能運用中國建築精神，切合近代需要，喚醒國民，保存國粹，化舊

生新，非不可能，予中國建築以新生命，造成東方建築復興之創格，在基泰工程司設計繪圖，固屬匠心獨到，博得

社會無限讚仰，而對於建築界實成功一大貢獻，而今而後，吾數千年來之樣式，得不絕滅，豈僅爲首都建設生色

而已哉．

里 弄 建 築

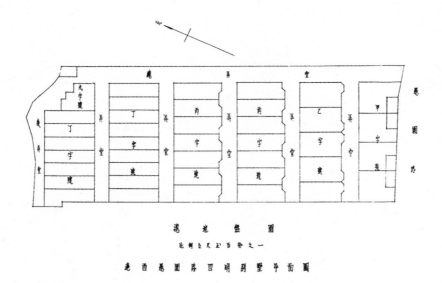

鳥 瞰 盤 圖

比例為百分之一至五尺

愚園路四明別墅平面圖西鳥

愚 園 路 四 明 別 墅

黃 元 吉 建 築 師 設 計

愚園路之東端有里房焉，與愚園坊相對宇，名四明別墅，式樣新穎，配置得宜．舉凡摩登房屋應有之設備，無不畢具；至於陳式之趨時，空氣之通暢，又其餘事耳．佔地九畝有零，分甲乙丙丁四種：甲乙兩種皆雙開間各四宅．丙種一間半．丁種為單開間共十六宅．茲將各種房屋所佔之面積地價造價及租金詳列下表：

甲 （雙開間） 4宅	Area .3190畝		地價每畝 $ 10000.00	
每 宅	造價 $ 8300.		租 金 $ 110.00	
乙 （雙開間） 4宅	Area .3053畝		地價每畝 $ 10000.00	
每 宅	造價 $ 7700.		租 金 $ 110.00	
丙 （一間半） 14宅	Area .2357畝		地價每畝 $ 10000.00	
每 宅	造價 $ 6500.		租 金 $ 85.00	
丁 （單開間） 16宅	Area .1901畝		地價每畝 $ 10000.00	
每 宅	造價 $ 4950.		租 金 $ 65.00	

正 面 立 見 圖

甲.乙.宇.豐

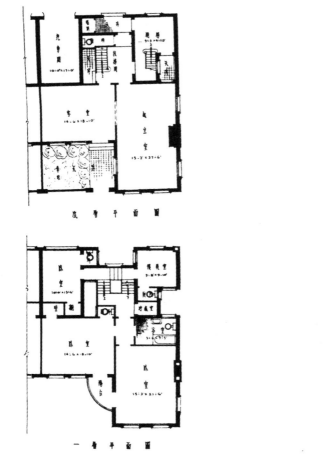

底 層 平 面 圖

一 層 平 面 圖

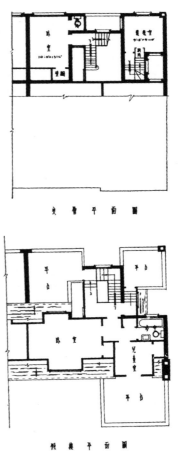

次 層 平 面 圖

頂 樓 平 面 圖

實建路四號鄭公館

華蓋建築事務所設計

上海中華基督教女青年會全國協會新屋

女青年會外表之壯觀

　　東方建築之偉大，莊嚴，及其各種固有之特點，在觀瞻上世人固知其與西方建築迥然不同，然西方建築亦另具有特質優點，倘能融合東西建築之長，別創一格，若今之所謂 Neo-Chinese Architecture 者，能不稱之爲現代化之建築耶？今我國各建築師對上述之東西合式建築，研究頗力，使現代建築闢新徑，現異彩，斯誠我國建築界之極上光榮也．

　　上圖係中華基督教女青年會全國協會新屋，在上海圓明園路，設計者爲李錦沛建築師，全部構造咸用西法，裝飾則採東方建築，美融東於一爐，富麗絕倫西，堂皇無比，建築美術之不限地界及無有止境，於斯覘之，益覺顯然矣．

女青年會辦公室

女青年會外部走廊

女青年會客廳

白保羅路廣東浸信會教堂　　　　　　　　　　　李錦沛建築師設計

建 築 文 件

楊 錫 鏐

工 程 更 改 證 書

社會人士，常有視『大興土木』爲畏途者，親友相告，輒謂營造作頭最不易與．往往一屋未成，糾紛迭起，甚者涉訟公庭，耗神勞財，莫此爲甚．雖所言未免過當，然據之事實，凡一建築自始迄終，業主與承包人之間，鈔有能免於糾紛者，能互相諒解，推誠相與，以求解決者．固不乏其人，然因此而傷及感情，對簿公庭者，亦數見不鮮．推原其故，加賬糾紛，實爲淵藪．蓋當建築進行之中，業主因欲使其房屋益臻完善，往往對於原訂圖樣，或加以更改，或有所增益，及至房屋完成，承包人爲營業利益計，凡在承包合同以外之工作，理當有請求加賬之必要，以受相當之取償，此項加賬數目，遂成相爭之焦點．既無協議於前，自不免相持於後．一則以爲少，一則以爲多，（亦有以爲無加賬之必要，而斬不與者）各執一端，紛爭無已．建築師爲工程進行之主持人，抑且爲業主與承包人雙方之中間人，乃不得不出而調解．秉公處理，以求其當．但雖有以建築師之一言而息事者．顧不滿於建築師之執言，而仍求之涉訟者又踵相接也．不能防患於未然，致僨事而底成．爲建築師者，實不能無咎．

故凡工程進行之中，遇有因業主之囑咐，而有所更改於圖樣則不論大小，無分鉅細，均應使雙方瞭然於先．如有加賬之必要時，應徵雙方之同意，出具工程更改證明書，令雙方簽字證明，以補合同之不足，則日後工程完竣，省卻不少無謂之糾紛．故其重要實有不容忽視者．用敢將鄙人習用之工程更改通知單及證明書，刊印於下，俾資參考．

東北大學建築系學生李興唐繪新式住宅

新式住宅習題

今某業主在某大商埠地價昂貴之區，購得地皮一塊，長250呎寬200呎，擬於此地建築新式里弄住宅一所，以備出租，前面臨大街爲店舖；裏面則均爲住宅，計需要之條件如下：

每幢房屋有起居室，餐室，浴室，臥室，客廳，讀書等室．

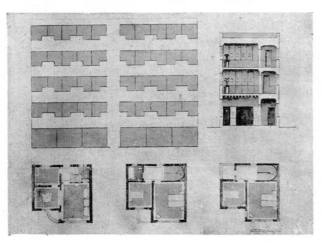

比例尺：

總地盤圖 $\frac{1''}{32} = 1' - 0''$

正 面 圖 $\frac{1'}{16} = 1' - 0''$

單幢平面圖 $\frac{1''}{8} = 1' - 0''$

斷 面 圖 $\frac{1''}{8} = 1' - 0''$

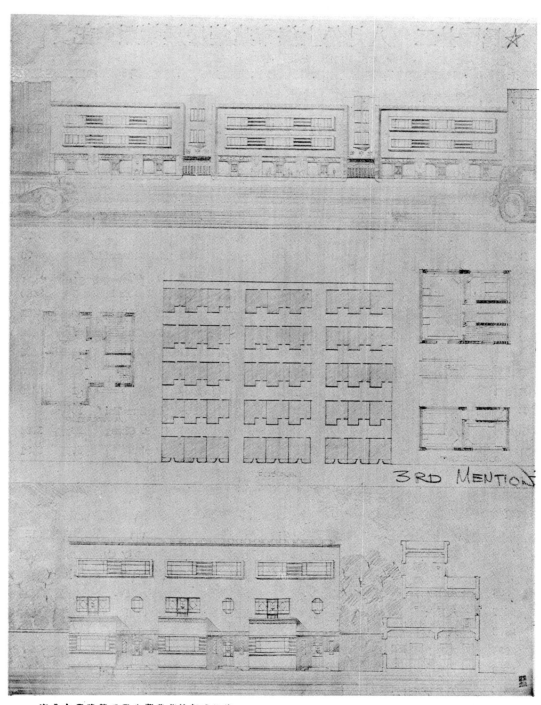

3RD MENTION

東北大學建築系學生蕭鼎華繪新式住宅

民國廿二年八月份上海市建築房屋請照會記實

本月公共租界及法租界建築房屋請照會者，幾無日無之，總數可以百計，足見建築事業之興盛．茲選其重要者列表如下，以供關心建築者之參考．

公共租界請照表

請照單號碼	請照單日期	種類	地點	區域	地冊	請照人	收照費	照會號碼
B 4286	八月	貨棧一所	廣州路	東區	8012	P. Y. Tsuh	58兩	3498
B 4237	八月	汽油站一所	倍開爾路	西區	10	亞細亞火油公司	5兩	3499
B 4390	八月	貨棧一所		東區	E 7390	Tung Nee& Co.	39兩	3502
B 2550 A	八月	水塔一座	齊齊哈爾路	東區	S 5946	華懋公司	5兩	3475
B 3477	八月	劇院	浙江路	中區	520	Elliot Hazzaid8	65兩	3476
B 3765 A	八月	製烟廠	匯山路	東區	2280	公利洋行	17兩	3398
B 4061 A	八月	水塔一座	福煦路	西區	1762	Hall & Hall	5兩	3480
B 4065	八月	貨棧一所	廣東路	中區	58	R. F. Muller	2兩	3481
B 4075	八月	工廠一所	昆明路	東區	N 5909	King Sun Chang	57兩	3482
B 4192	八月	中式住房八幢	昆明路	東區	S 1745	T. Y. Liu	44兩	3485
B 4227	八月	店舖與中式住宅	靜安寺路	西區	W 296		33兩	3488
B 4231	八月	住宅一所	長平路	西區	W3860	王晨明	51兩	3489
B 4250	八月	工廠一所	小沙渡路	西區	5965	Tse Sun Tai	10兩	3492
B 4274	八月	中式住房7幢		東區	S 5680	C. P. Cheng	25兩	1494
	八月	中式住房23幢		東區	2148 2153	Tszokee	57兩	3531

法租界請照表

請照單號碼	請照單日期	種類	建築地點	領照人	領照人地點
2502	八月二日	歐式假三層住房二宅	海格路	C. Chang	江西路212
2503	八月四日	四層公寓一所	聖母院路	Asia Realty Co.	南京路50號
2505	八月四日	假三層中式店房六間	環龍路	C. C. Chang	中央路
2506	八月四日	寫字間及臥室	台拉司脫路	Morning Co.	格司非而路
2507	八月七日	中式住房一幢	干司東路	洪傳來	西愛也司路
2508	八月九日	四層公寓一幢	霞飛路	S. W. Lion	
2009	八月十四日	歐式住宅兩幢	祁齊路	Mat. Quang	葛羅路
2519	八月十八日	店房八幢	福履理路	Chaw Shun Lai	新聞路
2525	八月廿五日	木匠工場	汝林路	K. M. S:ng	四川路
2528	八月廿五日	歐式住房三幢	霞飛路	Leonard & Veusseyre	

專　　載

晚近以來，建築事業，與日俱進；公庭對簿，由是屢興．蓋業主與承包人，由立場之不同，水火其利害，糾紛衝突，于焉而起．或以圖樣之更改，或由賬目之增益，或起於承包者之偷工減料，或緣乎業主之延期不付，凡此諸端，皆為淵藪．初者取決於建築師之調解，再者取決於第三者之仲裁；調解之不能，仲裁而無效，乃進而涉訟於法院，以聽取最後之處決．當法院之受理是項訟件焉，其對於法律部份，固可秋毫不爽，曲直判然，但對於建築部份，無專門學者，以為之理直，則孰是孰非，何所率從．故常有以此見詢請為鑑定者，本會無不秉公執言，以求其當，法院判決因多取從也．茲特將最近受詢之作，實諸本刊，不特可資會員他日鑑定訟案之借鏡，抑且可供社會人士因建築而興訟之參考也

大夏大學與夏永祺涉訟案

江蘇高等法院來函第六五九五號

逕啟者案查本院受理大夏大學與夏永祺建造涉訟上訴一案

本院對於定作人與承攬人約定窗戶上用磚建造或用鋼骨過樑在圖樣上繪圖有無區別無從憑揣相應函請

貴會查照詳細見復以便查核實級公感此致

中國建築師學會

本會二十二年三月十七致江蘇高等法院函

逕啟者頃奉二月四日第六五九五號公函

垂詢關係窗戶上用磚建造或用鋼骨過樑在圖樣上有無區別一層查窗戶上或用磚拱或用鋼骨過樑在平面圖及立視圖上無從區別惟在剖視圖上（俗稱為穿宮圖）該二項應有相當區別按之普通慣例磚拱畫作斜劃或塗黑或空白與牆垣相同如用鋼骨水泥過樑則應作亂點與鋼骨水泥平台或柱頭相同合行奉復如有疑義請將該圖樣寄下當可詳細鑑核奉復也此上江蘇高等法院院長林　鈞鑒

江蘇高等法院公函第一二五二二號

逕啟者本院受理大夏大學與夏永祺造價涉訟一案前因窗戶上用磚或用鋼骨過樑建造在圖樣上有無區別曾經函詢

貴會並准函復在案茲將原圖送上請為

查核圖內窗戶上之圖樣究係用磚抑係鋼骨過樑之符號連同原圖函復過院至級公誼此致

中國建築師學會

　　計送圖三張　　　　　　　　　　林　彪

本會六月三十日復江蘇高等法院函

逕復者頃奉

貴院第一二五二二號公函內開本院受理大夏大學與夏永祺造價涉訟一案前因窗戶上用磚或用鋼骨過樑建造在圖樣上有無區別曾經函詢貴會幷准函復在案茲將原圖送上請爲查核圖內窗戶上之圖樣究係用磚砌抑鋼骨過樑之符號連同原圖函復過院等因據此除將該項圖樣提交敝會常會詳爲考核再行奉復外所有鑑定費國幣五拾元應請轉飭該當事人如數繳付至級公感此上

江蘇高等法院院長林　鈞鑒

本會七月十二日復江蘇高等法院函

逕復者前奉

鈞院第一二五二二號公函及大夏大學新屋圖樣一份囑敝會查核圖內窗戶上之圖樣究係磚砌抑鋼骨水泥過樑連同原圖函復過院等因查按之普通慣例磚拱畫作斜劃或塗黑或空白與墻垣相同如鋼骨水泥過樑則應作亂點與鋼骨水泥大料相同今圖上所載確係斜劃而非亂點則其爲磚拱無疑但對於一項工程之完成圖樣與說明書具有同樣之重要性說明書之所載容爲圖樣所未備則承包者仍應照做故若說明書所載而確係鋼骨水泥過樑則承包人自應照做非然者承包者固未嘗不可砌以磚拱也相應奉復卽希警核爲荷此上

江蘇高等法院院長林　鈞鑒

上海公共租界房屋建築章程

（上海公共租界工部局訂）

楊　肇　煇　譯

Ⅱ.一爲特別用者如下:

(甲)作地板及屋頂用者:

磚,瓦,或混凝土——照本章程第三章之規定而混合者,但其與鋼或鐵相合之厚度,不得小於四吋;

(乙)作內部分間壁連樓梯及過道用者:

最小厚度八吋半之磚工,或磁磚,混凝土或其他不易燃燒之材料,厚度不得小於四吋;

(丙)一概太平門,均應照本局稽查所核准之材料及方法以造成之.

Ⅲ.——任何其他材料,隨時經本局稽查員核准係爲避火用者. (第二章完)

第 三 章

灰 漿 及 混 凝 土 之 混 合

種 類	用 途	總章中述及之條目	混 合 物 之 成 分
水 泥 灰 漿	粉 塗 於 小 便 處 之 牆 上	第 二 十 五 條	一 份 水 泥 二 份 半 砂
水 泥 混 凝 土	混 凝 土 地 面 水 溝 之 底 脚 地 面 水 溝 之 凹 槽 鋪 砌 廁 所 屋 頂 鋪 砌 廚 房,洗 盥 處,及 空 地	第 五 條 第 二 十 四 條 第 二 十 四 條 第 二 十 五 條 第 十 二 條 第 二 十 五 條	一 份 水 泥 二 份 砂 三 份 石
	水 泥 混 凝 土 地 基	第 一 章	一 份 水 泥 二 份 半 砂 五 份 石
柏 油 混 凝 土	混 凝 土 地 面	第 五 條	四分之一吋之石屑混合於十加侖之沸熱柏油中,做成厚度三吋之面積一方

(第三章完)

第 四 章

決 定 載 重 須 用 之 定 則

地　基

1. ——地基之在天然地面上者，其每一方呎之載重不應超過一千七百磅．

地 板 與 屋 頂 上 之 載 重 量

2. ——地板上之載重量，應依照下列之表估計之：

地板之用途	每方呎上載重量之磅數
居家房屋之未經下方所說明者	70
養育室	75
普通宿舍中之臥室	75
醫院看護室	75
旅館臥室	75
工房病室	75
其他之屬於同樣用途者	75
辦公室	100
其他之屬於同樣用途者	100
美術樓廂	112
敎堂	112
學校中之課堂	112
演講廳或會集室	112
戲院，音樂廳	112
公共圖書館中之閱書室	112
零售處	112
工廠	112
其他之屬於同樣用途者	112
體操房	150
跳舞廳	150
其他之屬於同樣用途者	150
受震動之同類地板	150
拍賣處	224
藏書處	224
博物院	224

貨棧類房屋中之地板,非作上述之用途者	300
樓梯,梯台及走廊:——	
在居住房屋中者	100
在辦公室中者	200
在貨棧類房屋中者	300

3.——一概屋頂上所栽之重量(連活動栽重,雪重及冰重在內)均應照每方呎二十五磅量於水平面上估計之.

屋頂上所受之風加壓力應照本章第八條估計之.

4.——倘任何地板上或屋頂上所置之栽重,超過以上所說明者,此地板或屋頂應備有此項加大之栽重.

任何房屋之任何地板上不應置有集中栽重,但如集中栽重係分配於另加之建築之面積上,而因其所生之分配栽重並不超過本章中所規定此類地板之栽重者,可以屬諸例外.

倘任何地板上所置之栽重爲本章中未曾說明者,此地板亦應備有此上置之栽重.

5.——在設置機器之處:若爲輕震動之機械,上置栽重應照估計之栽重加多百分之二十五;若爲重震動之機械,應照估計之栽重加多百分之五十.

如須備有因機力所生之捲滾栽重,此項栽重應作爲一靜栽;並應等於實有之捲滾栽重加多百分之五十.

6.——間壁及其他之建築物置於地板及屋頂上者,可以計入上置栽重之內;但在其底部每方呎之重量不得超過地板或屋頂每方呎面積上所許有之栽重.間壁及其他建築物如有較大之重量,地板及屋頂之栽重應卽特爲加備,不得遺去.

7.——當計算兩層以上之房屋之地基,柱及墻上所負之總栽重時﹑屋頂及最高層上所置之栽重應十足計算之;其下各層上所置之栽重得照下述之規定減少之:——

最高層以下之第一層,得照前訂之栽重減少百分之五計算之;最高層以下之第二層,得少百分之十;更下之每一層得多減少百分之五,直至減少至百分之五十爲止;再下各層,每層均應照百分之五十計算之.

上述栽重之減少,凡屬貨棧類房屋不得援用之.

風 之 壓 力

8.——一概房屋之計劃,應使其在任何平直方向可以支拒不小於每方呎二十磅之風壓,加於與風向垂直之伸出平面上.

任何外墻之每一嵌板,應從外面可以支拒照本條所訂之平向風壓.

墻 之 壓 力

9.——任何外墻之每一嵌板,其從裏面應負載每方呎之平向壓力如下:

居住房屋　　　　　　　　　　　　　　　　　　20磅

公用房屋	30磅
貨棧類房屋	80磅

任何橫墻或分間墻之每一嵌板,其從任何一面每方呎應負載之向平壓力如下:

居住房屋	20磅
公用房屋	30磅
貨棧類房屋	80磅

墻上之壓力超過以上所說明者,此加大之壓力應卽倂合計算.

材 料 之 重 量

10.——當計算地基,柱,磴,墻,樑及其他建築物上之載重時,房屋材料之重量應照下列之表計算之:

花崗石	每立方呎165磅
寧波砂石	每立方呎155磅
水泥灰漿或灰漿砌之藍磚	每立方呎112磅
磚,紅磚及石灰混凝土	每立方呎112磅
煤屑混凝土	每立方呎 95磅
水泥混凝土	每立方呎140磅
鐵筋混凝土	每立方呎150磅
泥	每立方呎110磅

上表未曾列入之其他房屋材料應照各該材料之實在重量計之.

第 五 章

廁 所

1.——爲本章之引用起見,下列各字句之意義特爲分別規定之.

污溝 (Soil Drain) 意卽平直總溝之一部分及其支溝之在屋牆以內者.

污管 (Soil Pipe) 意卽任何垂直管子穿過或伸出於屋頂之上,承接由裝置完備或未經裝置之一處或數處廁所中所流出之物.

廢物管 (Waste Pipe) 意卽任何管子,承接除廁所外由任何裝具中所流出之物.

反虹吸管 (Anti-Syphonage Pipe) 意卽任何特別管子,用以避免防臭具之虹吸及反壓者.

舊存房屋 (Existing Building) 意卽非爲新屋之任何房屋.

2.——凡因闢於一屋須建一廁所及污坑或污坑者,應經本局之核准;此廁所之圖樣應以比例尺繪之,不得小於一吋與八呎之比;並應表明:

(甲)欲建廁所或污坑之位置.

(乙)汚坑之一切汚溝,汚管,廢物管,及反虹吸管之線路及水平,以不小於一时與二呎之比例尺繪之,連同所有詳細說明.

3.——呈核之圖應為雙份;其一應以墨水繪於臘布或晒圖紙上,一份於該准後留存本局;另一份於發給執照時還與請照人,其上蓋有業經核准之本局工務處印記.蓋印之圖樣,應於進行工作時置於工場中;並應備作本局稽查員或助理員視察之用.當施行工程,彼等隨時均可自由審視觀察.但無論此項視察是否實行,業主應始終負責遵照本章程規定辦理.

4.——凡建廁所及汚坑,請照書應用本局特備者.此項請照書可免費在本局稽查員辦公室領取.

5.——在洋涇浜以北,上海公共租界範圍之內,由廁所之排洩物不准經濾清或細菌方法之處理.

6.——連接於任何中國式建築之房屋,不得建廁所及造汚坑.

7.——連接於舊存廁所之每一新裝器具,此器具及其與汚管或汚溝之連接物,應於本章中之新造廁所同樣裝置此器具,亦可適用之需要相合.

8.——(甲)此後建造每一廁所連接於一屋者,其位置至少應以此廁所之各邊之一為一外牆.

(乙)連接於一屋之每一廁,所應將此廁所各牆之一安設一窗,窗之面積不得小於四方呎,窗之全部或一部應與外間空氣相接.

(丙)除特別事項外,本局如認為與適用之規定相符,可以設法改善.

9.——連接一屋之每一廁所,應設一容量三加命之水槽,以備衝灌清潔之用;此水槽應與其他之家用水槽顯明分隔;此水槽之構造安設應使此廁所所用之水得以充供量給;與飲食用之管子及除衝灌水槽外此廁所所置器具之任何部分,不得發生任何直接關係.此衝灌水槽應造之使水可完全流出,並可迅速裝滿;又應設一表明方向之流水管,俾水可由一顯明方向流出於此屋之外.

廁所之器具連接於有充分容量之衝灌水槽,一專為清潔廁所之用,一在任何情形中,應與上述之規定相符.

10.——廁所如裝設有一水盤或水池或他種承接物之衝灌水槽,其每一管子及其連接物之內直徑,不特在任何部分小於一又四分之一时;或用本局稽查員於觀察所設水槽之水平後,所核許採用之較大直徑.

11.——每一廁所應設一水池或他種承接物,用不透水之材料所造而其式樣及模型經本局核許者.在此水池或承接物之下,不得安設容水器或其他同樣之物.

12.——每一廁所應設有合宜器具連接於水盤,水池或他種承接物上,以便水之應用;及有效之衝灌清潔與迅速除去實質及流質之汚物,隨時存積於水盤水池及防臭具中者.

13.——連接一屋之每一廁所應設有汚管,以便將實質或流質之汚穢物料送入汚坑中.此汚管置於房屋之外,固實裝於牆上,並應以鉛或重生鐵製之.除用特別情形外,本局有意認為必要時,此汚管應置於屋內,並應以鉛製之;且應有適當之連接,以便易於工作.

14.——每一汚管用核准之八鎊鉛釘,釘固於房屋牆上,每十呎之長度應用鉛釘三個.當一鉛製汚管無法避免其將近於平直時,此管應設法支持之,以免中墜.

15.——生鐵製管應用核准之釘,以釘個於房屋牆上.管臼與牆面之淨存距離至少應有半时.

16.——(甲)每一污管之建造,不得連接於在任何雨水管,小便管或廢物管,又不得有任何防臭具在此污管中或污管與連接之污溝間.

(乙)每一污管之內直徑不得小於四吋. 除不能避免者外,污管應一直接上,不得有灣曲處或轉角處.當用生鐵製之污管時,於必要之際,應裝灣曲處,惟有備有經核准之開關,以便清潔.

(丙)每一污管之製造,無論置於屋內或屋外,其重量(如係鉛製)或其厚度與重量(如係生鐵製)應比長度成比例;其內直徑應如下:

| | 鉛 製 | | 鐵 製 |
直徑	每十呎長之重量不得小於	厚度不得小於	每六呎長之重量(連不小於四分之一吋厚之管臼及插口)不得小於
4 吋	80鎊	³/₁₆吋	54鎊
5 吋	92鎊	¼吋	69鎊
6 吋	110鎊	¼吋	84鎊

(丁)倘污管之過半長度係作爲通氣管用,此污管之此一部分,經本局鑒定核准後,可以採用減少之直徑及重量與別種材料.

(戊)每一生鐵製污管之臼接處之深度不得小於2吋半;並應以紗線及鎔鉛適當造之,使膠縫不致進水;其圓形處之寬度:如係四吋管,不得小於四分之一吋;如係五吋及六吋管,不得小於八分之三吋.一概生鐵製管均應有眞正之同一中心並應光滑而無任何阻礙.

(己)每一污管應向上接至固着此污管之屋簷之上,其高度在任何一窗之上不得少於五呎, 此窗係在由污管臨空盡頭量一長二十呎之直線以內者.污管接上之高度及裝置之位置均應使穢濁空氣能無阻由臨空盡頭流出.

(庚)每一污管及污溝之構造應能承受每方吋十二磅之壓力而不致漏洩.

17.——倘多於一處廁所之水均將流入於一單獨之污管時,在頂高處以下之各處廁所均應裝設一反虹吸管此管如流通於空氣中,須高至污管之頂端;如流通於污管中,須高至連接此污管之最高廁所以上. 反虹吸管全部之內直徑不得小於二吋,並應連接於污管之臂或防臭具上一距.防臭具之最高部分不得少過三吋及多過十二吋,並須在距污管最近之關水處之一面,流通管與污管之臂或與防臭具之連接處應照水流方向而做作之.

18.——每一反虹吸管應用鎔鉛或重生鐵製造之並應在房屋之外製造之. 除因特殊情事外,本局認爲合理時得以設法改善.

19.——此項流通管無論置於屋內或屋外,如係鉛製,其重量每十二呎長不得少於四十五磅;如係鐵製,其厚度不得少於十六分之三吋,其重量每六呎長不得少於二十五磅.每一反虹吸管之連接處應以之當爲污管而做作之.

20.——每一污管及任何虹吸管之臨空盡頭應設置一頂蓋,其模樣須經本局稽查員核准.

21.——鉛製防臭具或管與鐵製污管或污溝之相連處應置一銅製或適當混合金屬製之套箍;此相連處與此套箍之連合處應以紗線及鎔鉛適當膠縫之.但使鉛製防臭具或管與鐵製污管之連接處能具同等適宜及效果者,

（ 定 閱 雜 誌 ）

茲定閱貴會出版之中國建築自第………卷第………期起至第………卷第………期止計大洋………元………角………**分按數匯上請將**

貴雜誌按期寄下爲荷此致

中國建築雜誌發行部

………………………………啓………年………月………日

地址………………………………

（ 更 改 地 址 ）

逕啓者前於………年………月………日在

貴社訂閱中國建築一份執有………字第………號定單原寄………………

………………………………收現因地址遷移請卽改寄…………………

………………………………收爲荷此致

中國建築雜誌發行部

………………………………啓………年………月………日

（ 查 詢 雜 誌 ）

逕啓者前於………年………月………日在

貴社訂閱中國建築一份執有………字第………號定單寄………………

………………………………收查第………卷第………期尚未收到祈卽

查復爲荷此致

中國建築雜誌發行部

………………………………啓………年………月………日

中 國 建 築

THE CHINESE ARCHITECT

OFFICE:

ROOM NO. 427, CONTINENTAL EMPORIUM, NANKING ROAD, SHANGHAI.

廣 告 價 目 表

底 外 面 全 頁	每 期 一 百 元
封 面 裏 頁	每 期 八 十 元
卷 首 全 頁	每 期 八 十 元
底 裏 面 全 頁	每 期 六 十 元
普 通 全 頁	每 期 四 十 五 元
普 通 半 頁	每 期 二 十 五 元
普 通 四 分 之 一 頁	每 期 十 五 元
製 版 費 另 加	彩 色 價 目 面 議
連 登 多 期	價 目 從 廉

Advertising Rates Per Issue

Back cover	$100.00
Inside front cover	$ 80.00
Page before contents	$ 80.00
Inside back cover	$ 60.00
Ordinary full page	$ 45.00
Ordinary half page	$ 25.00
Ordinary quarter page	$ 15.00

All blocks, cuts, etc., to be supplied by advertisers and any special color printing will be charged for extra.

中國建築第一卷第三期

出 版	中國建築師學會
地 址	上海南京路大陸商場 四樓四二七號
印 刷 者	國 光 印 書 局 上海新大沽路南成都路口 電話三三七四三

中華民國二十二年九月出版

中國建築定價

零 售		每 冊 大 洋 五 角
預 定	半 年	六 冊 大 洋 三 元
	全 年	十 二 冊 大 洋 五 元
郵 費		國外每冊加一角六分 國內預定者不加郵費

廣 告 索 引

盡是鋼精（Aluminium）製成

建築上新供獻

　　此七層大廈之外面盡是用鋼精版及玻璃裝成.房基砌以黑石.

　　此大廈之全部共用鋼精版十五萬磅,鋼精窗三百五十六個,鋼精釘三萬二千只.電鍍處共七千五百呎.

詳細節目請接洽：——

ALUMINIUM （V） LTD.

鋁 業 有 限 公 司

上海北京路二號　　　　　電話 11758 號

ELBROOK, INC.

31-47 Davenport Road	156 Peking Road
Tientsin	Shanghai

天津製造之海京地毯

歐美各國之住宅大廈旅館及
公共建築中無不鋪設地毯以
壯觀瞻而尤以

咸公認爲標準因取材精純織
造堅固無論任何色樣皆可按
照建築師計劃承織以期對於
室中裝飾配襯得宜而收盡善
盡美之效果

本廠開設天津有年自紡自織
具有相當經驗各種出品花樣
繁多價格視何種需要而異倫
荷　　惠顧無任翹企

海京毛織廠

廠　　址　天津英租界十一號路
電報掛號　三一八九
駐滬辦事處　上海北京路一五六號

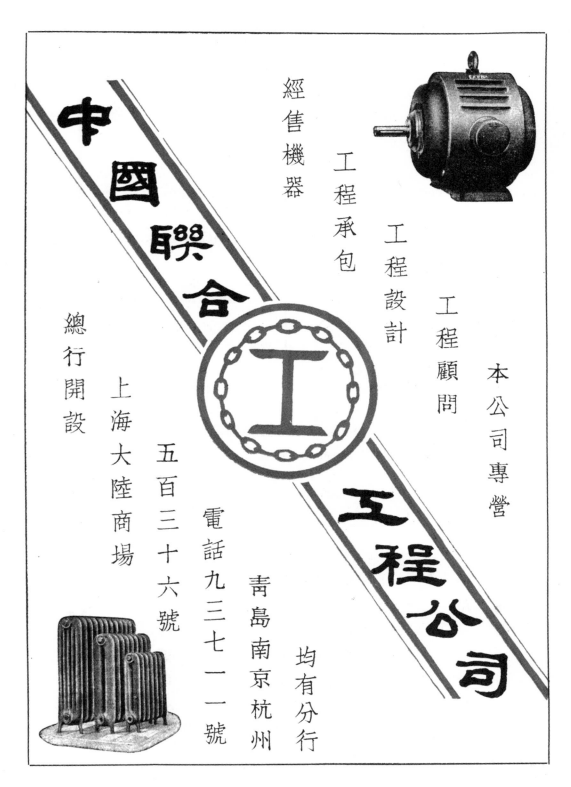

中國聯合工程公司

經售機器
工程承包
工程設計
工程顧問
本公司專營

總行開設 上海大陸商場 五百三十六號 電話九三七一一號 青島南京杭州 均有分行

Hong Name   "Mei Woo"

CERTAINTEED PRODUCTS CORPORATION Roofing & Wallboard	RICHARDS TILES LTD. Floor, Wall & Coloured Tiles
THE CELOTEX COMPANY Insulating Board	SCHLAGE LOCK COMPANY Locks & Hardware
CALIFORNIA STUCCO PRODUCTS COMPANY Interior and Exterior Stuccos	SIMPLEX GYPSUM PRODUCTS COMPANY Plaster of Paris & Fibrous Plaster
MIDWEST EQUIPMENT COMPANY Insulite Mastic Flooring	TOCH BROTHERS INC. Industrial Paint & Waterproofing Compound
MUNDET & COMPANY, LTD. Cork Insulation & Cork Tile	WHEELING STEEL CORPORATION Expanded Metal Lath

Large stock carried locally.

Agents for Central China

FAGAN & COMPANY, LTD.

261 kiangse Road

Telephone
18020 & 18029

Cable Address
KASFAG

美商

美和洋行

承辦屋頂及地板

工程并經理石膏

粉石膏板甘蔗板

避水漿鐵絲網磁

磚牆粉門鎖等各

種建築材料備有

大宗現貨如蒙垂

詢請打電話一八

〇二〇或駕臨江

西路二六一號接

洽爲荷

OFFICINE MECCANICHE
STIGLER

Established 1870

Over 60 Years experience

in Lift manufacture

35.000 "STIGLER,, LIFTS

WORKING

THROUGHOUT THE

WORLD

Yearly output

2400 Lifts

史的勒電梯

積六十餘年之製造經驗

創製於西曆一八七〇年

置裝已業

具餘千五萬三

具百四千兩梯電造年

理經家獨國中

司公易貿通新

電話 九一〇三六　九一〇三七　上海九江路大陸商場

SOLE AGENTS FOR CHINA:

Sintoon Overseas Trading Co., Ltd.

Continental Emporium

KIUKIANG ROAD - SHANGHAI

CABLE ADDRESS:　　　　TELEPHONE
"NAVIGATRAD"　　　　91036-7

振蘇磚瓦公司

C.S.

上海靜安寺路六八八弄二號　電話三一八一八〇號

本公司營業已十有
餘載廠設崑山南鄉
蘇州河岸特建最新
式德國窰貳座專製
機器紅磚機製平瓦及
德青紅磚製空心
磚式筒瓦質料細膩
烘製適度是以堅固
遠出其他磚瓦之上
而且價格低廉交貨
迅速久爲各大建築
營造公司廠家所贊
許爭相購用信譽昭
著茲將曾購用敝公
司出品各戶台銜
略舉一二以資備考
其他因限於篇幅不
克一一備載諸希
鑒諒是幸
　振蘇磚瓦公司附啓

百樂門跳舞場　恐園路
麥特赫司脫公寓　靜安寺路
金城銀行　靜安寺路
大陸銀行　江西路
國華銀行　九江路
證券交易所　北京路
大陸商場　漢口路
德士古火油棧　南京路
光華火油棧　定海橋
申新紗廠　高橋路
永安紗廠　宜昌路
公益紗廠　吳家渡
公大紗廠　軍工路
裕豐紗廠　楊樹浦
華生電器廠　周家嘴
天廚味精廠　崇明
大生紗廠　南通
富安紗廠　與
寶五洋棧　甘肅路
茂昌堆棧　十六舖
豫華堆棧　光復路
中央研究院　愚園路
動物研究院　愛文義路
華華中學　亞爾培路
金大戲院　康悌路
北火車站　界路
四明別墅　愚園路
靜安別墅　靜安寺路
新城別墅　靜安寺路
模範邨　福照路

四明邨　綠楊邨　大陸新邨　大陸新邨　古拔新邨
和合坊　天樂坊　來安坊　鴻運坊　聯安坊　鄔安坊
福照坊　愛文坊　基安坊　與業里　永安里　與業里
同與里　均金里　福金里　德福里　福仁里　百祿里
正明里　蘭蔭里　恆威里　恆豐里　恆德里　達里
大通里　四福里　多福里　恆茂里

恐園路　靜安寺路　大陸新邨　綠楊邨　四明邨
新聞路　愛多亞路　斜橋路　古拔路　霞飛路
同孚路　霞飛路　愛文義路　福照路　愚園路
愚園路　靜安寺路　北四川路　天主堂街　界路
靜安寺路　大西路　天津路　浙江路　漢恩路
赫德路　施高塔路　赫德路　白克路　福照路
八仙橋

巨籟達路　康腦脫路　施高塔路

CHEN SOO BRICK & TILE MFG. CO.

BUBBLING WELL ROAD, LANE 688 NO. F2

TELEPHONE　　　　31860

四行儲蓄會新建二十二層樓大廈

為東半球最高之建築內部採用

事務所上海漢口路七號

電話二六七四四〇八

益中福記機器磁電公司之品出

馬賽克瓷磚及面牆釉磚

最中貨國是證足程工舖部全辦承並

諸顧惠瓷磚之夏優最穎新

幸是意注請君

出品項目

各種馬賽克瓷磚

各種美術瓷磚

3"×6"釉面牆磚

6"×6"釉面牆磚

鋼精梯口磚

2" 六角瓷磚

工廠

第一廠浦東洋涇

第二廠霍必蘭路

L.E. HUDEC ARCHITECT

褚掄記營造廠

廠址 上海臨平路二一號　　電話 五另四四號

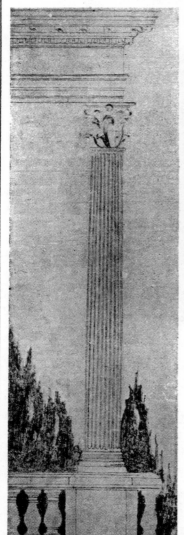

本廠承造一切大小鋼
骨水泥工程以及房屋
橋樑道路涵洞等如蒙
垂詢或委託無任歡迎

上圖爲本廠承造之
總理銅像座基
地點 市中心區

THU LUAN KEE
CONTRACTOR
21 LINGPING ROAD. TEL. 50444.

英
司　公　藝　美 刷

上海靜安寺路一百九十號　電話三四二二六號

專作雕花及裝修工程

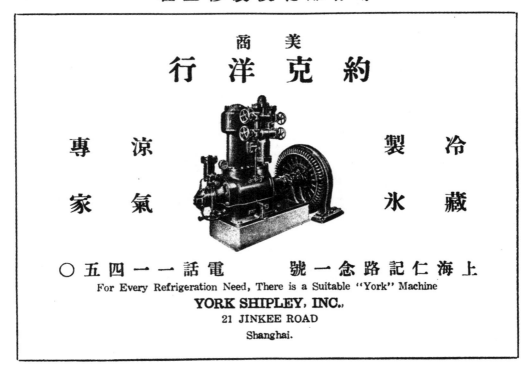

美
商

約　克　洋　行

專　涼　　　　　　　製　冷

家　氣　　　　　　　冰　藏

○五四一一話電　　　上海仁記路念一號

For Every Refrigeration Need, There is a Suitable "York" Machine

YORK SHIPLEY, INC.,

21 JINKEE ROAD

Shanghai.

欲求室內光線充足請用璧光牌玻璃價廉而質美

各玻璃號均有發售

榮德水電工程所

本工程所創辦以來十有餘年專行承辦暖氣工程冷熱水管衛生器具冷氣設備各種另件一應齊備工作人員經驗豐富早荷各界同聲贊美如蒙賜顧竭誠歡迎

電話 八五零九五號

地址 上海葛羅路十九號

久 記 營 造 廠

本 專 棧 碼 鐵 橋 以 一 大 鋼 水 工
廠 造 房 頭 道 樑 及 切 小 骨 泥 程

事務所：上海圓明園路二十三號　　廠設：上海南市機廠街二一七號

電話： 二六九二七六
　　　　二六三七〇

SPECIALISTS IN

Godown Harbor. Railway. Bridge. Reinforced Concrete and General Construction Works.

THE KOW KEE CONSTRUCTION CO.

Town Office: 23, Yuen Ming Yuen Road

Factory: 217, Machinery Street, Nantao.

Telephone 16270.
19176.

夏 仁 記 營 造 廠

本廠專造一切
大小鋼骨水泥
工程各項工作
人員無不經驗
豐富工作迅捷
如蒙委託承
造竭誠歡迎

廠址　環龍路一八八弄四號

電話　七三四四九號

六 合 公 司

地 址

上海四川路三三號

電話一六三〇三三

承包一切建築工程

炳耀工程司

天 津 上 海 南 京

法租界基泰大樓 白利南路三十號 中山路新街口

承 裝

南 京

全國運動場及游泳池

全部衛生等工程

各大商埠暖汽衛生工程

上 海	南 京	天 津	北 平	遼 寧
上海政新府大樓	外交大樓	光明社	居仁堂	東北大學圖書館
汪院長公館	中央醫院	中國銀行貨棧	清華大學圖書館	遼寧總站
孫院長公館	中央實施試驗處	中原百貨公司		東北大學運動場
宋部長公館	中國銀行	勸業商場		同澤女子中學
中央軍校游泳池				長官府衛兵室
				張長官公館

〇〇三二六

華興機窰公司廣告

本公司創立十餘年。專製各種手工坯紅磚。行銷各埠。質優價廉。素蒙建築界所稱道。茲爲應付需要起見。于本年夏季起。擴充製造。計有大小樣四面光機磚空心磚及瓦片等多種。均經高尚技師精心研究。完善監製。故其品質之優良光潔。實非一般粗製濫造者可比。至定價之低廉。選送之迅速。猶其餘事。如蒙惠顧。無任歡迎。

上海辦事處 貴州路一零七號
電話 九二八五五
廠址 崑山大西門外九里亭
電話 崑一六九

本圖爲成都路靜安寺路南之巡捕房新屋採用

泰山磚瓦公司
上海南京路大陸商場五三四號
電話 九四三〇五號

泰山
新式
厚面磚

馮成記西式木器廠

廠址：上海周家嘴路鄧脫路底鑫益里內二九二二號

本廠特聘
專家繪樣
精製木器時式現代
裝璜美術
佈置兼造
中西房屋
粉刷油漆
如蒙惠顧
無任歡迎

FUNG CHEN KEE FURNITURE & CO.
FURNITURE MANUFACTURE. OFFICE EQUIPMENT
CABINET MAKING. STORE FITTING. PAINTING.
DECORATING. GENERAL CONTRACT AND ETC.

2922 POINT ROAD　　　　　　TELEPHONE 52828

電話五二八二八號

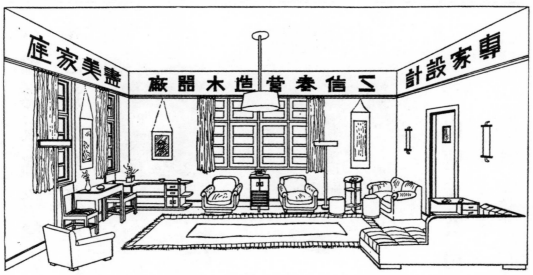

盡美家庭　專家設計

乙信泰營造木器廠

本號自造
最新式時
代化中西
木器油漆
洋房定做
生財裝修
門面一應
全俱倘蒙
賜顧無不
歡迎

開設康腦脫路
五七七弄二
六號
電話三五六九號

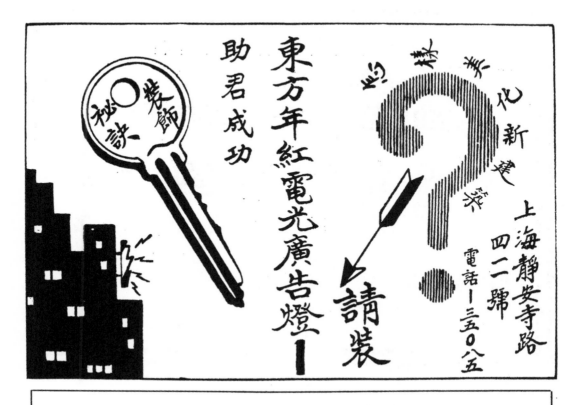

欲增進建築內部之美觀

請　　用

蔡根(M. B. CHAIKIN)大理石廠

之

各色傲眞人造大理石

(ARTIFICIAL MARBLE)

索　待　品　樣

地址： 大西路美麗園三十二號

電話： 27537

在建築物日新月異的時代
富麗大廈請配置
中國銅鐵工廠出品
精美 敬請國內國貨鋼窗 相得益彰
建築師
房產主
營造廠 一致提倡
總辦事處
上海電話一四三一九號
上海寧波路四十號
電報掛一○一三號

大東鋼窗公司

製造廠
榆林二二○號
電話五二四○四號

發行所
河南路四九五號恆利大樓
電話九二四○○號

用最新之方法與器械裝置故能平直無縫

王開

地址　南京路三〇八號
電話　第九一二四五號

美術照像　技術優良
建築拍照　特別擅長
外景內部　設計圖樣
一經拍攝　永留榮光
經驗豐富　設備麗煌
價格公道　藝術高尚

馬源順五金製造廠

本廠聘請技師製
造銀箱庫門大小
銅鐵五金及建築
工程並設水電部
及修理部如蒙
賜顧竭忱歡迎

製造廠　海勒路二七一號　電話五二四六一
五金部　吳淞路三三四一五　電話四三〇〇三號

上海南京　懋利衛生工程行

承辦

專家設計　衛生裝置
如蒙垂詢　冷熱水管
竭誠奉覆　暖屋水汀
週到切實　消防工程

總行　上海北京路三七八號　電話　九一八〇二
分行　南京下關祥泰里三十四號　電話　四一二三三

SHANGHAI PLUMBING COMPANY
CONTRACTORS FOR
HEATING SANITARY VENTILATING INSTALLATIONS
PHONE 91802　378 PEKING ROAD, SHANGHAI.
PHONE 41233　BRANCH NANKING CHINA.

TRADE MARK　　商標

本公司之馬牌藍晒圖紙
顏色鮮麗品質優良歷久
不致走光晒後加蓋紅
墨水線可不化早經各建
築師證明兼售各種臘紙
臘布圖畫紙等價格均極
廉宜外埠函購由郵局寄
奉倘蒙賜顧不勝歡迎
馬江公司謹啓
地址上海虹口外虹橋堍
斐倫路平安里四十五號
電話
四二七二七

清華工程公司

地址：上海寧波路四十七號

本公司專門經營
暖汽工程及衞生
工程設計製圖及
裝置倘蒙諮詢竭
誠答覆以酬雅意

電話：第一三八八四號

公記營造廠

總事務所
上海海防路三百五十四號
電話三四五一六號

分事務所
上海南京路大陸商場五二九號
電話九二八八二號

本廠專門承造各種
中西房屋橋樑鐵道
碼頭以及一切大小
鋼骨水泥工程並代
客設計規畫工程堅
固美觀各項職工經
驗豐富能使主顧十
分滿意如蒙
委託無不竭誠歡迎

新恆泰營造廠

本廠專門承造一切
中西房舍工作人員
經驗豐富營造敏捷
包作工程務期盡善
盡美以酬業主雅意
如蒙委託竭誠歡迎

工程處：北京路貴州路轉角
電話：九四三七號

鐘山營造廠

總事務所 天潼路三八一號
電話 四〇七一九號

眞茹分廠 眞茹車站對面
江灣分廠 江灣路東體育會路上海信託公司第一模範村
南京分廠 花牌樓大同洋服店內

本廠承造洋房碼頭駁岸橋
樑道路大小裝修及一切土
木工程等工作堅固美觀各
部職員悉屬專門人才倘蒙
諮詢無不竭誠答覆

監理 黎明旭工程碩士
總經理 庚蔭堂工程學士
工程師 黃五如工程學士
南京分廠經理 徐宗堯工程學士
江灣分廠主任 黃熾昌工程學士
眞茹分廠主任 楊少如

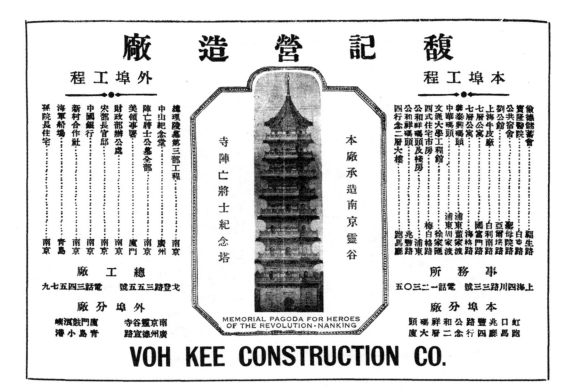

馥記營造廠

本埠工程　　　　　　　　　　　外埠工程

VOH KEE CONSTRUCTION CO.

本刊投稿簡章

(一)本刊登載之稿，概以中文爲限；翻譯，創作，文言，語體，均所歡迎，須加新式標點符號。

(二)翻譯之稿，請附寄原文。如原文不便附寄，應註明原文書名，出版地址。

(三)來稿須繕寫清楚，能依本刊行格繕寫者尤佳。

(四)投寄之稿，俟揭載後，贈閱本刊，其尤有價值之稿件，從優議酬。

(五)投寄之稿，不論揭載與否，概不退還。惟長篇者，得預先聲明，並附寄郵票，退還原稿。

(六)投寄之稿，本刊編輯，有增刪權；不願增刪者，須預先聲明。

(七)投寄之稿，一經揭載，其著作權即爲本刊所有。

(八)來稿請註明姓名，地址，以便通信。

(九)來稿請寄上海南京路大陸商場四二七號，中國建築師學會中國建築雜誌社收。

司旦達浴室磁件

堂皇富麗清潔衛生觀
之悅目用之適體樣式
美觀資料堅固耐用不
變色不拆裂不惟爲市
上最佳之衛生器具實
爲全世界最優美之出
品司旦達衛生磁具公
司對於建築師工程師
營造家業主等並有左
列之新供獻

一
出品資料精良
價目克己式樣
新穎

二
出品及原料均
有精密之檢查
各貨皆有廠家
之永久保證

三
對於工程師建
築師等負有技
術及工程供獻
之責任
中國獨家經理

慎昌洋行

上海圓明園路四號

中國建築林料公司

經　理

友麟電器工程公司　承辦各種電氣工程

美國鋁業公司　鋼精絲布及各種鋼精材料

興業瓷磚公司　各種地牆瓷磚

雅禮製造廠　各種避水材料

北方水汀公司　冷熱水汀

蘇州磚瓦廠　紅瓦空心磚面磚機器磚等

標準鋼窗公司　鋼窗鋼門鋼具等

其他建築材料無不應有盡有本外埠各大工程所用本公司出品均極滿意如蒙賜顧無不竭誠歡迎

事務所：　上海四川路四一六號

電話：　一二一二〇號

電報掛號：　六三一〇號

THE CHINA BUILDING SUPPLIES CO.

BUILDING MATERIALS AND EQUIPMENTS

416 SZECHUEN ROAD, SHANGHAI, CHINA.

TEL: 12120　　　　*CODE ADDRESS 6310*

西摩路新式四層鋼骨公寓

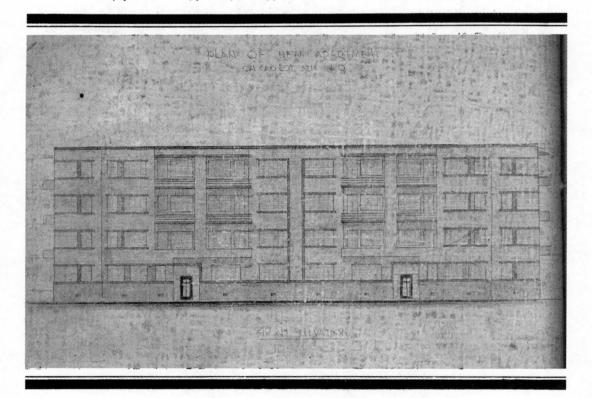

PLAN OF NEW APARTMENT
ON AND LOT 3214 No 13

FRONT ELEVATION

陸根記營造廠最近承造工程之一

頭鐵道橋樑以及

一切大小鋼骨建

築工程備齊專門

人才並可代客設

計繪圖計算鋼骨

等項倘有上列工

程見委及諮詢無

不竭誠奉覆務必

達到主顧滿意

為止

事務所

甯波路四十七號

電話

一三七五六號

廠址

大西路惇信路西

中國近代建築史料匯編（第一輯）

中國建築

第一卷　第四期

中國建築

中 國 建 築 師 學 會 出 版

THE CHINESE ARCHITECT

VOL. 1 No. 4 第一卷 第四期

國產之

建築石料最

堂皇美麗者首推

青島中國石公司出品

註冊商標 CHINA STONE CO.

如磨光之花崗石大理石等

五光十色應有盡有質地廉

美製造精良倘蒙

光顧無任歡迎

上海事務所四川路三三號

電報掛號：五八八六

電話：一五八八六

總公司：青島蒙古路二一－二二號

電掛號：五一〇乂

電話：五一〇乂

建築

國產

興業瓷磚股份有限公司 出品

各種美術地牆瓷磚

花式層出不窮　市上絕無僅有

且其品質優良　色澤歷久如新

目項品出

美術鋪地瓷磚
美術牆磚
防滑踏步磚
羅馬式瓷磚
缸磚

本外埠各大工程大牛鋪用本公司出品均極滿
意備有各種美術瓷磚圖樣足供參考并可隨時
設計服務週詳信譽卓著如蒙光顧無不竭誠歡
迎

營業所：上海四川路四一六號

電話：一六〇〇三號

THE NATIONAL TILE CO., LTD.
Manufacturer of all Kinds of Wall & Floor Tiles
416 SZECHUEN ROAD, SHANGHAI
TELEPHONE 16003

中國建築雜誌社徵求著作簡章

本社徵求關於建築學說,藝術,及計劃之一切著作;暫訂簡章於后:

一、應徵之著作,一律須爲國文。 文言語體不拘,但須注有新式標點。 由外國文轉
　　譯之深奧專門名辭,得將原文寫出;但須置於括弧記號中,附於譯名之下。

二、應徵之著作,撰著譯著均可。 如係譯著,須將原文所載之書名.出版時日,及著者
　　姓名寫明。

三、應徵之著作,分爲短篇長篇兩種:字數在一千以上,五千以下者爲短篇;字數在五
　　千以上者,均爲長篇。

四、應徵之著作,一經選用,除在本刊發表外,均另酌贈酬金。 不願受酬者,請於應徵
　　時聲明,當贈本刊半年或全年。

五、應徵著作之中選者,其酬金以篇數計.短篇者,每篇由五元起至五十元;長篇者每
　　篇由十元起至二百元。 在本刊發表後,當以專函通知酬金數目,版權即爲本社
　　所有,應徵者不得再在其他任何出版品上登載。

六、應徵著作之未中選者,概不保存及發還。 但預先聲明寄還者,須於應徵時附有
　　足數之遞回郵費。

七、應徵著作之選用與否,及贈酬若干,均由本社審查價值,全權判定。 本社並有增
　　刪修改一切應徵著作之權。

八、應徵者須將著作用楷書繕寫清楚,不得污損模糊;並須鈐蓋本人圖章,以便領酬
　　時核對。 信封上須將姓名及詳細住址寫明,由郵直接寄至本社編輯部,不得寄
　　交私人轉投。

中 國 建 築

第 一 卷　　　　　第 四 期

民 國 二 十 二 年 十 月 出 版

目 次

著 述

插 圖

卷 頭 弁 語

本刊出版以來,謬承讀者贊許． 各界人士之購閱者,數日激增;國內外各地之訂購者,尤見踴躍． 本社鑒此情形:除在社內特設發行部,辦理一切發售事項外;又與本外埠各大書局訂約,託請代售． 迄今為時祇三月餘,而各代售處寄售之本刊,大都均已銷售一空,陸續來函囑即另寄． 行銷之速,可見一般． 因之刻下第一期業經掃數售罄,社中亦無餘存,須俟再版重印後方可復售． 以致欲購第一期諸君,頗多未能買得,不免向隅之憾者． 本社慚汗之餘,歉仄彌深． 特於卷頭略誌數語,以致微忱;諸希鑒察,是所感幸．

本社定章,本刊須於每月中旬十天內印就發行． 上期(即第三期)因值首都中央運動場全部工程落成;又當全國運動會定於國慶日在此場第一次舉行;爰特編為南京中央運動場專刊,以為此場此會留誌紀念． 此專刊原應在上月中旬發售,無如時距國慶尚有二十餘天,時日相隔過遠,遽將專刊出售,殊覺有失紀念意義． 不得不展至上月下旬者,蓋緣此故． 至於本期,本社因須改換印刷所,驟易生手,時間遂感侷促． 大約亦將展至本月下旬方可出版． 斯均出於臨時發生特別情事,殊屬意外． 以後本社自當竭力避免,特此聲明,祈亮鑒之．

本社命名,係附屬於中國建築師學會． 故本刊中之攝影照片等,均由會中諸君熱心襄助,隨時贈刊． 文稿方面,除由同人等蒐集資料,編譯撰著外,復多承愛護本刊諸君,不吝金玉,源源惠賜． 盛情雅意,彌深感佩． 顧建築之範圍甚為廣大;國內研討者亦日加多． 學會會員暨本社同人究居其中之少數,以學術之浩若煙海,豈少數人所能窮盡． 本社為求本刊內容之得臻於完善起見,爰於本期起訂立簡章,徵求著作． 俾可集思廣益,互資切磋． 倘懇讀者諸君常頒佳作鉅著,本社常另薄具菲酬,略伸微忱,匪敢云投桃之報,聊答愛護本刊之熱情於萬一云爾．

銀行建築,為房屋建築中之別具特質者． 其中之各種設備,均與他種房屋迥異． 既宜堅固,更應穩妥,． 在外觀上又須現出銀行特質之精神． 本刊特在本期中,注意此種特殊建築,將新建中國金城兩銀行之設計攝影等,擇優登載． 使讀者得有參考,雖非應有盡有,而籍此一斑,亦可略窺全豹矣．

編者謹識 二十二年十月十五日

民國廿二年十月　　　　　第一卷第四期

銀行建築之內外觀

楊　肇　煇

　　銀行一業:出納貨幣,流通錢財;操市面貿易之樞紐,握各業金融之脈絡;與社會經濟,固直接存有最密切之關係;於羣衆生活,亦間接給以極重大之影響. 故業銀行者,不得不殫精力,竭智慮,以圖內中實力之日趨雄厚;更不得不敏手腕,銳目光,以求外來顧客之日益加增. 而堅固,穩妥,誠實三者,遂爲銀行事業之特質. 故銀行之能否巍然樹立而不飄搖,屹然久峙而不衰落,亦僅視其是否確實備具此三特質而已.

　　此三特質,不但爲任何銀行所必須備具,業銀行者,且須隨時顯現之,逐處表露之.表現之法多端,而能具有吸引大衆觀視之力,且爲大衆視線所集之處者;首爲銀行所在之房屋. 於是唯有借助建築技藝,始能立卽表現此三項特質之精神;亦唯有運用建築計劃,方可容易映出此種事業之意義. 由是觀之,房屋建築之於銀行,實居首要;業銀行者,殊不可忽視之也.

　　關於銀行建築之普通見地,有使人難於了解者:卽無論建築師或外行,均存一堅決之意見;謂須照古典上之作風計劃之. 羅馬與希臘建築之格調,誠能無疑的將銀

行之特質,如堅固誠實等,明顯表出;但就另一方面觀看,因有異國之聯想,遂覺此類建築絕對不能表出二十世紀之新精神。 故在今日我國,若仍沿用此一種類,殊屬不宜也。 最困難者,有一不幸而盛行之趨勢:係將某種作風與時間,附會於某類建築（如學校銀行等）;而不繫屬於建築歷史中之某一時代。 以致教堂與學校建築,均曾經過此等困難;銀行建築亦復如斯。 所以作風備受拘束;而建築上之創造能力,因亦缺少發展之機會矣。

當計劃銀行房屋之時,建築師必須明瞭此類特別建築,係為何用? 其所特別需要者,係在何處? 銀行之種類亦不一;有儲蓄銀行,有信託公司,有私人銀行等。 每一銀行各行使其迥不相同之職務;各有其便利進行之方法。 故銀行中之一切佈置,應與其所特別需要者,互相吻合也。 猶有進者,銀行各有其單獨作法;此作法又各有一範圍。 故房屋設計更應依其單獨作法之範圍;而使其施行職務時,既可以發生效率,又可以適合經濟也。

進出大門之位置,為銀行底層之最重要處。 建築師僉謂大門之於銀行,儼若臉面之於人身。 是以大門計劃,為銀行外觀之元素。 須能激動門前熙來攘往者之喜新務奇;而增加其亟欲入內之興趣。 蓋此輩人一入內後,其餘之事,則業銀行者不難自為之矣。 茲舉一例:設於大門前造一宏大壯偉之圓拱,可使入其中者恍若置身圖景,美趣橫生,倦態全消;同時又可發出穩妥之感觸。 於以知大門之位置,在銀行內容之全體計劃上,殊具有甚大之物質效果焉。

時至今日,舊時銀行事業之祕密,均已掃除無餘。 近世之業銀行者,莫不以能與羣眾接近為榮。 蓋與顧客間之躬親接觸,實為現今銀行交易之要點。 所以銀行人員之辦公桌,大都直接置放於行中空處,僅於桌之前面裝一低欄,以便私人祕事之用。 惟在儲蓄銀行中,辦事人員限於事實上之障礙,不克與所有顧客一一親接;迄今尚有另自各設辦公室者。 至於收支員之辦公桌及銀行四圍櫃台之設計,須視各銀行之特別需要而決定之;但宜與大門相近,庶使顧客出入得有便利。

銀行房屋為表示莊嚴及堅實起見,宜用比較稍高之天花板,以高牆具有令人偉大之感觸,且含有上述之性質也。 顧高牆頗須勇敢之建築藝術,高天花板亦須鼓動興趣之裝飾計劃;而着顏色與裝飾品二者,實為使人賞心悅目之注意物,在布置上遂不

可輕忽之矣。 再者，櫃台為銀行內部之要具；收支員與顧客之多數交易，咸以此為接觸處。 是其計劃宜具有可以互相親近之元素；不但使人感有興趣，並須簡單方可。

穩妥與堅固既為銀行事業之特質，故當全部設計經過之時，對於一切材料之選擇，尤應顧慮及此，須用具有此二特質者，其在外觀上之形態，亦應將誠懇與親摯之表示，完全顯出。 蓋近代銀行所最賴以取得顧客之信用者，端在於此。

材料中如石類中之大理石，五金中之銅鐵等，均能使銀行內容，立卽表出其所需之特質；以其確係穩妥而堅固也。 此諸種材料所取之形態，不應因其為供作銀行設計之元素而決；然須以某一特種銀行所須具之單獨特質為準。 此說也，可使顧客深信計劃之作風，應取決於與當地有關之歷史習慣。 獨立特出之性，實較重於普遍性。 所以古典上之線條，或可適用於某一處之銀行設計，而不適用於美國。 他如西班牙式之影響所及之處亦然。 且也，建築設計每根基於誠實之觀念。 故能引起觀者迴憶古代羅馬寺廟之建築，殊不能暗示其為銀行。 然在現今之美國，猶有多人及建築師，將某一歷史上之建築作風，參合於某一式樣之房屋中者，殊可浩嘆！ 要之，標準化之建築計劃，猶之人生其他途徑，徒然掩蔽個性之發展而已。 必也將此種固陋觀念推翻，然後建築可期進步。 今之建築師，其急起而善自為之。

銀行內部設計之細節，建築師固可施用若干自由；但遇有公認之習慣，則不能捨棄不用。 例如銀行櫃台下部之高度，通常已定為三呎五吋，其櫃台自地板量起之全高度，可由比例得之，但平均約為七呎三吋。 同例者，如支票台之平均高度為三呎五吋；而可在兩面寫字所需之寬度為三呎等是。 蓋此種尺寸，皆由經驗得來，故人人均覺舒適合宜也。

現代銀行房屋建築師之大問題為何？卽向顧客開陳，使之了然，無一種建築作風，定能較他一種更為合宜於銀行房屋之設計，是也。 外部之計劃，亦若內部計劃，必須顯示房屋之用途；並須表明其所容納之特殊機關之性質。 所以任何房屋設計，無論係包含古舊之美國式，或英國式，或意國式，甚或完全為現代之思想，倘能適合實用，未有不臻於發展之途者。 此種建築設計原理，實為顛撲不破；顧客對之，業已愈生信仰。是故銀行之內部設計，固宜求此要義之健全；卽外部設計，亦賴此要義之引用。 苟明乎此，則銀行建築之真實價值，庶可得公允之鑒定矣。

上海金城銀行大廈　　　　　　　莊俊建築師設計

〇〇三四八

上海金城銀行設計概況

建築大廈之難點甚多,而獨難解決者,厥為光線。 蓋房屋比櫛,分配匯易。 果而所佔位置,四面臨街,解決猶易,若臨街面少,與他建築相接聯,則光線之設計,能從容解決,則較難能可貴耳;此則金城銀行大廈,能勝人一籌之點,而為業主所推計之源也。 按金城銀行佔地五萬方呎,祇有一面臨江西路,其餘則鄰房相接,苦無隙地。 在設計上,光線之解決,誠亟乎其難,而莊俊建築師將營業部份及辦公室等,皆能分配臨於馬路,而不需要光線之庫房扶梯等,則設置中間,致將老大難題,迎刃而解。 允非易舉也。

金城銀行興建於民國十四年春,於民國十六年春工竣,計費時二年,造價及設備,計費九十萬元,共六層,高度八十五呎,下二層為該行自用,上四層則出租作各事務所之寫字間。 樓下為大庫,儲蓄部及會客廳亦均分配適當。 保管庫設於二樓其營業部,文書處,會計處,經理室等,亦均設此樓,對於適用之優點,已無形解決矣。

滬上地位較低,每於颶風過境,輒遭浦江水患,該行位於上海最低之江西路,其未屢次遭江水浸入者,其設計者於事前有相當籌思乎!該行設計避用地下室(Basement),其第一層於設計上,似嫌不經濟,然其利弊相較,達人所能洞鑒,捨小利而全大體,此設計者之明達也.

上海土質鬆軟,高大之建築物於完成後,沉度(Settlement)常有出人意料之外者,故於打樁時宜特別審慎.

金城銀行,用排木打樁法(Raft System),如此設計,不但於平時使其房屋不易下沈,旣外界有新建築打樁等情發生,亦無城門失火之殃。 都城飯店(Metropole Hotel)建造打樁時,該行迭受極烈之震動,而其中一磚一瓦,亦

— 5 —

上海金城銀行正門　　　　　　　莊俊建築師設計

無損壞，旣最易破壞之雲石地板，亦未發現一塊裂痕，兼以幾次大水浸蝕，並無若何下沈，此更不能不歸功設計

者矣。

建築大廈，雖美觀是尚，而對於經濟上亦不能不加以注意。　當該行興建時，雖物價較廉，然祗費九十萬元，

卽能設備完美，實屬經濟。　况所用材料，擇優選良，力求盡善，非監工得人，曷克臻此！

該行所用之材料，外面用蘇州石，裏面用斐納之意大利雲石，故於觀瞻上異常美感而雅緻。　庫及庫門，為

約克洋行所承造，庫門呈圓形，遙望之如洞天別府，頗稱優越，上海各大銀行，採用此種精美之庫及庫門者，尚稱

上海金城銀行由內部視入口處　　　　　　　　　莊俊建築師設計

獨步，其中設備，更較完全，參看圖樣，可見一斑． 該行暖氣部分亦為約克洋行所承造者． 他如愼昌洋行之電

線安裝，葛烈道（Crittle）之鋼窗裝置，沃的斯（Otis）之電梯設備，西門子之自動電話，Crane & Co. 之水道裝

置，無一不採用優異者． 此該行之所以入眼為安，而無虎狗之憾也．

上海金城銀行樓梯　　　　　　　　　　莊俊建築師設計

上海金城銀行營業廳裝飾之一
莊俊建築師設計

上海金城銀行客室之串堂　　　　　　　　　莊俊建築師設計

上海金城銀行營業廳裝飾之二
莊俊建築師設計

上海金城銀行內部建築之一

上海金城銀行內部建築之二

上海金城銀行遠望保管庫門之概况

上海金城銀行內部建築之三

上海金城銀行會客室之一　　　　　莊俊建築師設計

上海金城銀行庫門裝盤之情形
莊俊建築師設計

上海金城銀行會客室之二　　　　　　　　莊俊建築師設計

上海金城銀行保管庫之偉觀
莊俊建築師設計

上海金城銀行去經理室之串堂

上海金城銀行經理室

上海金城銀行去保管庫之過道

上海金城銀行辦公室

上海金城銀行由一層至二層樓梯

上海金城銀行第五層過道

上海金城銀行建造保管
庫牆情形之一

上海金城銀行行徽

上海金城銀行建造時裝石情形

上海金城銀行建造保管
庫牆情形之二

對於上海金城銀行建築之我見

麟　炳

　　銀行建築.佔社會上特殊之地位,其作風自與其他建築所不同。　故執金融界之牛耳者,除賴手腕靈活,目光敏銳而外,更需注意其銀行建築之適當。　蓋銀行一業,謀利於衆人,而衆人亦以銀行謀利,所謂旣足利人,復以利己,須賴塔積以沙,裘成以腋,及至衆望所歸,然後輾轉自如;以收厚利.　而達此衆望所歸之目的,則誠戛乎其難矣!經營銀行者資本雄厚,其初也而人不知,業銀行者之信用誠篤,其初也人亦不知,人不知而求其信,旣不信而求其交易,天下必無此理.故唯一介紹於人,而使人漸次認識之目標,則爲其銀行之建築.此建築師對於銀行建築之所以日夜兢兢,殫精竭慮,以求銀行建築之適用化,而廣業銀行者之招徠也。　子詳觀莊俊建築師之金城銀行設計,頗多優越之點,雖古典派建築不能盛行於當時,而莊嚴偉大之概,不減於近代建築,特爲介紹其要點,以供諸建築家之一參考焉!

　　光線解決成績斐然:　金城銀行,三面接於比鄰,一面臨江西路,欲得充分之光線,允非易事,故祇有將主要房屋,佈置臨馬路一方法,而莊建築師將營業部,辦公室等,均能從容圓滿解決,無庬狗之不稱,是其殫精竭慮處.

　　排木打椿堪稱獨步:　高大之房屋,不安全之點有二:一曰沉,二曰裂;基身不固,潮水侵蝕,均足影響下沉;近鄰打椿,異外震動,均足影響破裂.　而金城銀行用排木打椿法,使基礎安如磐石,水浸而無患;房屋重心聚於中部,震動而不裂,故數度水浸,接鄰興建,均未足以影響該行之安全,是其可自豪者也.

　　經濟上特殊之解決:　古典派建築在近代衰落之原因,經濟上耗費,實爲極大之關鍵,蓋古典派建築,如中國之駢體文,稍有離題,卽畫虎類犬,且其雕飾,柱頭,花線等,均足以耗金費時,故建築家多有避之者。　莊建築師不避繁難,是其勇敢處,不憚物議,是其果決處,均非常人所能及,至建築成功,所用材料,均選上品,內部設備,力求美滿,而經濟上亦無額外損失。　全部造價,祇費九十萬元,實出人意料之外.

　　庫門之美感而便利:　銀行爲存儲銀錢之地,故保險庫之設計,實佔銀行建築之主要位置,而庫門之建設,逐不亞於緊要入口矣。　金城銀行庫門呈圓形,遙望之,如隱者之洞,頗有入內則別有洞天之概,使人感覺入眼爲安。　此種設備,在上海銀行界堪稱獨步.

　　總之金城銀行全部設計,審密周到;雖無地下室似較不經濟,而可隔絕水浸之患,反覺其便,足可爲提倡文藝復興建築者之標榜,而令人永無忘古典派建築之不可偏廢也。

中國建築

上海金城銀行內部　　　　　　　　　莊俊建築師設計

彩玉鋪地，粉飾其牆；方
格乃頂，鋼架其窗；視之有
古氣，材料反新裝；開『古
典派』之別面，駕新式派之
遠上。 別具匠心，可爲標
榜；技術之母，建築之光。

　　　——麟炳 誌——

中 國 建 築

上海金城銀行內部　　　　　　　　　　莊俊建築師設計

文化以時代之進化而推
移，技術以需要之不同而
日異；自新式建築掘興以
後，建築家多以是向；而
所謂前此衆目之的之『古
典派』建築，竟無人過問
矣。 瞶新式建築之簡單
經濟，固爲建築界所推許，
但『古典派』亦頗有不可偏
廢之點。 如金城銀行內
部之『古典派』設計，玉砌
雕闌，古氣盎然，誠令人入
眼爲安，心曠神怡也。

——麟炳 誌——

上海中國銀行虹口分行大廈建築情形

我國銀行業，應社會之需要，日益發展。　北京路一隅，華廈巍然，鱗次櫛比，說者謂爲上海公共租界之經濟中心區，可媲美美之華爾街也。　至北區若虹口界路一帶，爲工商業薈萃之區，銀行開設，逐有增加；最近中國銀行於北四川路海甯路轉角，新建大廈，聳立雲霄，壯嚴偉大，莫與倫比。

該行設立於民國十八年，夙以服務社會爲職志，舉凡商業銀行業務，無不殫精竭慮，力求改進，數年來，扶助工商企業，尤爲卓著成績。　比以營業範圍日廣，乃於該處覓得基地，自建大廈。　由陸謙受及吳景奇二建築師設計，新金記祥號及周芝記二營造廠承造，各項設備，無不精美。　歷時二載，需資百萬，甫於今秋全部竣工。

該廈沿北四川路，長凡三百另五呎，屋高六層，一二樓間有欄樓（Mezzanine Floor）屋頂一層闢花園，壯嚴華麗，雅巂宜人。　自用部份，約占底層二分之一，餘爲備出租之保管箱庫，店鋪，商號辦公室，單人宿舍及公寓。

保管庫位於該廈二樓，庫內全部，鋪用半寸及一分厚之鋼板二層，庫外上下四圍，槪用鋼骨水泥。　庫門則用厚二十四寸之精鋼。　此外尙有警鐘密室等設備，堅固安全，計劃周至。　其租箱時所用鑰匙，係臨時裝璜配合，日後此項鑰匙，如因退租而繳還該行時，立卽當面燬銷，其第二次租用之顧客，絕對不致領得他人已經用過之舊鑰匙，此項辦法，不獨在上海一埠所僅見，卽在國內尙屬創舉。　對於儲藏物品，自可益臻安全，亦足見其設計之周密矣。　保管庫對門，設置檢物室四間，專備顧客檢驗物品之用，全室精緻玲瓏，佈置新穎。　區該庫設於二樓，絕無患潮之虞，尤闗一大特色也。

公寓北隣爲四行準備庫大樓，故於觀瞻上二樓並峙，更形雄偉。　全樓計有公寓十九間，宿舍三十二間。內部設備齊全，且極精緻，卽一床一桌，均係出自名師設計，莫不盡善盡美，稱心滿意。　每層設有會客室，浴室，

上海虹口中國銀行之正門

備人室，廚房，廁所等，大小寬度，十分適宜，且空氣清暢，光綫充足，最合新式家庭住宅之用，所有煤氣，電氣，衞

生煖氣等，應有盡有，允稱獨步．　並備有高速自平電梯三具，以供升降，嘉惠寓客，詢匪淺也．

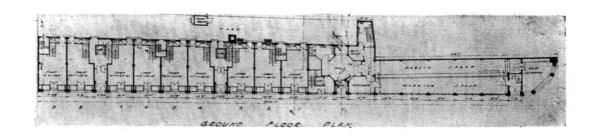

該廈因除自用外，尚有如上述各種出租之寓所等，故於設計，備見困難；因須顧及此特殊之分配也。　如公寓部份，每層入口，祇通二寓所，而單室之宿舍，及出租之辦公室，又各另有入口，故寓其內者，頗覺清靜安適，毫無叫囂擾亂之弊，此不得不歸功於設計者矣！

因地形過狹（見各平面圖）故祇四圍設柱，因之一二層內之閣樓，一面大樑，懸吊於上，非如普通之閣樓於柱上者，亦為該廈之一特點。

長形房屋，極難使其壯觀，今於其正面橫貫以三長帶，並於海甯路轉角盡頭處，突然高聳，置一現代化之電鐘，實為該大廈生色不少。

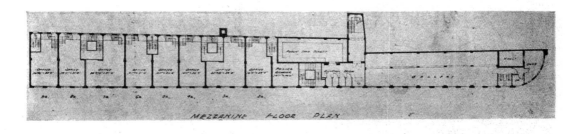

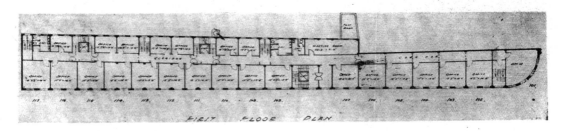

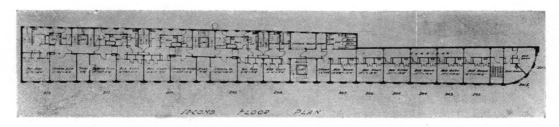

SECOND FLOOR PLAN

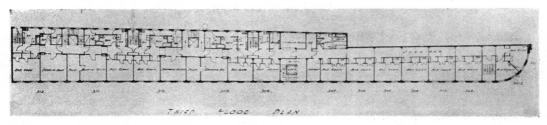

THIRD FLOOR PLAN

上海虹口中國銀行大廈附設公寓之餐室

上海虹口中國銀行附設之單人宿舍

上海虹口中國銀行保管庫庫門

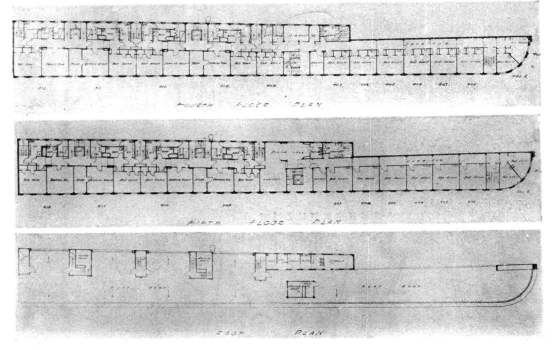

上 海 虹 口 中 國 銀 行 上 部 之 偉 觀

上 海 虹 口 中 國 銀 行 四 面 仰 視 圖

上 海 虹 口 中 國 銀 行 之 基 石

上 海 虹 口 中 國 銀 行 窗 欞 雕 飾 之 一 斑

上 海 虹 口 中 國 銀 行 斜 視 圖

上 海 虹 口 中 國 銀 行 之 夜 銀 庫 庫 門

上海虹口中國銀行　　　　　　　　陸謙受建築師設計

中國建築

上海虹口中國銀行奇峯突出　　　　　　　陸謙受建築師設計

虹口中國銀行屋頂之
角，設有極高之新式塔頂．
豎以旗竿，懸以巨鐘遙
望之．如孤峯之獨秀；而與
隣房相映，更不啻矗立雞
羣。其莊嚴而偉大，固有
目共賞也。

————麟炳誌————

中 國 建 築

上海虹口中國銀行營業廳之懸樑弔柱　　　　陸謙受建築師設計

建築上主要之件，橫者
樑而立者柱，惟樑惟柱，建
築乃固。 而樑柱設計之
巧，竟有出人意料之外者。
觀夫虹口中國銀行營業廳
之設計，莫不使各建築家
嘆觀止焉。 該銀行所佔
之地基，既狹且長，無柱
則力不勝任，有柱即妨害
辦公；經設計者煞費苦心，
用懸樑串柱之方法圓滿解
決，關心建築者，其注意於
此！

——鱗炳 誌——

吾人對於建築事業應有之認識

張 至 剛

　　吾國文化之發源,不遜於埃及;建築之開端,不晚於希臘。　遠在周秦之朝,即已具有萌芽,此可於經史詞賦中,窺見一斑。　惜乎後起乏人,致此學之淪於錯沉也!歷代以來,帝皇宮宇之建造,雖主專員;但民間營屋,大率操諸工匠之手,人民對於所謂建築事業者,亦祇以之爲梓工大匠之事,至於士大夫則多不屑爲之。　興言及斯,能不愴痛!迨夫民國成立,歐化東漸,自故建築師呂彥直先生爲先　總理設計陵墓後,建築之呼聲,始能一振社會人士之耳鼓,於是不復以梓工大匠之事視之,而稍加注意焉。　洎乎國民政府奠都南京,極其心力,以從事於建設,建築事業,得以漸興,顧其如是者,亦非無故也。　嘗考各國建築之作風,恆受氣候地理歷史政治宗教之影響,故由建築作風之趨向,每每可知其國勢之興替,文化之昌落,他如民氣風俗物產等,亦可隨之查得無遺。　是以建築事業,極爲重要,不特直接關係個人幸福;亦且間接關係民族盛衰。　今在當局極力提倡,蓋由於此。　吾人試登萬里長城之巔;不迥憶當時帝王之威嚴,民力之雄偉者歟!一讀兩都阿房之賦,有不感懷古跡,油然神往者歟!倘再親臨燉煌石窟,白馬諸寺,更有不追思唐時文物之盛,教養之明者歟!他若故都宮禁,偉宇巍崎,徘徊其間,則肅然起敬,又若南國園圃,亭台相望,優息其中,則逸趣橫生,是建築足以轉移國家之民風,陶養人民之性情矣。　非特此也,際此國難環迫,創痛劇惜之時,須有簡單之計劃,以收節省儉約之效,尤須有永久生利之建設,以爲挽危救亡之圖。　是則裕民財厚民力利民生者,亦唯建築事業矣。　建築事業之重要如此,其影響我國前途,實非淺鮮。　爰將此意義,作深切之剖解,俾得明確之認識。　想徵末之見不無可貢國人之採納也。

　　近人之視建築事業,大率謂爲係構造工程之雛形,或則謂爲係美術圖案之副產。於其眞義,每多含糊,以之較諸曩昔人士之視爲梓工大匠之事者,固有進步,然其曲解而未能深切明瞭者則一也。　夫建築須表示民族之文化;陶養人民之性情,於藝術上,尤須充分發揮其形式之美觀;色彩之悅目。　譬如一樑一柱所用材料之大小,雖能勝重,但因心理上之感覺,視幻 (Opotical Illusion) 之影響 以致發生疑慮之念,懼有傾圮之虞;又如一窗一戶開關位置之失當,大小之不稱,以致發生脈惡及不快之感,均不能令人賞心悅目,感受舒適也。　是故結構形態,及配和色彩,非僅能使身體感覺舒暢,更能使心理上享受無窮之安慰焉。　此實非祇習構造工程一門者所能盡爲之也。　顧建築究由物質所構造,材料所集成,一須有精密之計劃,及複雜之結構;二須隨處適合地理地質之情形,乃可保障生命之安全;增進物質之經濟,此又非祇習美術一門者所能完全勝任也。　猶有進者,各國有文化之起落,政治之變遷,宗教歷史之不同,地理地質之互異,一一皆有關於建築之作風,一一皆應由建築之作風表示之,是又不能不注意於建築物須有之個別之需要 (Requirement),及特有之設備 (Equipment) 矣。　且也每一建築物應表示其特質 (Character),否則縱堅固矣,美觀矣,倘若東西參雜,形色失調,即將乖其性質,失其效用,實非建築之眞義也。　他若建築房屋之佈置(Arrangement),組合(Composition),地位(Location);方向(Exposure),更須有高深之研究,作精密之進行。　至於衛生工程之施設,都市計劃之設計,亦在在有關於建築,此又非祇習構造工程或美術圖案者所能一一勝任也;能勝任者,惟有今之所謂建築師,亦惟有建築師能發揮建築之眞義。

　　然則建築之眞義爲何？曰效用(Utility)；曰美觀(Beauty)；曰堅固(Stability) 是也． 此三者乃建築精神之所繫， 亦魂魄之所在，循此而發揚光大之，始可得完美之建築．

　　所謂效用者：能適合生活之需要，完成房屋之功用，及便利民生之改善是也． 各種房屋之特性不同，需要不同，地位變更，計劃卽異，若居住建築之須舒適；公共建築之須適合羣衆心理；商業建築之須便易營利等等；建築師均應查其需用，考其環境，而後完成之，以使其發生效用始可． 所謂效用者，必須注意需要，便利，節省，舒適四點． 需要 (Requirement) 者何？卽規定各種建築物所需要之房間，及其應有之設備 (Equipment)，與定其大小高低方向環境等，然後方能計其便利． 便利及直接(Convenience & Direct)者何？卽房屋之佈置，使之有主有賓，以示輕重；有幹有枝，以相連絡，無穿越跋涉之勞，有往來直接之利，然後方可談時間經濟． 節省者何？卽設計時，注意於地位之節省 (Economy)，毋過大而浪費；毋過小而不適，務使一隅一尺之地，盡爲有益之用． 舒適 (Comfort) 者何？卽一切之設計，須使身體享受適意，心靈感受愉快，光線應充足，空氣應流通． 以上四者，苟缺其一，效用卽失，非特經濟受損失，人類幸福亦將減少矣． 故欲建築合理，首當使之發生效用也．

　　房屋之構造，又應堅固． 須能抵抗風雪人物之壓力，防避火災潮溼之侵蝕． 不然小則修葺頻繁，大則喪財失命，對於社會之安甯，生命財產之保障，關係至巨． 且須顧及材料之經濟，施工之合理，毋生危險，毋有浪費．經濟與堅固，相輔並行，乃爲堅固之眞義也．

　　效用堅固之外，則須注意美觀． 俾能充分發揮藝術之美，形式及色彩宜有統一 (Unity)，以免散漫，宜有變化(Variety)，以免滯呆，對稱宜平衡以表莊重，風緻宜奇妙，以示幽逸，注重調和 (Harmony) 以使和心，留意對照(Contract)以使動情． 此外尤須將各種作風 (Style) 之美點，充分發揚之，並將各種建築之特質 (Character)，盡力表現之，然後建築可臻於完美矣．

　　是故建築之意義，就狹義言之：曰效用，曰堅固，曰美觀． 就廣義言之：是文章，是藝術，亦工程，亦專學．其廣博深奧也若是，爰詳述之以貢獻於國人，研究斯道者．

建築文件

楊　錫　鏐

工程說明書

建築合同約分三部：一曰合同本文，二曰建築章程；諸二者已於前二期中詳述之，今將以次及其第三部之說明書矣。　說明書在全部建築文件中最占重要，建築師理想中之設計，除一部份用圖樣表出之外，他若人工之運用，材料之選擇，有非數紙圖樣所能畢舉者，非賴說明書之詳為解釋，不能達意；故說明書者，實工程之指南也。

近世工程建築之學術，皆漸自歐西學者，負笈而西，飽學而歸，學於他邦，習為異音；故所用說明書合同類，皆用英文之是從。　以我中華之人，行彼西人之文，余實恥之；但亦有不能深責者。　蓋建築工程上一切術語名詞，皆西人之發明，一事一物，有非中土之所有者，中文乃何以稱之？是以名詞既未統一，強為多錄，其誰能識之？反不若沿用英文之較為便利易明乎。　因之日久性習，積重難返矣。　自我建築師學會之創設，環睹各國對於專門名詞，莫不有統一之標準，反顧我國闕付闕如，能無遺憾於當世哉！因有專門名詞委員會之設立，專事審查及糾正建築上之專門名詞，藉一滌此恥也。　錫鏐不敏，倖位委員之列，用不揣固陋，草此以進，俾資參考云爾！

建造山西路南京飯店

工程說明書

第一章　　底腳椿頭

(一)	房屋界綫照圖樣劃出後遵工程師查看準確方可開掘底腳如圖反綫時查出有尺寸不對或地形與圖樣有出入處應立即報告工程師設法糾正之致埋出入如為數不大在一二三尺之內則或大或小皆照原議辦理不另加價格如相去過巨則被加減之地位按方數照數加減之	房屋界綫
(二)	底腳掘溝須方正平直照樣掘足如掘下遇有垃圾及舊溝應立即報告工程師設法糾正之底腳掘好後即於四周加打板樁並用木料撐堅以工程師之滿意並備有電力抽水機器至少二架以備抽乾溝中積水	底腳溝 抽水機
(三)	標草水水底腳即行為準柱頭柱底腳皆掘下四尺六寸滿底坌鎚平以備打椿	平水
(四)	椿頭皆用洋松木條十二寸方對開長四十尺算目地位皆杉圓上詳細說明椿頭下端皆削尖四周用箍由拿進一切爛節木屑及青皮皆要削淨	椿圓
(五)	打樁用吊機及二端鐵箍搭架椿打每椿打時皆杉筆直上加有鐵箍打下須完全垂直鮮有走斜即行找出重打椿至露出地面一尺為止須完全打好經工程師驗看後始將地上露出之一尺	打椿

鋸平

(六)	椿頭鋸平後地面有臨溝洋坭重行搭平鋪設碎磚一皮六寸厚用木人椿打堅實碎磚皆用清潔新或舊磚破碎或水泥製三合士亦可惟埋子至大不可過二寸	碎磚
(七)	碎磚打平用平水平過然後開始釘亮子及紮鐵	釘亮子 紮鐵
(八)	四周及分間磚底腳皆做石灰三和士底腳下挖溝道做地平低三尺滿底坌平然後做三和士	底腳
(九)	三和士一份頭號白石灰二份拿松黃泥及四份碎磚先拌石灰與砂加水拌和成漿將碎磚放入加漿拌成然後下滿	三和士
(十)	石灰不可有硬塊及石皮砂應清潔碎磚不可有垃圾雜物耳雜埋子最大不得過二寸	
(十一)	三和士每分皮落滿每皮下滿九寸用大樁木人搭腳半排堅至六寸厚度按尺寸放足再夯柴一皮打實圓上二次然後砌牆腳	搭腳半
(十二)	開堂三和士做法皆與底腳同先將地墩平圓應通用水洩過並用木人搭堅然後做三和士	
(十三)	一底石踏步皆做三和士底腳六寸厚	

第二章　　鋼骨凝土

(一)	水泥用啟新馬牌或泰山牌或相等貨色由工程師認可者或埠或袋均須新鮮鬆塊乾燥如在乾燥潮濕地方一有潮結即不可用	水門汀
(二)	砂用寧波或蘇州黃砂須相當光潔並無污穢雜質是入者	黃砂
(三)	碎石子用於鋼骨凝土者皆須用杭州黑石子無坭土雜質埋子最大不得過六分如有不合立即車去用於於窗底及平牆凝土者得參用弟弟子惟不可有坭土混雜埋子亦不可太過寸半如有反砂石屑均用鐵篩篩過	石子
(四)	鋼條均用比國或美國貨品三分以上皆用竹節鋼條三分圓反二分半應准用光圓鋼條惟須直條二分分圓則可用圈圓	鋼條
(五)	鋼條皆須清鮮新貨如有銹銹鏽銹皆反灰漬草皆須即淨	淨
(六)	鋼條照圓樣尺寸截斷彎曲後細心安放用鉛絲綁牢以等凝土時不致走動鋼條與木料模板皆須先釘上水泥紙漿墊架墊起得工程師之滿意模板板縫皆等均於面上做木馬架敲以便行走不可容人在搭鋼條上踐踏	
(七)	木亮子皆用乾淨洋松板大料柱頭皆二寸放爛板得用一寸板尺寸完全準確道理剖光下置堅擎頂擎在整圓地方用人工或數圓椿打結實得工程師之滿意	木亮子 柱頭
(八)	亮子釘得甚堅固要留意於拆卸時不致損及凝土大料坡下皆須做活門可以啟開易補除垃圾	拆亮子
(九)	落凝土前一底放鋼筋皆用紙漿墊補架等凝土處用水洗一切亮子坡灰透	
(十)	一底鋼骨凝土皆用一份水泥二份黃砂及四份石子和合先將	和凝土

楊錫鏐建築師事務所
S. J. YOUNG. ARCHITECT.

編號本日第 六三五號　　　　　第二章 鋼骨凝土 類

木號組由工程師審核認可以後和合皆依此號箱為單

（十一）	拌水泥或用拌機器或用人工皆須拌至乾濕適宜適用隨拌拌好二十分鐘之後即不可用	拌和
（十二）	落凝土須分戰層裝搗每層至厚六寸為度用鐵梗搗堅鋼條四周均不得留空隙每當搗未一日內落完如日短不及應開夜工	搗堅
（十三）	凝土落後應即用蘆蓆或稻草遮速蓋一星期內並須時常澆水不使乾燥	澆水
（十四）	天氣嚴寒時不得落凝土如落後四十八小時之內大氣藏氷降至氷點時應完全鑿去候天暖重落費用歸承營人員担	天寒
（十五）	凝土落後三十六小時內不可置物其上三日後方可砌牆於上	
（十六）	拆売子槨須得工程師之同意方可拆卸至少須逾二十一日方可移動	拆売子
（十七）	滿堂水泥及平常凝土做法相同	
（十八）	三寸半以少之門窗過楔皆做鋼骨凝土四尺半以切八寸深五尺半以寸十寸深灘與牆間中安四分圓鋼條三根又二分圓鋼撺拼一寸牆五尺半以以皆另以大樣	門窗過楔

第四頁

楊錫鏐建築師事務所
S. J. YOUNG. ARCHITECT.

編號本日第 六三五號　　　　　第三章 牆垣水料 類

第三章　牆垣水料

（一）	一應外牆皆用共家翻三驗青磚砌十寸或十五寸牆圖上註明用黃砂石灰砌	青磚
（二）	二層三層分間牆皆砌十寸磚磚三層以上甬道兩旁及傳牆間電梯間四周皆用空心磚牆用振蘇公司或相等出品四寸半或八寸半空心磚用水泥灰漿砌輝牆四周皆十寸牆其餘皆五寸	空心磚
（三）	一應磚牆及空心磚皆於砌時用水遂遠灌洗有多敷自來水龍頭通用長皮帶管事高澆水之用	澆水
（四）	凡一切水管電役管等皆於砌牆時隨時裝妥各敷項工程之承包者發妥須留相當之地位並予以相當幫助他如該管萅有穿過凝土大料柱頭時應商之工程師商明白得其允准方可施行	水電管
（五）	窗盤石皆用凝土細砂澆出在上面安三分圓鋼條三根出面鈎新毛安鋼窗處鈎出尹頭另出大樣	窗盤石
（六）	門窗除凝土過楔外皆做法圈半圓形式或平法圖視情形而定用水泥灰漿砌	法圈
（七）	牆砌至地面時皆鋪二號油毛毡（2 Ply）一皮接磚至少三寸	油毛毡
（八）	店堂下層滿堂皆做水泥凝土底腳先用黃坭墊平隨填隨澆夯木人打堅上做三和土六寸鋪黃砂一皮及一三五水泥凝土三寸厚刮至極平以備日後上面敲磁石子地面另參詳粉刷類	滿堂三和土
（九）	前門踏步做金山石後門做朱家火皆六寸十二寸二面鐵光下做六寸三和土用水泥灰漿安放	石踏步
（十）	大烟囱一只用鋼骨水泥做內部下端雙坡磚八尺高上粉鐵筋	鐵火磚屋頭
（十一）	牆垣皆現皆用水泥凝土出三寸厚	

第五頁

楊錫鏐建築師事務所
S. J. YOUNG. ARCHITECT.

編號本日第 六三五號　　　　　第三章 牆垣水料 類

（十二）	屋面欄栿皆於釘時做出斜剪向二旁落水每尺一分於凝土樓板上鋪 Celotex 三分厚一皮用柏油眼字上面再做六層柏油油毡屋面上再鋪細碎豆砂石子敷頂屋面面由坦大洋行或其他家有經驗可行家皆做六七成層皆向回陽白做法水同	平屋面
（十三）	屋面四周皆做明舊一道六寸闊三寸采用柏油由毛毡做凡水每水管口做出水眼有鋼質窿滿眼	明舊
（十四）	水落管皆用生鐵翻出四寸六寸長方形沿山西路及天津路皆砌牆所有投鋼筯處皆用生柏包以防冷生銹伸縮而致漏水管內外皆先塗紅坦後再弄水落管砌牆上每六寸用鐵釘釘牆上	水落管
（十五）	前面陽台每只均有小水落用二寸白鐵自來水管子砌入牆內均於落水泥時頭先放好一切接頭磚管皆用麻質螺線	屋面
（十六）	屋面完工後承營人應絕對負責保証屋面之完全為意意不來滿如完工二年內發生一切滲漏皆均歸承營人員負責修理完雙凡因滲來漏而塌及房屋內粉刷平頂等項應亦應歸承營人修理完善雖因業主自不願心務房屋面視而來窩或火災人禍非人力所能挖回者承營人不負責任	屋面保証
（十七）	大機梯下地坑寸厚四周砌十五寸磚皆用水泥及漿砌內部逢上及地上做栢油由毛毡灌大材料及水泥粉刷者名行家包做應由承營人員責保証不致滲漏完全為意	地坑

第六頁

楊錫鏐建築師事務所
S. J. YOUNG. ARCHITECT.

編號本日第 六三五號　　　　　第四章 木料裝修 類

第四章　木料裝修

（一）	一應木料除另註明外皆用羊松須頭驗皆色無瘕筯大疤羊皆於開工前須先驗敲架妥通風透氣地方候完全乾燥方可應用	木料
（二）	旅舘內一應五寸牆牆除冒頂遠及欄桿間四周外皆做板條牆用三寸四寸坂牆筯廿四寸對中中腰水泥板釘上上下冒頭各四寸見方中安二十四寸楮條二根雙面釘四尺長三分板器栿條子細縫不得星三分	板條牆
（三）	門楹子皆用三六羊松聯大樓敷置牆垣內者四周走羊栢油冒板亲牆內各皆正投釘板牆筯上下兩皆做門楹雙面有羊松門頭敲	門楹
（四）	門皆用頭敲 釘十寸以改寸鐵及踏及五種先釘羊松羊板一切皆照日後大樣敲	五金板
（五）	窗皆用上海製造上羊鋼窗装鋼敲手及曲人偶全用勝利或恆大出品或與某二家出品相寻之賞色處先送樣子請工程師校准當時樣品寺寻出面日後出面	鋼窗
（六）	鋼窗向內皆批皆坭木龙窗闊敲於大門內內和以裝路敲料照日後大樣敲敲點及羊松窗鑑板一塊	窗頭坭
（七）	牆下店面大部窗皆用柳安敲敲窗舖地一尺半舖內下舖一寸四寸柳安地板上舖打光舖上用二寸四寸楮桶上舖一六羊松敲下面天花板釘三層敲粉敲羊松拉門一切大料尺寸皆於日後出有詳細大樣	剪窗
（八）	店堂大門皆用柳安敲敲有膛頭一切照日後大樣敲	門
	店面內每間窗台下層全二層楮栿一只皆用羊松做日後有大樣	牆桶

第七頁

楊錫鏐建築師事務所
S. J. YOUNG, ARCHITECT.

建築章程第 六三五號　　第四章 裝修木料

(十)	旅館下層串堂內櫃台一只皆用柳安做三尺半高二尺闊櫃後有抽屜櫃前做出綱子線脚另有大樣	櫃台
(十一)	樓下大廳一只四周牆上做柳安台度八尺高有綱子線脚柱頭二根亦用柳安包轉另出大樣	台度
(十二)	浴室廁所內分間皆做洋松板壁七尺高用一寸六寸企口洋松板直拼及三寸四寸上下冒頭做前裝彈簧門	分間
(十三)	樓梯上伙食間內小吊車二只用洋松做二面裝直鉄条用粗鋼絲繩吊牢上裝彈子滑車一切另於臨時出有大樣	小吊車
(十四)	凡旅館各房間內地板皆做美術油地毡(T M B Mastic Flooring)用深咖啡色厚約二分先於凝土樓板上做六分水泥灰漿用鉄板刮平上面舖做該項油地毡由恒大洋行或美和洋行供給及包做每方價約三十二兩左右	地板
(十五)	各房間內皆裝洋松踢脚線八寸高一寸厚有線脚	踢脚線
(十六)	每房間內下層串堂間及各甬道內皆釘洋松画鏡線另有大樣	画鏡線
(十七)	各房間小間(Closet)內皆於四周壁上釘刨光一大洋松板中釘圓棍一根日後有大樣	
(十八)	凡陽台欄杆及樓梯欄杆上皆裝柳安扶手另有大樣	扶手

第八頁

楊錫鏐建築師事務所
S. J. YOUNG, ARCHITECT.

建築章程第 六三五號　　第五章 粉刷裝飾

第五章　粉刷裝飾

(一)	沿山西路及天津路外牆除另註明外皆做白水門汀汰石子用Atlas或相等牌子白水門汀和雲石屑及矾石石子粉約六分厚候稍乾先去浮面水泥應先做樣品經工程師核准滿意	外牆粉刷
(二)	門面上用面磚處皆用泰山公司一寸箒面磚嵌木条子貼上灰縫皆嵌白水門汀一切轉角皆用角磚面磚顏色臨時指定之	面磚
(三)	旅館大門門面計五十七尺闊十八尺高外牆做水泥人造石在磚牆外釘売子澆細砂凝土三寸厚用石工做光鑿出石頭接縫得工程師之滿意	人造石
(四)	後面外牆及後弄內圍牆皆粉水泥粉刷劃成方塊形台口線脚做汰石子	
(五)	店面下層及二三層內牆做石灰粉刷分三度做第一度柴泥第二度紙筋內加蔴絲每方廿五磅搗爛第三度用老粉加膠水刷三次	石灰粉刷
(六)	店面地上粉磨石子用馬牌水泥及矾石屑拌和加顏色粉平面上磨石四周做踢脚線	磨石子
(七)	店面大門口做白水門汀磨光石子向外斜勢	
(八)	店面二三兩層地上加做水泥粉刷用一份水泥及一份黄砂粉至極平	
(九)	樓下廁所及小天井內皆做水泥粉刷地面及台度四尺高	台度
(十)	樓上廁所內皆做白水門汀磨石子地面及台度四尺高有線脚	
(十一)	地坑鍋爐間內四周牆上皆粉水泥粉刷加入避潮材料	
(十二)	旅館上下內牆除另註明外皆粉水砂粉刷分三度做第一度柴	水砂粉刷

第九頁

楊錫鏐建築師事務所
S. J. YOUNG, ARCHITECT.

建築章程第 六三五號　　第五章 粉刷裝飾

	泥加蔴筋搗爛第二度與石灰粉刷同第三度用一份歷淨石灰漿和一份洗淨吳淞水砂用鉄板粉至極光	
(十三)	水砂牆上通道內廁所及一二三層各間皆罩顏色由条詳由漆類四五六七層之房間內皆糊花紙至画鏡綫為止約價每卷一元五角左右花式由工程師臨時指定之	糊花紙
(十四)	一應平頂及画鏡綫之上部皆做石灰粉刷除七層外皆直接粉水泥樓板上大料四周皆起有線脚	
(十五)	七層平頂皆做鋼絲網平頂先於澆水泥樓板時置入鉛絲売子拆去後即用德昌洋行或泰康洋行鋼絲網釘平大料底每二尺須有鉛絲一根縛牢然後再施粉刷	鋼絲網
(十六)	旅館下層串堂及樓上各層甬道以及大樓梯踏步皆做美術顏色人造石用白水門汀及顏色石子和上等顏料粉半寸厚鑲有顏色花邊樓下串堂並舖出格子方塊面上用機器磨平打光該項人造石應由恒大洋行包做或由專做該項人造石之專門工人包做惟須保証出品與本事務所備樣品一般無二	人造石
(十七)	旅館大門口踏步及階沿皆舖六分厚中國貨白色雲石用水泥及漿舖上磨平	雲石
(十八)	凡人造石地面之處皆做人造石踢脚線八寸高有線脚	
(十九)	凡浴室廁所內地上皆舖中國貨瑪賽克小磁磚用益中公司出品四周有花邊用水泥灰漿舖上縫縫皆撥正用鉄板敲至極平	瑪賽克
(二十)	浴室及廁所牆上皆做六寸方白磁磚台度四尺半高上有花邊綫脚下有圓角一應陰陽轉角俱全上部水砂粉刷	磁磚台度
(廿一)	旅館大門串堂及大廳平頂皆做花平頂臨時出大樣牆上並做簡單石膏花頭一切有大樣	花平頂

第十頁

楊錫鏐建築師事務所
S. J. YOUNG, ARCHITECT.

建築章程第 六三五號　　第六章 銅鉄五金

(廿二)	前首外牆及正面門面有花頭處皆先做石灰樣子經工程師核准方可做上	樣子
(廿三)	屋頂壓簷牆向內粉水泥粉刷	

第六章　銅鉄五金

(一)	店面大櫥窗四周及上下冒頭皆包紫銅皮敲出線脚臨時出有大樣由上海製造櫥窗上部格子玻璃亦用銅角丁字条做	櫥窗
(二)	門面各層陽台及六七層前面欄杆皆用熟鉄做花頭大概照圖上再於臨時翻出正式大樣	欄杆
(三)	後面三層以上假陽台皆装欄杆用四分方直楞加簡單花頭	
(四)	六層前面陽台上分間處用寸半白鉄管灣成隔間照圖樣漆銀粉七層前面陽台隔間用熟鉄做出花頭	
(五)	後弄內下層廁所窗上皆配鉄直楞四分圓	
(六)	旅館大門口天篷一只用水落鉄及三角鉄做出用花鉄条吊牆上前面裝鋼絲網粉汰石子均於日後出大樣	天篷
(七)	六七兩層陽台分間處皆用三角鉄做架子中裝馬眼鋼絲網做籬笆	籬笆
(八)	大扶梯一只做熟鉄花欄杆有生鉄翻出花頭隨後另出大樣	花欄杆
(九)	大樓梯踏步上每級用紫銅踏步条嵌入踏步內日後有大樣	銅条
(十)	旅館小扶梯二只皆做五分方熟鉄欄杆	
(十一)	每電梯門口用熟鉄做沿口四寸闊須與裝電梯行家合作以準	

第十一頁

左上表

楊　錫　鏐　建　築　師　事　務　所
S. J. YOUNG. ARCHITECT.
第六三五號章規築建　　　　　第七章　門窗五金

	確為要	
(三)	旅館大門口做馬眼鐵扯門一道扯入牆內上下軌道俱全用彈子鏈軸	扯門
(三)	後弄大鐵門一道熟鐵做出大樣	

第七章　門窗五金

(一)	店面大門及橱窗外皆長排門板及木頭橫門鐵搭擊大門上配善通鎖及彈簧鎖一具白鐵鉸鏈	排門
(二)	店面二三層及厠內各門皆配白銅拉手普通門鎖各一具白鐵鉸鏈四寸	鉸鏈
(三)	後門配熟鐵十二寸門鎖插銷一具	插銷
(四)	旅館大門配耶耳八寸黃銅雙彈簧鉸鏈每用三塊上下暗彈簧插銷各一付而上等大門鎖一具耶耳自閉門各二付雙面鋼板拉手俱全以及雙面銅半紮鋼推手各三根	彈簧鉸鏈
(五)	樓上用彈簧門皆配八寸雙面彈簧每用二理及雙面黃銅板拉手	門鎖
(六)	旅館各房門及厠浴室門上皆配四寸白鐵鉸二塊全紮銅上海製造上等銅鎖一具約彎每具四面左右門紮鋼拉手連插銷一具的彎一面黃銅鈎打子俱全該項門鎖執手應定做有旅館牌子字樣另出大樣	
(七)	門上氣窗皆配三寸白鐵鉸及連彈插銷銅鉸鏈	

第十二頁

右上表

楊　錫　鏐　建　築　師　事　務　所
S. J. YOUNG. ARCHITECT.
第六三五號章規築建　　　　　第八章　油漆玻璃

(八)	一應窗上五金皆配紮銅連鋼窗上	
(九)	厠所浴室內小門皆裝黃銅自閉彈簧鉸鏈及厠所內裝銅鈎子俱全	

第八章　油漆玻璃

(一)	店面大銅窗外木器及店面後門側內皆紮金漆含漆一底二度	金漆
(二)	一應內門及踢脚線畫鏡線皆上色揩泡立水	泡立水
(三)	旅館下層大應白度泡立水磨加工揩出亮光	
(四)	一應鋼窗皆油漆二度顏色臨時擇定之	
(五)	水落管費管及水管之露出牆外者皆紅丹打底油漆二度	紅丹白漆
(六)	浴室厠內之一應木料皆白漆一底二度	
(七)	旅館下層大應及串堂牆上皆用顏色油本於花頭上底出顏色臨晒出有大樣	
(八)	七層各大房間內牆上平頂皆用顏色油漆漆出花頭有大樣	
(九)	一應鐵欄杆皆油漆一底二度大扶梯木正面間自欄杆皆有飛金花頭	
(十)	店面大窗及櫥窗皆用英國鏡上等淨白片上部配細花玻璃或水梅片店面大門配車邊亞白片木套釘	淨片
(十一)	一應鋼窗上皆配十六盎子片一切氣色皆須刷淨用米路油灰嵌	
(十二)	旅館大門配車邊厚白片上牆上各層兩道彈黃門上皆配紮鋼絲玻璃	厚白片

第十三頁

左下表

楊　錫　鏐　建　築　師　事　務　所
S. J. YOUNG. ARCHITECT.
第六三五號章規築建　　　　　第九章　雜項

(十三)	浴室厠所之窗上皆配水梅片	
(十四)	旅館大門外兩道上配鋼絲玻璃厨房及鍋爐間窗上亦配鋼絲玻璃	
(十五)	旅館各房間上氣窗皆用鋼絲玻璃做硬百葉每隔二寸半相距約半詳大樣	
(十六)	一應玻璃皆於交屋時從行驗点所有玻璃皆披雜堅並逐逢揩明淨	

第九章　雜項及補遺

(一)	後弄一條地上做三寸水泥凝土及一寸水泥灰漿向二旁落水面上劃成二尺三尺方塊形	
(二)	後弄二旁各做明溝一道大寸圓用水泥凝土做下做三和土底脚八寸厚溝六寸厚落水向最底陰井寸三分	明溝
(三)	陰溝用工部局定章圖樣尺寸安放斜線至少每尺三分頭處應用水泥封牢每水落下做陰溝眼絕管接通至馬路總管	陰溝
(四)	陰井皆用磚砌二尺方牆十寸厚內粉水泥上做生鐵蓋	陰井
(五)	店面大門窗之皆用洋松板做排門須易於上落並須油盤圖光翻大樣由工程師核准	排門

第十四頁

右下表

楊　錫　鏐　建　築　師　事　務　所
S. J. YOUNG. ARCHITECT.
第六三五號章規築建

說明書修改條文

本說明書於簽訂合同時由雙方同意將下列各條加以修改所有畫樣上及說明書中所載明有於下列各條相抵觸者悉依下列修改條文辦理之

(一)	第三章第十二條
	七層以上之大屋面及厨房樓梯間等屋面上之 Calotex 皆取消於鋼骨樓板上粉水泥一度上照章做六層瓦面石子惟六七兩層前面陽白曾照原文辦理
(二)	第四章第五條
	所有後面名弄上下各層房間皆改用洋松木窗尺寸照舊及洋松窗頭線四五六三層房間內之長窗並改為短窗及掛各間之樓陽白鐵欄杆取消短窗上皆配白鐵鉸鏈及黃銅裝飾長掛銷
(三)	第四章第十一條
	大應四面牆上自度取消改為一律水砂粉刷
(四)	第五章第六條
	店面各間地上不做磨石子改為水泥粉刷大分度面上刮平
(五)	第五章第十三條
	本條取消
(六)	旅館下層串堂大樓梯踏步及樓梯間內仍照原文做惟各層兩道內地上改做有水門汀磨石子用馬牆水泥及磨石屑做四周有邊一道

郵 政 局 習 題

今擬於一約二萬五千人口之城市中，建一郵政局，辦理該城市鎮及鄉村一切郵務事宜。 地呈長方形，闊九十呎，面對廣場。 深一百五十呎，設有便道，以利交通。

需要建築：——

一大營業廳；內設信件處，郵票發售處，包裹處，掛號處匯兌處，郵政儲金處，出租信箱室。 此外正局長及副局長辦公室各一間，運夫房六間，容十輛汽車房一所。 底層設鍋鑪房及職員宿舍。

比例尺：——

立面圖：　$\frac{1}{4}'' = 1' - 0''$

平面圖：　$\frac{1}{8}'' = 1' - 0''$

剖面圖：　$\frac{1}{8}'' = 1' - 0''$

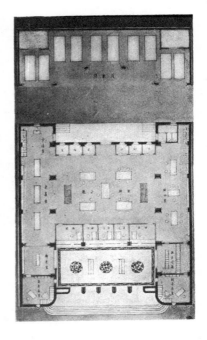

中央大學建築工程系三年級唐璞繪郵政局平面及立面圖

中央大學建築工程系三年級戡康繪郵政局立面圖

中央大學建築工程系三年級朱棟繪郵政局立面圖

民國廿二年九月份上海市建築房屋請照會記實

公 共 租 界 請 照 表

請照單號碼	請照單日期	建築種類	建築地點	區域	地冊	請照人	照會號碼
B 1911	九月	醫院附小教堂房屋一宅	甯波路	東區	W. 7534	W. Livin	B3641
B 2392 B	九月	鍋爐間一所	北蘇州路	北區	1017	業廣地產公司	3642
B 4002 A	九月	汽油喞筒及小油池	韜朋路	東區	3541	亞西亞火油公司	3643
B 4124	九月	華式住房七幢及水塔一座	康腦脫路	西區	6235	T. Y. Chang	3644
B 4164	九月	汽車出租處一所	仁記路	中區	30	雲飛汽車行	3645
B 4176	九月	華式住房九幢市房二幢		西區	4223	The Kyetay Eng, Corp.	3646
B 4373	九月	華式住房六十二幢 華式店鋪十五幢 門樓一所	塘山路	東區	1584—5	Teh Ming Hsu	3648
B 4418	九月	華式住房五十六幢 華式店鋪三十七幢 門樓二所	梅白克路	西區	370	N. Ling Woo	3653
B 4427	九月	職員宿舍	眉州路	東區	7279	Zia Ming Wei	3654

法 租 界 請 照 表

請照單號碼	請照日期	建築種類	建築地點	地冊	請照人	照會號碼	估價
2546	九月一日	中式三層連頂樓住房一幢	徐家匯	5076	汪成方	4746	10,000元
2548	九月五日	跳舞廳一所	呂班路	4005—6	B. V. Gautz	1344	
2549	九月五日	三層店房及行屋各二幢	巨賴達路	5654	H. C. Zee		12,000元
2550	九月六日	三層行屋廿六幢 中式店鋪二幢 圍牆一道	環龍路	4167	Chaw Yong Maw		
2551	九月六日	三層中式住宅一宅及圍牆		13142	李錦沛		60,000元
2553	九月八日	歐式樓房十幢及圍牆	辣斐德路	9091	建安公司	1349	25,000元
2554	九月八月	中式樓房八幢及圍牆		9926	李瑞榮	4748	8000元
2558	九月十二日	八層大廈一宅	環龍路	6648	W. Livin	1348	800,000元
2562	九月十五日	二層市房七幢		12074	顧順生	4757	8500元
2563	九月十九日	三層中式住宅一座	華龍路	4013A	Paul Chelezzi	4750	
2569	九月十九日	浴室一座	平濟利路	1613	中山浴室		
2570	九月廿三日	二層住房廿四幢	馬斯南路	5061A/1C			25,000元
2571	九月廿三日	三層歐式住房八幢 門房一間	西愛威斯路	13254	啓明建築事務所		30,000元
2573	九月廿八日	二層住房廿四層及圍牆		1305	上海女子銀行		

專　載

估　計　号　尾　價　額　事

李中道律師來函

逕啓者茲有當事人徐邢氏聲稱氏所有護記路一五八號地產上前由租戶文治大學於民國十六年擅僱楊裕興營造廠私建寄宿舍一所後由警備司令部佔居現奉內政部決定准予發還茲爲便利交涉發還起見應委託函知建築師學會估計該屋現時之價額等因前來相應函達並祈於二三日內將估價單擲下至級公誼此致

建築師學會

本會復函

逕復者接奉七月二十日

大札申請代爲估計

貴當事人徐邢氏護記路一五八號地基上舊尾一所之現值若干前來當經本會七月二十八日常會決議派員前往該屋實地勘察所得結果如下

（一）房屋地位　該屋係一假三層校舍占地約三千六百平方尺平均高度約三十七尺用磚牆木屋架瓦屋面木地板所造成

（二）建築現狀　該建築約爲七八年前所建造約值國幣七八千元左右最近曾爲駐兵之用對於房屋蹂躪不堪牆垣剝裂地板陷落門窗什八不全粉刷平頂更形毀壞以現狀衡之已不復可容人居住矣

（三）估價根據　七八年前所建之普通房屋而完好可居者當可值原價百分之六七十左右不等然今該屋以毀傷過甚除所有磚瓦木料可作舊料估值外已無足容人居之價值苟欲以完好可居爲目的而加以修理則該項修理費用約計之當在四五千元之譜設修好後可值原價百分之七十五則該屋現值幾將等於零殊非平允之道故估計標準仍以所存舊料之價值計算之

（四）估計現值　該屋各項材料之有舊料價值者約有磚瓦地板欄柵屋頂木料未破之門窗石料水落門窗上五金等類經詳細覆核如地點不計（註一）約可值國幣一千八百五十元正

（註一）舊料估值與該舊料購者及售者之地點遠近殊有關係今因事實上無購主故所估值以就地出售而論

據此特行奉復倘祈

查照爲荷

上海公共租界房屋建築章程

（上海公共租界工部局訂）

楊　肇　輝　譯

其他方法亦可適用。

22.——遇必要時,如石工製或半釉物製之防臭具或管須接於鉛製污管,廢物管,或防臭具通連於污坑者,此石工製或半釉物製防臭具或管與此鉛製污管,廢物管或防臭具之中應跫一銅製或他種適當混合金屬製之凹臼;此石工製或半釉物製之防臭具或管應卽捶罟於此凹臼中;按連處應以水泥做之;此凹臼並應用金屬物之接口連於鉛製污管,廢物管或防臭具上。 但使石工製或半釉物製之防臭具或管連接於鉛製污管,廢物管或防臭具而能得同等適當與效果者,其他方法亦可適用。

23.——(甲)凡造一連屬於一房屋之污坑,其造法及其位置應設法使可隨時利便實用,俾能易於清潔及除去其中穢物,並須將穢物由此污坑中及其所連屬之房屋中立時掃除於而不由任何其他房屋中經過。

　　　(乙)凡造一連屬於一房屋之污坑,應設置一永久而係鐵製或他種核准之金屬物製之直吸管,其內直徑四吋,安一有蓋而係核准之標準製槍銅所製之轉紐器。 此污坑,除其位置爲八呎氣之載重車所泥達到者外應設一不透氣之吸管一內直徑四吋並安有標準轉紐器,置於可達到上述載車之最近處,但此吸管之長度不得過壹百呎。 又吸管須備有可以清潔之開關及能經審査之門口者,不在此例。

　　　(丙)凡連屬於一房屋之污坑應用鐵擊,毘凝土或毘凝土或他種可得本局稽查員核准之永不透水材料建造之。

　　　(丁)凡造一連屬於一房屋之污坑,其深度在最近公路之水平以下不得過八呎;其底應爲曲線或具有不小於一比十之斜度;其內部各處轉角亦應爲圓形。

　　　(戊)凡造一連屬於一房屋之污坑應遵照以下規定之最小容量:

	廁所三處或少於三處 之水池容量	廁所三處以上 每一處應加之容量
宿舍,俱樂部旅館或零售處	60立方呎	15立方呎
辦公房屋	60立方呎	12立方呎
住宅	60立方呎	20立方呎
工廠	最小容量277立方呎,內中人數在一百以上,每加一 人,容量應加3立方呎。	

　　　(己)凡連屬於一房屋之污坑應設一雙關之溝井蓋,其模樣須經本局稽查員核准。 此污坑並應用後連之污管或污溝以流通空氣。

　　　(庚)每一污坑不應有溝或他種方法以通於任何水溝或任何溢水之出口。

24.——無論何人,如須在屋址上施以工程或改造以使不必需用之污坑而猶有用者,及任何屋主之設有不必需之無用污坑者,均應將其中所留之污糞穢物完全空去,並應將此污坑中可以安全拆除之地板,牆,及屋頂與引至及連於此污坑之管子及水溝概行卸去;更應用上好毘凝土或用適當之乾淨土,乾淨磚,廢料或他潔淨材料將此污坑全部封湖塡滿;如此污坑之牆未經完全拆除,應在用土塡滿之空處之面上,蓋一層六吋厚之上好混凝土。

25.——屋主應附屬於屋址中之廁所與污坑及其輔助物等維持於完善情況中。

26.——屋主應使附屬於屋址中之每一廁所隨時視需要而全體淸潔之，俾其保持淸潔狀況而不碍衞生；並應使此廁所中之穢物不致溢出於外或潰漏於下。

第五章完

※新建西式房屋建築章程完

※上海公共租界房屋建築章程係照房屋之式樣及用途分類規定．本刊自第一頁起至此頁止爲新建西式房屋之建築章程．其他房屋之建築章程仍將全部譯出，繼續刊佈；但每一章程均另由下頁起登載，藉分段落，而易查閱。

上海公共租界房屋建築章程

關於戲院等之特別章程

1.——本特別章程應專施用於一切戲院，房屋，房間或大衆聚集之其他地方，係此後卽須建造而開放作公共表演戲劇與映放影戲之用者；暨一切房屋，房間或大衆聚集之其他地方，係此後卽須建造而開放作公共跳舞，音樂或同類之其他公共娛樂之用者。

在本特別章程中，用有"此類房屋"之詞句者，其意卽指上述性質之任何房屋並應備有執照。

地 址 之 邊 界

2.——凡人欲造此類房屋者，應呈一申請書送至本局，內中敍明該人擬用此類房屋之性質及範圍。此申請書中應附有一屋址圖，表明此類房屋之位置及其娛樂之性質，以其所在地址與隣近房屋及公共道路均有關係也。此圖之比例尺須不小於每吋作二十呎。

倘地址經本局表示滿意，申請書中所述擬建房屋之執照卽可發給，但須遵照新建西式房屋建築章程暨本章程下列各條辦理。

申請書中所述擬建房屋之執照，本局有核准或駁斥發給之全權。

爲符合本特別章程第九條起見，倘多加一通行路係屬必要，得置一私有之通行路。

此通行路之寬度不得小於十呎，由此類房屋之所有人完全管理之；如其寬度少於二十呎，隣近房屋之門或其他空洞均不得與之通連，或臨向此路之任何部分，但遵照第四條而設置者除外。

此類房屋不得在任何其他房屋之下或在其上

3.——除經本局核准者外，此類房屋內造有劇台及備有佈景者，或欲用作放映影片者，均不應建造於任何其他房屋之任何部分之下或在其上；又不應容置起店房間，但遵照第五條而設置者除外。

牆 或 屋 頂 上 之 空 洞

4.——此類房屋與任何相隣不動產之距離在十呎以內者，其牆上或屋頂上概不許有空洞，一除非有一磚牆，厚度係照新建西式房屋建築章程，造於此類房屋與相隣不動產之間，高度須在此屋牆上或屋頂上空洞之上至少六呎。 倘本局以爲確有需要，同樣之牆亦應造於此類房屋之任何空洞與任何相隣不動產上之引火建築物或材料之間。

牆

5.——此類房屋應四週圍以適當之外牆或分間牆（參照新建西式房屋建築章程第一章第二節），用磚,石或經本局稽查員核准之其他材料建造之。 倘此類房屋祇爲一屋之一部分,應有一經本局稽查員核准之避火材料所造之分間牆,以與其他部分互相隔絕。 此類房屋不得有一部分臨向相連部分之任何一處,如本局以其或有引火至於此屋之危險.

地 板 級 層 等

6.——在一切此類房屋內,大廳之地板,級層等屋頂均應用避火材料（參閱新建西式房屋建築章程第二章第二節）.

7.——此類房屋連廳座水平以上之邊廂在內,不應多過兩級層,除非面前之路之最小寬度不小於五十呎;級層與平直之坡度不應多過三十五度。 在第一級層下之廳座之地板及其他每一級層之地板與各該上面之天花板之間,平均高度不得小於十二呎,垂直量之最小高度應爲十呎.

底 層 或 廳 座 之 水 平

8.——在此類房屋中,底層最低處之地板或如無底層時卽係廳座之地板,距最近公路之路冠水平以上不得小於十二吋.

入 場 門 與 太 平 門

9.——在一切此類房屋內,除入場大門外,每一級層或每一層能容不過五百人者應設有離開而獨立之太平門兩處;其能容之人數過五百者,則在五百以上每加二百五十人或其分數者,應加設一太平門。 此太平門在牆之中間或於開門時在門柱之中間應有不少於五呎之寬度。每一級層或每層之二太平門應互相遠隔,並應各能通達於一天井或一公路上.

倘每層或每一級層能容之人數不過三百者,則除入場大門外,應設有四呎寬之太平門二處。 如每層或級層中分隔爲二或多於二部分而各部分間又不能隨意通行時,各部分均應有如上述之太平門,直接通連於出入路口。 若每級層或每層中造有廂位,每一廂位至少應置一太平門,直接通連於出入路口。 計算此類房屋之每級層,每層或每級層之一部分中能容若干人數時,站立地位亦須可以觀表演,與座位應司漾注意.

太平門之排列均應能由每級層或每層之各處得有迅速準備,可以立時離去;並應直接通連於天井或公路上.

走 廊 之 建 造 及 寬 度

10.——此類房屋中之走廊,過道或通路之作聽衆之用者應用避火材料建造之（參閱新建西式房屋建築章程第二章第二節）。 造成後之最狹處應照規定太平門之寬度.

斜 處

（定閱雜誌）

兹定閱貴會出版之中國建築自第……卷第……期起至第……卷

第………期止計大洋……元……角……分按數匯上請將

貴雜誌按期寄下爲荷此致

中國建築雜誌發行部

　　　　　　　　　　　　　　　敬　年　　月　　日

地址…………

（更改地址）

逕啓者前於………年………月……日在

貴社訂閱中國建築一份執有……字第……號定單原寄……

……………………收現因地址遷移請卽改寄……

…………………收爲荷此致

中國建築雜誌發行部

　　　　　　　　　　　　　　　啓　年　　月……日

（查詢雜誌）

逕啓者前於………年………月………日在

貴社訂閱中國建築一份執有……字第……號定單寄……

…………………收查第……卷第……期尙未收到所卽

查復爲荷此致

中國建築雜誌發行部

　　　　　　　　　　　　　　　啓　年　　月……日

中　國　建　築

THE CHINESE ARCHITECT

OFFICE:

ROOM NO. 427, CONTINENTAL EMPORIUM, NANKING ROAD, SHANGHAI.

廣 告 價 目 表

底外面全頁	每期一百元
封面裏頁	每期八十元
卷首全頁	每期八十元
底裏面全頁	每期六十元
普通全頁	每期四十五元
普通半頁	每期二十五元
普通四分之一頁	每期十五元
製版費另加	彩色價目面議
連登多期	價目從廉

Advertising Rates Per Issue

Back cover	$100.00
Inside front cover	$ 80.00
Page before contents	$ 80.00
Inside back cover	$ 60.00
Ordinary full page	$ 45.00
Ordinary half page	$ 25.00
Ordinary quarter page	$ 15.00

All blocks, cuts, etc., to be supplied by advertisers and any special color printing will be charged for extra.

中國建築第一卷第四期

出　版	中國建築師學會
地　址	上海南京路大陸商場四樓四二七號
印刷者	美　華　書　館 上海愛而近路三號 電話四二七二六號

中華民國二十二年十月出版

中國建築定價

零　售	每　冊　大　洋　五　角	
預　定	半　年	六冊大洋三元
	全　年	十二冊大洋五元
郵　費	國外每冊加一角六分 國內預定者不加郵費	

廣 告 索 引

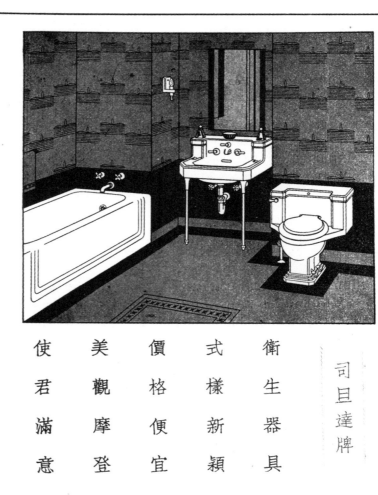

司旦達牌

尊處浴室亦摩登化否？

衛生器具
式樣新穎
價格便宜
美觀摩登
使君滿意

Guaranteed Quality

AMERICAN RADIATOR & STANDARD
SANITARY CORPORATION

中國獨家經理

慎昌洋行

上海圓明園路四號

Hong Name   "Mei Woo"

CERTAINTEED PRODUCTS CORPORATION Roofing & Wallboard	RICHARDS TILES LTD. Floor, Wall & Coloured Tiles
THE CELOTEX COMPANY Insulating Board	SCHLAGE LOCK COMPANY Lock & Hardware
CALIFORNIA STUCCO PRODUCTS COMPANY Interior and Exterior Stuccos	SIMPLEX GYPSUM PRODUCTS COMPANY Plaster of Paris & Fibrous Plaster
MIDWEST EQUIPMENT COMPANY Insulite Mastic Flooring	TOCH BROTHERS INC. Industrial Paint & Waterproofing Compound
MUNDET & COMPANY, LTD. Cork Insulation & Cork Tile	WHEELING STEEL CORPORATION Expanded Metal Lath

Large stock carried locally.

Agents for Central China

FAGAN & COMPANY, LTD.

261 Kiangse Road

Telephone
18020 & 18029

Cable Address
KASFAG

商美

美和洋行

承辦屋頂及地板

工程並經理石膏

粉石膏板甘蔗板

避水漿鐵絲網磁

磚牆粉門鎖等各

種建築材料備有

大宗現貨如蒙垂

詢請打電話一八

○二○或駕臨江

西路二六一號接

洽為荷

中國汽泥磚瓦公司

總經理英商馬爾康洋行

營業所：	上海四川路二二○號
廠　址：	上海平涼路一○九號
電　話：	一一二五號(四線)

本公司自製面磚及美藝磨石子工程一班

本公司聘有意國專門技師監

工督造各種上等建築材料并

承造雲石人造石磨石子一切

大小工程凡經本公司承造之

工程各業主莫不一致贊許焉

出品及承包工程

輕質汽泥磚
(AEROCRETE)

抗水面磚
(TERROCRETE)

大理石工程

磨石子工程

并運意大利

比利時法蘭

西希臘各國

上好大理石

花崗石及瑠

威LABRADORS

石倘蒙諮詢

或惠顧曷勝

歡迎

THE CHINA AEROCRETE CO., LTD.

GENERAL MANAGERS

MALCOLM & CO., LTD.

220 SZECHUEN ROAD

石 理 大 貨 國

廠 石 理 大 海 山

專承大理石與磨石子各種建築工程

上圖為最近竣工已開幕之墾業銀行內大理石柱子牆
壁欄杆櫃檯及地面等之一部

事務所　仁記路三十六號

樣子間　營業室　電話　一〇五六八
　　　　經理室　電話　一六五四二

總廠　南市斜土路五六五號
　　　電話南市二三七六九

分廠　南市斜土路五七六號

最近竣工者

計有

墾業銀行

恒利銀行

華懋飯店

哈同墳墓

等

已承接而在進行製造者

計有

上海中匯銀行

南京中國銀行

青島中國銀行

百樂門舞場

黃瓊仙醫師墳墓

等

盡 是 鋼 精 Aluminium 製 成

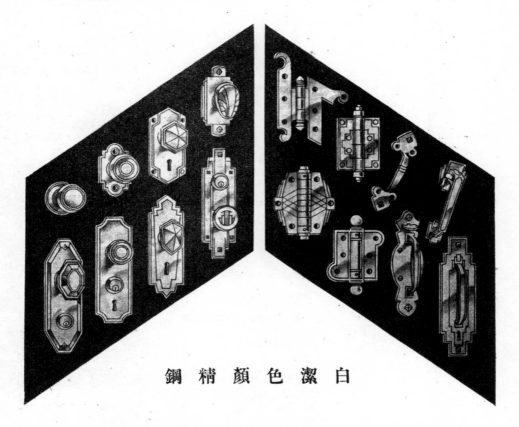

鋼 精 顔 色 潔 白

體 輕 而 不 生 銹． 建 築 師 爲 達 到 建 築 上 種

種 目 的,始 想 出 應 用 鋼 精 之 種 種 便 利． 詳

細 情 形 祈 接 洽．

ALUMINIUM (V) LTD.

鋁 業 有 限 公 司

上 海 北 京 路 二 號 電 話 11758 號

廠造營記森朱

六三七一九：話電　號四一四樓四場商陸大路京南海上：所務事

（造承廠本）　廈大府市海上之禮典成落行舉日慶國

本廠承建各界房屋歷造價國幣五六百萬元以上茲略舉數則於下俾各界參考如蒙委託承造無任歡迎

中國科學社明復圖書館
中央研究院鋼鐵試驗場
先烈陳英士紀念塔
南京中央氣象研究所
南京生物研究所
陳英士先烈紀念堂
蘇州交通銀行
蘇州金城銀行
蘇州大陸銀行
蘇州中南銀行
整理文廟公園
上海市立圖書館
上海榮金大戲院
莊俊建築師住宅
德奧瑞同學會會所
同濟校友會會所

總廠
上海閘北西寶興路
倫敦路口

廠造營記掄褚

廠址　上海臨平路二一號　　電話　五另四四號

本廠承造一切大小鋼
骨水泥工程以及房屋
橋樑道路涵洞等如蒙
垂詢或委託無任歡迎

上圖爲本廠承造之
總理銅像座基
地點　市中心區

THU LUAN KEE
CONTRACTOR
21 LINGPING ROAD. TEL. 50444.

榮德水電工程所

本工程所創辦以來十有餘年專行承辦暖氣工程冷熱水管衛生器具冷氣設備各種另件一應齊備

電話 八五零五九五號

工作人員經驗豐富早荷各界同聲贊美如蒙賜顧竭誠歡迎

地址 上海葛羅路十九號

張德興利電料行記

上海電料行

上海北四川路六九〇至九二號
電話 四六六三二一號
青島吳淞路十五號
電話 二九三六號

本行承裝各埠電氣工程略舉如下賚備參考

本埠工程
華商證券交易所
交通銀行變賣及市房
美商地產公司住宅市房
青心女學
普益地產公司市房
中華地產公司
馬斯南路地產
楊虎臣公寓
劉志鈴公寓
吳市長公館
王部長公館

外埠工程
青年會 甯波新江橋
華美醫院 甯波北門外
鐵道部 南京
明華銀行公寓 南京
華銀行公寓 青島
國立山東大學 青島
孫科公館 南京
嚴春陽住宅 南通石港
野利醫院 杭州
浙江圖書館 浙江
何部長公館 湖南
南京

漢口路
福煦路
北四川路
施高塔路
威海衛路
愛文義路
南市四明
南京路
海關路
實業部
億定盤路
甘肅路
環龍路
愚園路
格洛司路

上海青島
張德興利電料行
上海電料行
謹啟

此係馬斯南路二號華商證券交易所 建築師陸謙受

美商
約 克 洋 行

涼 專
氣 家

冷 製
藏 冰

○五四一一話電　　　號一念路記仁海上

For Every Refrigeration Need, There is a Suitable "York" Machine

YORK SHIPLEY, INC.,

21 JINKEE ROAD

Shanghai.

現代衛生工程和衛生磁器

顧 發 利 洋 行

暖氣工程

眞空暖氣工程　　　　低壓暖氣工程

暗管暖氣工程　　　加速及自降暖氣工程

噴 氣 器

冷氣及濕度調節工程

收 塵 器　　　烘 棉 器　　　空氣流通裝置

消 防 設 備　　自動噴水滅火器　　水 管 工 程

GORDON & COMPANY, LIMITED

Address 443 Szechuen Road

地址　四川路四四三號

電話一六○七七/八
Telephones 16077-8

電 報
Cable Add: Hardware

勝利鋼窗廠

VICTORY MEG CO.

ALL KINDS OF METAL WORKS
STEEL WINDOWS-DOORS-SHOP FRONTS

專製鋼窗鋼門及銅鐵工程

事務所
甯波路四十七號四樓
電話一九○三三號

製造廠 由法租界薩坡賽路新遷
閘北柳營路萬福橋
第二八四號

倘裝置

中國銅鐵工廠 出品

國貨鋼窗銅門
銅窗

須要空氣流通
室雅整潔美觀

二居住的條件

更使君處處滿意並有下列之特點

式樣新穎——堅固耐用
空氣通暢——光線明媚
啟閉靈便——不進風雨

總辦事處
上海甯波路四十號
電話一四三九一號
電報掛號一○一三

華興機窰公司廣告

本公司創立十餘年。專製各種手工坯紅磚。行銷各埠。素蒙建築界所稱道。茲為應付需要起見。于本年夏季起。計有大小樣製造。擴充四面光機磚空心磚及瓦片等多種。均經高尚技師精心研究，完善監製。故其品質之優良光潔。實非一般粗製濫造者可比。至定價低廉。選送迅速。猶其餘事。如蒙惠顧。無任歡迎

上海辦事處 貴州路一零七號

電話：九二八五五

廠址 崐山大西門外九里亭

電話 崐一六九

欲增進建築內部之美觀

請 用

蔡根（M.B.CHAIKIN）大理石廠

之

各色倣眞人造大理石

（ARTIFICIAL MARBLE）

樣 品 待 索

地址： 大西路美麗園三十二號

電話： 27537

生 泰 木 器 廠

承辦新式木器室內摩登裝璜以及粉刷油漆水泥工程

事務所靜安寺路六百七十五號

本廠特聘技師
悉心研究督造
各種西式花樣
各樣木器如若
異種銀行商店
公寓飯店以及

譬如愚園
路極司非
路轉角百
樂門飯店
舞廳內中
全部木器
均由本廠
製造現器
作他如吳
淞衞生局
醫院以及
南市衞局
之一切木
器亦在承
造之列見
本廠之信
用略有一
斑焉

廠址寶山路口頤福里四十三號

電話三五七〇四號

俱樂部辦公室
等均可代為設
計且工作迅速
限期不悞如蒙
賜顧無任歡迎

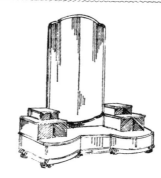

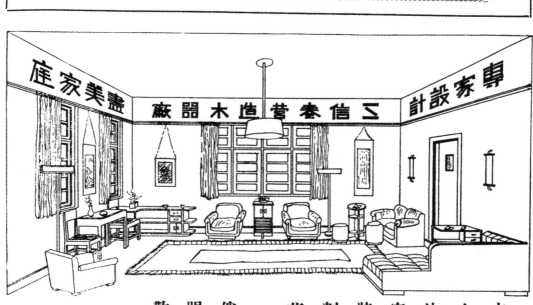

盡美家庭　乙信泰木器營造廠　專家設計

本號自造
中西木器
油漆洋房
定做生材
裝修門面
劃配玻璃
花色鏡架
一應俱全
倘蒙
賜顧無不
歡迎

開設康腦脫路
五七七弄二一
六號
電話三五六九
九號

久 記 營 造 廠

本專廠專造樓碼鐵橋以一大鋼水工
廠造房道頭及切小骨泥程

事務所：上海圓明園路二十三號　　廠設：上海南市機廠街二一七號

電話：二九一七六
　　　三二〇二五

SPECIALISTS IN

Godown, Harbor, Railway, Bridge, Reinforced Concrete and General Construction Works.

THE KOW KEE CONSTRUCTION CO.

Town Office: 23, Yuen Ming Yuen Road

Factory: 217, Machinery Street, Nantao.

Telephone 22025.
　　　　　　19176.

夏仁記營造廠

本廠專造一切大

小鋼骨水泥工程

各項工作人員無

不經驗豐富工作

迅捷如蒙委託

承造竭誠歡迎

事務所　環龍路一八八弄四號

電話　七三四四九號

廠址　憶定盤路

協成營造廠

廠址上海法租界太平橋西門路潤安里九十五號電話二八九五八

——用科學之方法——

——隨着時代之趨勢——

承造一切

大小鋼骨

水泥工程

豐富之經

驗迅捷之

工作定能

使君滿意

如蒙委

託承造

勝歡迎不

懋利衛生工程行

上海 南京

承辦

衛生裝置 暖屋水汀

冷熱水管 消防工程

專家設計 週到切實

如蒙垂詢 竭誠奉覆

總行 上海北京路三七八號 電話 九一八〇二

分行 南京下關祥泰里三四號 電話 四一二三三

SHANGHAI PLUMBING COMPANY

CONTRACTORS FOR

HEATING SANITARY VENTILATING INSTALLATIONS

PHONE 91802, 378 PEKING ROAD, SHANGHAI.

PHONE 41233, BRANCH NANKING CHINA.

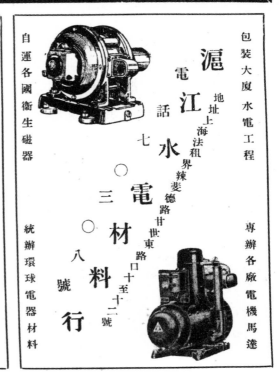

包裝大廈水電工程

滬江水電材料行

電話 七〇三〇八號

地址上海法租界辣斐德路廿世東路口十至十二號

自運各國衛生磁器

統辦環球電器材料

專辦各廠電機馬達

陸福順營造廠

地址：天津路五福弄西首
電話：九一七五五號

承造各項工程
定做西式木器
裝修中西門面
接做油漆粉刷
本廠開設四十餘年所製木器
均經焙乾無裂縫之弊凡
賜顧者當竭誠招待價值克己

鐘山營造廠

總事務所　天潼路三八一號
電話　四〇七一九號

真茹分廠　真茹車站對面
江灣分廠　江灣路東體育會路上海
南京分廠　信託公司第一模範村
　　　　　花牌樓大同洋服店內

本廠承造洋房碼頭駁岸橋
樑道路大小裝修及一切土
木工程等工作堅固美觀各
部職員悉屬專門人才倘蒙
諮詢無不竭誠答覆

監理　黎明旭工程碩士
總經理　庚蔭堂工程學士
工程師　黃五如工程學士
南京分廠經理　徐宗堯工程學士
江灣分廠主任　李昌運工程學士
真茹分廠主任　黃熾昌工程學士

馮成記西式木器廠

廠址：上海周家嘴路鄧脫路底鑫益里內二九二二號

本廠特聘繪圖式樣，精製家具，現時美術，代造木器，兼房屋裝璜佈置，中西粉刷油漆，如蒙惠顧，無任歡迎。

FUNG CHEN KEE FURNITURE & CO.
FURNITURE MANUFACTURE
OFFICE EQUIPMENT CABINET
MAKING. STORE FITTING.
PAINTING. DECORATING.
GENERAL CONTRACT & ETC.

2292 POINT ROAD　　　TELEPHONE 52828

電話五二八二八號

公記營造廠

總事務所
上海海防路三百五十四號
電話三四五一六號
分事務所
上海南京路大陸商場五二九號
電話九二八八二號

本廠專門承造各種
中西房屋橋樑鐵道
碼頭以及一切大小
鋼骨水泥工程並代
客設計規畫工程堅
固美觀各項職工經
驗豐富能使主顧十
分滿意如蒙
委託無不竭誠歡迎

G. FINOCCHIARO & CO.
(ITALIAN MARBLE WORKS)

意商飛納洋行

用大理石及花

岡石建造各種

紀念碑及建築

物最為適宜

備有各種大理

石及電機石版

尺寸俱全

本地址北川路
創廠址立於四
一千八百三十
九百九十三號
年三〇

TRADE MARK

商 標

本公司之馬牌藍晒圖紙

顏色鮮麗品質優良歷久

不致走光晒後加蓋紅

墨水線可不化早經各建

築師證明兼售各種臘紙

臘布圖畫紙等價格均極

廉宜外埠函購由郵局寄

奉倘蒙 賜顧不勝歡迎

馬江公司謹啓

地址上海虹口外虹橋堍

斐倫路平安里四十五號

電話 四二七二七

印刷專家

美華書館

印刷股份有限公司

本館精印中西書報西法畫圖精鑄銅

模鉛字銅版鋅版鉛版花邊及鉛字器

具等印刷精美出品迅速定期不誤有

地址愛而近路二七八號

電話四二七二六號

此建築雜誌由本館承印

口皆碑蓋本館由來迄今已有八十餘

年之久設備新穎經驗豐富尤為專家

洵非自誇如蒙賜顧端誠歡迎

大昌祥印刷所

本所精印 中西文字 銀行簿據

學校章程 書籍報章 文憑表冊

股單聯票 商標仿單 五彩禮券

蘇甯帳冊 精刻鋼銅 晶牙玉石

橡皮角木 美術圖章 如蒙賜顧

無任歡迎 價格從廉 限期不誤

印刷所 上海南市王家嘴角街五二號

電話 二二九七九

事務所 上海甯波路瑞芝里一號

電話 九〇五七一

MANUFACTURE CERAMIQUE DE SHANGHAI

OWNED BY

CREDIT FONCIER D'EXTREME ORIENT

MANUFACTURERS OF
BRICKS
HOLLOW BRICKS
ROOFING TILES

FACTORY:

100 BRENAN ROAD
SHANGHAI
TEL. 27218

SOLE AGENTS:
L. E. MOELLER & CO.
110 SZECHUEN ROAD
SHANGHAI
TEL. 16650

上品義

海　瓦磚

廠　　　屬　附

行銀歀放品義

造　製

等上種各

面　瓦

空

心

磚　片

工　廠

號百一第路南利白

電　話

八一二七二

獨家經理

懋業地產公司

四川路一一〇號

電話：一六六五〇

揚子飯店

上海雲南路漢口路口

新亞大酒店

上海北四川路天潼路口

上列兩大建築之熱氣水汀以及冷熱水管衞生器管工程

均為 光明水電工程行 承辦

地址：上海天潼路三二八號

電話：四〇二八八

本行承辦熱氣水汀冷熱水管衞生設備以及電燈等各種工程

挺司非而路新建中國銀行行員宿舍工程第二期攝影

陸根記營造廠最近承造工程之一

本廠專門承造碼

頭鐵道橋樑以及

一切大小鋼骨建

築工程備齊專門

人才並可代客設

計繪圖計算鋼骨

等項倘有上列工

程見委及諮詢無

不竭誠奉覆務必

達到主顧滿意

為止

事務所

寗波路四十七號

電話

一三七五六號

廠址

大西路惇信路西

中國近代建築史料匯編（第一輯）

中國建築

第一卷　第五期

中國建築

中 國 建 築 師 學 會 出 版

THE CHINESE ARCHITECT

HUNG ... LIBRARY
海上
館書圖英攝
SHANGHAI

VOL. 1 No. 5 第一卷　第五期

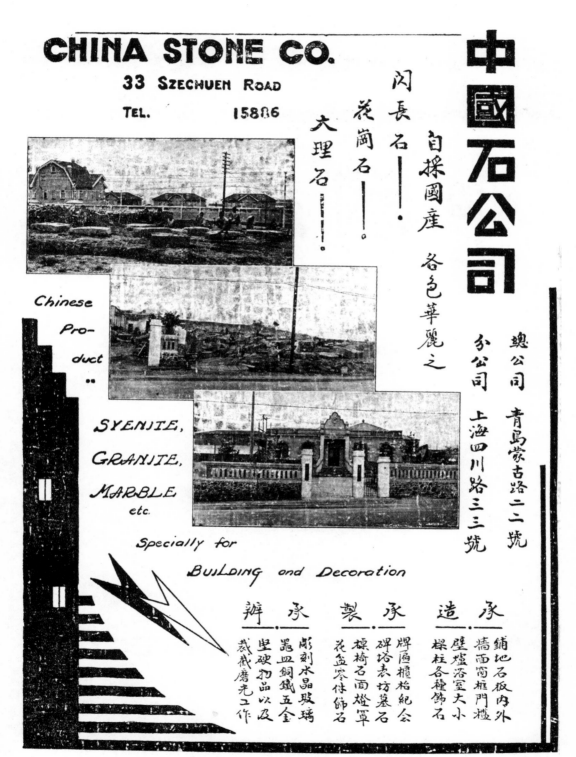

CHINA STONE CO.

33 SZECHUEN ROAD

TEL. 15886

Chinese
Pro-
duct ··

SYENITE,
GRANITE,
MARBLE,
etc.

Specially for

BUILDING and Decoration

中國石公司

閃長石——·

花崗石——。

大理石——·

自採國産 各色華麗之

總公司 青島蒙古路二二號

分公司 上海四川路三三號

承造 鋪地石板內外 牆面窗框門檻 壁爐浴室大小 樑柱各種飾石

承製 碑塔表坊墓石 標椅石面燈罩 花盆容供飾石

承辦 牌匾櫃柏紀念

彫刻水晶玻璃 罷四銅鐵五金 堅硬物品以及 裁截磨光工作

興業瓷磚股份有限公司

各種美術地牆瓷磚

花式層出不窮　市上絕無僅有

且其品質優良　色澤歷久如新

出 品

項 目

美術鋪地瓷磚

美術牆磚

防滑踏步磚

羅馬式瓷磚

缸磚

本外埠各大工程大半鋪用本公司出品均極滿

意備有各種美術瓷磚圖樣足供參考并可隨時

設計服務週詳信譽卓著如蒙光顧無不竭誠歡

迎

營業所：上海四川路四一六號

電話：一六〇〇三號

出 品

THE NATIONAL TILE CO., LTD.

Manufacturer of all Kinds of Wall & Floor Tiles

416 SZECHUEN ROAD, SHANGHAI

TELEPHONE 16003

中國建築雜誌社徵求著作簡章

本社徵求關於建築學說,藝術,及計劃之一切著作;暫訂簡章於后:

一、應徵之著作,一律須爲國文。 文言語體不拘,但須注有新式標點。 由外國文轉譯之深奧專門名辭,得將原文寫出;但須置於括孤記號中,附於譯名之下。

二、應徵之著作,撰著譯著均可。 如係譯著,須將原文所載之書名,出版時日,及著者姓名寫明。

三、應徵之著作,分爲短篇長篇兩種:字數在一千以上,五千以下者爲短篇;字數在五千以上者,均爲長篇。

四、應徵之著作,一經選用,除在本刊發表外,均另酌贈酬金。 不願受酬者,請於應徵時聲明,當贈本刊半年或全年。

五、應徵著作之中選者,其酬金以篇數計:短篇者,每篇由五元起至五十元;長篇者每篇由十元起至二百元。 在本刊發表後,當以專函通知酬金數目,版權即爲本社所有,應徵者不得再在其他任何出版品上登載。

六、應徵著作之未中選者,概不保存及發還。 但預先聲明寄還者,須於應徵時附有足數之遞回郵費。

七、應徵著作之選用與否,及贈酬若干,均由本社審查價值,全權判定。 本社並有增删修改一切應徵著作之權。

八、應徵者須將著作用楷書繕寫清楚,不得污損模糊;並須鈐蓋本人圖章,以便領酬時核對。 信封上須將姓名及詳細住址寫明,由郵直接寄至本社編輯部,不得寄交私人轉投。

中 國 建 築

第 一 卷　　　　第 五 期

民國二十二年十一月出版

目　　次

著　　述

插　　圖

卷 頭 弁 語

　　本刊取材，力主適合建築實用。　選載作品，均遵斯旨。　讀者諸君試將已經出版各期，逐一參閱，當知此非飾辭也。　本期起刊一長篇譯著，題曰房屋聲學。　良以現今建築，不特光線須充足，空氣須流通；對於聲音之傳播及隔絕，尤須詳密注意，精確設計。　至於公用房屋，如學校，戲院，講廳，樂室等，聲之關係，更居首要。　是以此篇在建築應用上，頗可借鏡，想讀者亦以一視爲快也。

　　本刊編製，但覘與時俱進，有益讀者。　並不限定範圍，拘泥格式。　故自下期（第六期）起，將添入問答一欄。　讀者如有關於建築學說藝術之疑問，請以書面函致本社編輯部。　當於下期本刊上，細加解釋，詳爲答覆。　實緣研習建築者，旣應澈底明瞭各種需要之學理；又應親自經歷一切實地上之工作。然後方可計劃正確，措置裕如。　不過學理尙可於書籍中研求；經驗必待實地熟習後，始能體會。　顧此又非一朝一夕，所可有功。　本刊因設此欄，俾讀者藉以取得簡捷之徑焉。

　　本刊自上期更換印刷所後，驟易生手，時間途感偃諐。　出版日期，因以延緩。　所幸各種製版，縱未盡善盡美；尙能清楚明晰。　此後當益注意設色，使其愈爲悅目。　將來一經熟練，排印等自易進步，時間亦可逐漸縮短，發售當能提早。　斯則本社所願爲讀者告慰者。　讀者對於編排印製等事，如有賜教，本社尤爲感禱。

　　一二八之役，淞滬橫被摧殘。　土地遭蹂躪；人民爲魚肉。　國人之受犧牲者，以千萬計。　財產之遭損失者，以兆億計。　斯誠國史上稀有之奇恥；國際間罕見之橫暴也。　我京滬路之上海北站，係兩路交匯總站；又爲陸地運輸孔道。　致成注意目標，作爲攻擊主點。　遂於數十分鐘內，燬爲灰燼。　當時飛機往來轟炸，重炮四面環迫；兼以鐵車衝撞，炸彈齊拋。　受害之烈，世所未見。光陰迅速，此役至今倏焉幾將兩載矣。　比者，北站重建工程宣告落成。　本刊發於本期中，將新造北站之建築攝影，擇優登載；並將工程情形，擇要紀錄，俾爲曾遭大災巨禍之北站，留誌鴻爪；更爲奇恥重辱之國難，永存紀念。　惟冀國人不以僅一北站之得復舊觀爲可喜；而以淞滬元氣漸喪凋落爲可慮。　懍目傷心於往事之不可追；惕勵奮發於來軫之方遒。　則國勢縱危，尙有可爲。　全人自勉之餘，竊於付印之頭，略誌痛忱，願讀者三致意焉！

編者謹識　二十二年十一月二十日

民國廿二年十一月　　　　　第一卷第五期

重修上海北站記要

　　上海北站,爲京滬滬杭甬鐵路管理局局所. 原爲四層大廈。 長六零‧五公尺,闊二四‧七公尺,共佔地一四九四‧五五方公尺。 第一層以上大牆,均用鋼柱支架橫樑;所有牆基柱脚及地板,槪用洋灰三合土築成。 該屋落成於前淸宣統元年,造價三十二萬九千四百四十八元。 氣象維偉,材料堅固,故歷二十餘年,曾無改變原狀之現象。 不意一二八之役,倍受炮火摧殘,致將莊嚴偉大之上海北站,竟成一片焦土也。

　　上海北站,乃中外觀瞻所繫,常此摧殘狼藉,不特予旅客一極不良之印象,而旅客無待車之處,嘗屬集於售票房兩棚下,其痛苦彌深。 乃由京滬滬杭甬鐵路管理局建議,將該屋下層,大加修理,並重建上層中央一部份,使車務處得以遷入辦公,旅客亦得待車休憩。 經鐵道部照准後,隨卽委托華蓋建築事務所建築師趙深,將工務處原計劃修正,供給圖樣,由中南建築公司承造。

　　此次修建上海北站房屋,大部份供車務處辦公室。 大廳中央設問事處及招待處,上置電氣標準鐘。 此外如二等旅客侯車室,行李存放室,飯廳等,亦均設置無遺。 並與交通部上海電話局商洽,大廳南部設公共電話六處。 同時,將站之四周重行布置,以期造成整潔優美之環境。 全部工程,於今年八月二十五日告竣。 而瘡痍滿目之上海北站,乃得恢復其舊觀矣。

上海北站透視圖

上海北站修復後環境設備布置一覽

（一） 站台東北添造木架雨蓬，並建三四等旅客待車室一座內設廁所一間．

（二） 站台西面進口處，添設銅架雨蓬一排．

（三） 站屋東西兩面，各布置花園一座，以造成幽美之環境．

（四） 站台雨蓬，頂鋪玻璃，以增光線．

上海北站內部之一

上海北站內部之二

（五）　修復界路一帶之鐵柵欄，暨汽車停車間．

（六）　行李房附近之磚拱，改爲玻璃窗，加裝窗柵，以作儲藏行李之用．

（七）　修理沿路邊之警駐所，磚壁改作人造石面，屋瓦改用石綿瓦，所有門窗，均經油漆一新．

（八）　行李房之內外牆，或粉堊刷新，或做人造石面，俾與新落成之站屋外牆，顏色相配合．

（九）　車場邊界一部份，築設水泥圍牆．　車場北面，自水櫃房起至車場道房止之舊鉛皮圍欄及竹籬，亦均
　　　　改築水泥圍牆．

（十）　在吳淞支線售票房處，改裝鐵門；並將原有鐵棚修理．

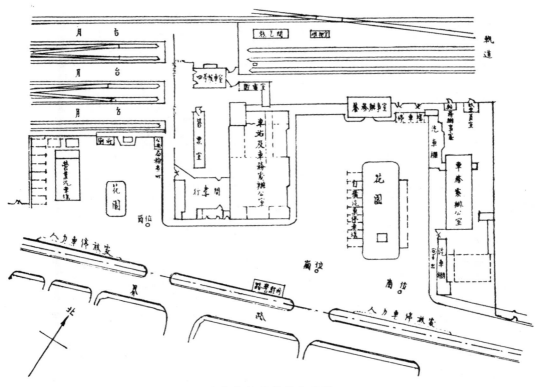

上海北站修復後布置圖

上海北站內部裝置

華蓋建築事務所設計

清心女子中學透視圖

上海清心女子中學校

設計者　　　　　　　承造者
李錦沛建築師　　　仁昌營造廠

上海清心女中,位於南市之大南門,形呈簡單古典派(Simple
classic). 共有教室十四,每室可容三十人. 禮堂十分寬大,設
座千餘,講檯闊三十呎,深十五呎,三面通風,異常舒適. 全部
造價,達五萬兩有奇. 衛生設備,為琅記營業工程行承造;全部
鋼窗,歸葛烈道 (Crittle) 鋼窗公司安裝云.

清心女中禮堂內部之一　　　　　　　　　　　　李錦沛建築師設計

清心女中校長室

清心女中圖書閱覽室

〇〇四三二一

清心女中體堂內部之二　　　　　　　　　　李錦沛建築師設計

清心女中化學試驗室

清心女中教室之一

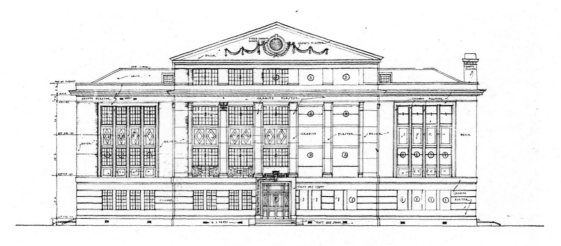

上海清心女中正面圖

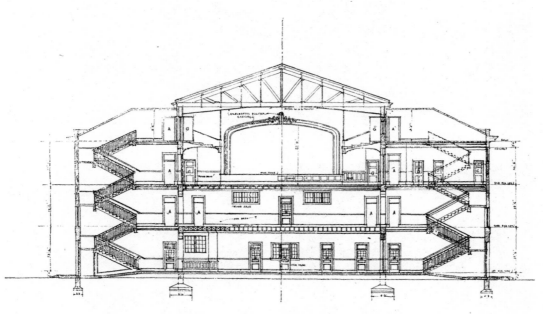

上海清心女中縱剖面圖

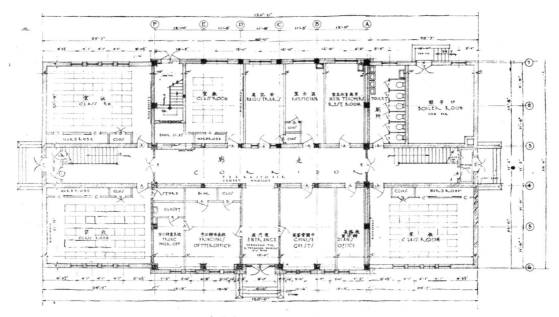

上海清心女中第一層平面圖

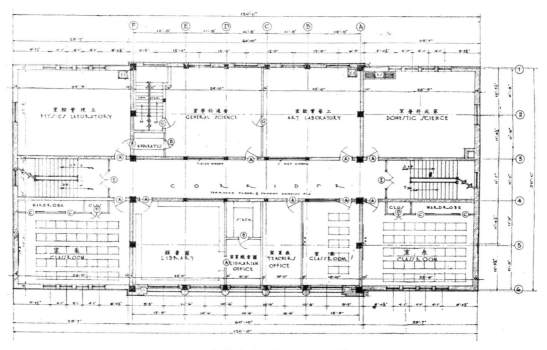

上海清心女中第二層平面圖

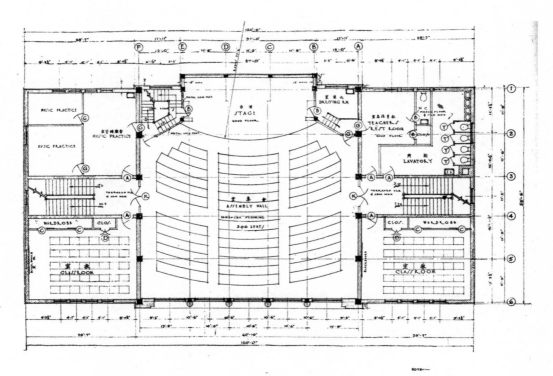

上海清心女中第三層平面圖

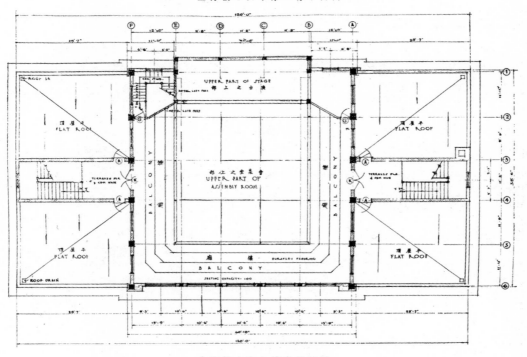

上海清心女中樓廂平面圖

中 國 建 築

恆利銀行大門 ·　　　　　　華蓋建築事務所設計

建築之適用與壯觀，出入孔道實佔一極重要位置。夏以萬目之的，觀瞻所繫，研醜固關係大局也。觀夫恆利銀行之正門，莫不使各建築家欣然許之。門扇銅質，設計異常新穎；結構不繁，而呈入眼為安；橫豎參差，設計各盡其妙。加以四周鑲以雲石，黑白相映，頂上置以雕飾，凹凸均衡。雅窕宜人，堪稱建築上乘。

——麟炳誌——

中國建築

譚故院長陵墓前之牌坊　　　　　　　　　基泰工程司設計

前行政院長譚祖菴先生
陵墓之側，廣場微闊。豐
碑石牌，場邊對峙。碑石
形白玉，巍巍逾廿噸。美
麗壯嚴，謂爲江南所僅有。
牌坊白石，較碑稍遜，俗名
荷葉青。形體雄偉，雕作
純探中國古式，雖施蘆笨，
豎立乃感無上莊嚴。足
爲廣場生色不少。

——繡炳誌——

中 國 建 築

滁州瑯琊山古刹走廊

攝師建築聲頌闕

中國古式建築，經歷代
之摧殘，風雨之剖削，索其
鱗爪，或可幸而致；欲窺全
豹，則殆不可能。 滁州琅
邪山，古刹雄偉，頗可供中
國建築上參考。 闕頤菴
建築師偶經其地，攝影數
幀。 特請其一，供諸同好。

——鱗炳誌——

中 國 建 築

莫干山徐圃

華蓋建築事務所設計

羊腸曲徑，路轉峯迴。
夾道重木參天，穿林小樓
在望。 此莫千山益側也。
隔絕塵器，遠避市井。 是
鄉獨處，不音世外桃源？寡
慾清心，古洞神仙何異？儻
遊勝境，欣羨煞人！

——麟炳誌——

上海恆利銀行新廈落成記

上海公共租界之經濟中心區,南京路之北,北京路之南,於河南路天津路轉角處,近有高聳之銀行大廈矗立焉。 識者曰,此恆利銀行新廈也,原以恆利銀行舊屋,不敷應用,乃擇該處基地,建築新樓。 由華蓋建築事務所設計,仁昌營造廠承造。 已於今歲八月間全部工程告竣。

新廈優越之點,在十足顯露德荷兩國最近建築之作風;而屋內外裝修,悉用天然大理石及古色銅料構成,美麗新穎,殆無倫比,而於外部彩色之配合,尤感調和適度,悅目賞心。 所謂溶和中外美術於一爐,堪稱學實兼優之設計。 屋高六層,下部另闢地窖。 共佔面積六千四百四十八平方呎。

銀行大門,位於天津路河南路轉角,場面寬闊,交通便利,加以銅門之精美花紋,圍鑲以意大利雲石牆面,遂為萬目所注,百視不煩矣。 其自用部份,約佔底兩層三分之二,餘則出租於大中銀行,而於河南路另闢出入孔道。 白玉台階,映以黑白相間之雲石牆壁,尤稱美觀。 入門後則見粉色雲石之櫃台,配以古銅玻璃柵欄,其壯麗尤稱絕倫也。

銀庫設於該屋之第一層,蓋為避免滬上巨水為患,水浸地窖殃及金庫之虞。 保管庫採用新通公司承辦最新式之保管箱及庫門,設置於夾樓北隅,由底層仰首在望,顧客租用,極感便利。 保管庫門大小有二,均極莊嚴燦爛。 庫內計裝保險箱八百只,四面及頂,均裝銀色鋼板,質堅形美,兩得其便矣。

尤有進者,建築設計之巧,在立面能表現其平面之用途,此則建築師視為難題而在該行設計上獨能解決者也。 至於高大之窗,能令大自然之光線,充分享用。 自用部份之燈光裝置,盡用間接回光法映射,如此設備,不特保護辦公人員之目力,更可省去無謂之燈罩裝璜,滬上各界採用是項設備者,常稱獨步。

新廈外牆上部,採用泰山黃色面磚,下部窗欄則塗黑綠,深淺反映,雅宜人。 旣感簡潔,復呈雄偉。 設計之巧,以此為尤。 全部重壓之支配,由華啓顧問工程師計算;電氣工程,由中國聯合工程師安裝;衞生暖氣則由漢興公司承辦,此恆利銀行新廈之一斑也。

上海恆利銀行
建築師
華蓋建築事務所

主要入口之壯麗

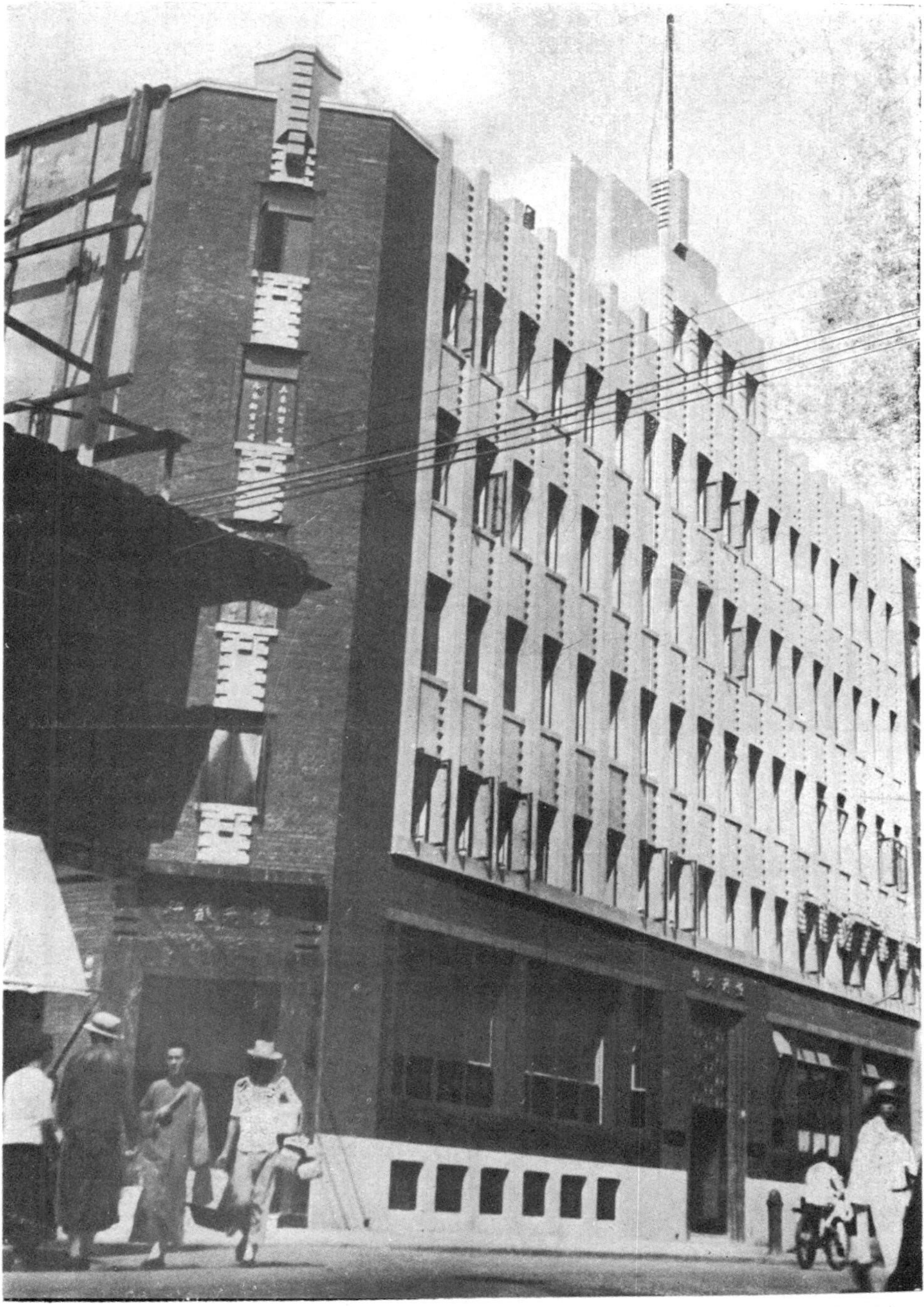

透視之一斑

上海恆利銀行
建築師
華蓋建築事務所

上海恆利銀行
建　築　師
華蓋建築事務所

（上）　外部一雕飾

（下）　內部夾樓設備之一部

（上） 璜裝之洞門

（下） 斑一之廳公辦部內

上海恆利銀行
建 築 師
華蓋建築事務所

上海恆利銀行
建築師
華蓋建築事務所

辦公室之一角

外部之一幹

上海恆利銀行
建築師
華蓋建築事務所

— 25 —

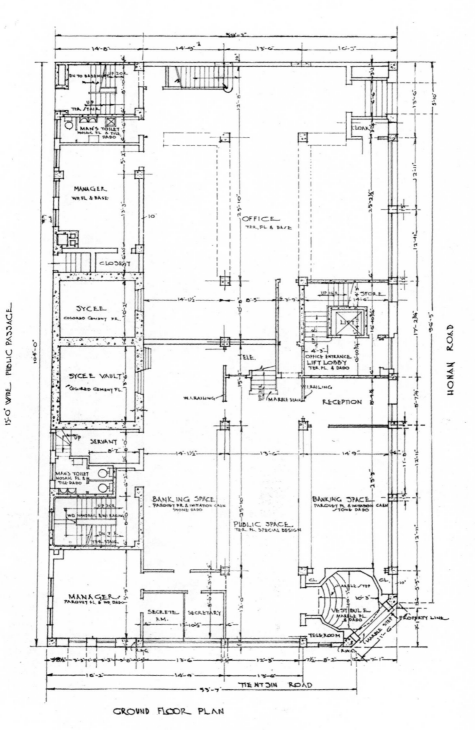

GROUND FLOOR PLAN

上海恆利銀行地面層平面圖
華蓋建築事務所設計

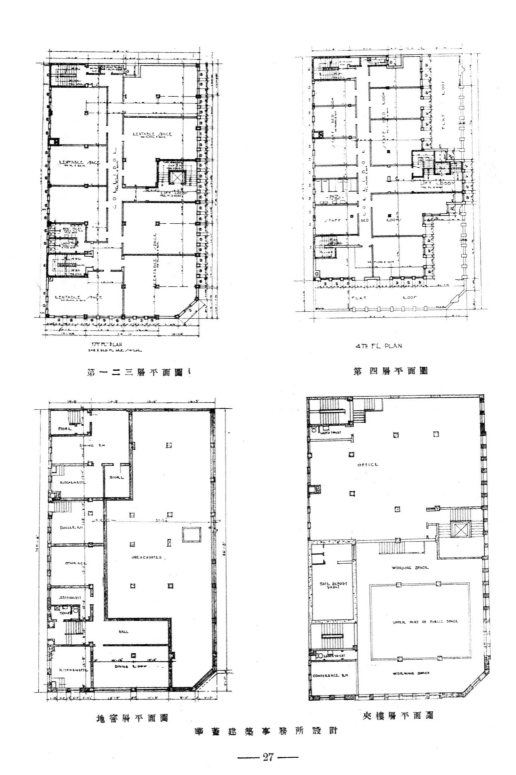

第一二三層平面圖

第四層平面圖

地窖層平面圖

夾樓層平面圖

華蓋建築事務所設計

武 進 醫 院 正 面 圖

常 州 武 進 醫 院

李錦沛建築師設計　　　　　無錫公司承造

　　武進醫院之設計，採用意大利南佛老廷式 (South Florentine Italian Style)，爲四層鋼骨建築。　內部異常寬大，設有傳染病疫床二十八架。　外科部，設成人病床二十架，小孩病床二十架。手術室設男床二十架，女床二十架。　腿科設病床凡十架，其中設備，應有盡有，至美至善。　全部工程，歸無錫公司承造。　造價共六萬三千兩，電氣工程，由羅森德洋行承包。　衞生工程，由榮德水電工程行裝置。　全部鋼窗，由大東公司承造。　於今年十月二十一日，始全部完工云。

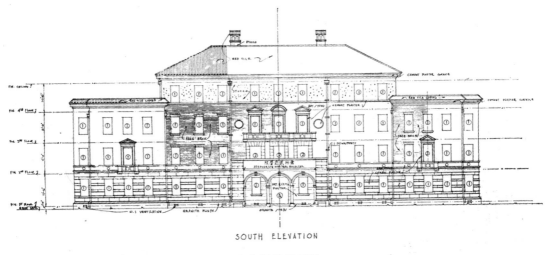

SOUTH ELEVATION

武進醫院正面圖

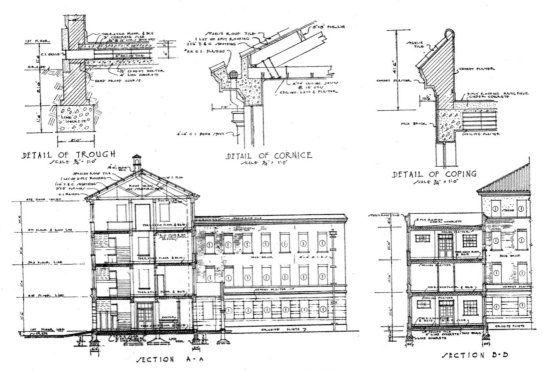

DETAIL OF TROUGH

DETAIL OF CORNICE

DETAIL OF COPING

SECTION A-A

SECTION B-D

武進醫院斷面圖及詳圖

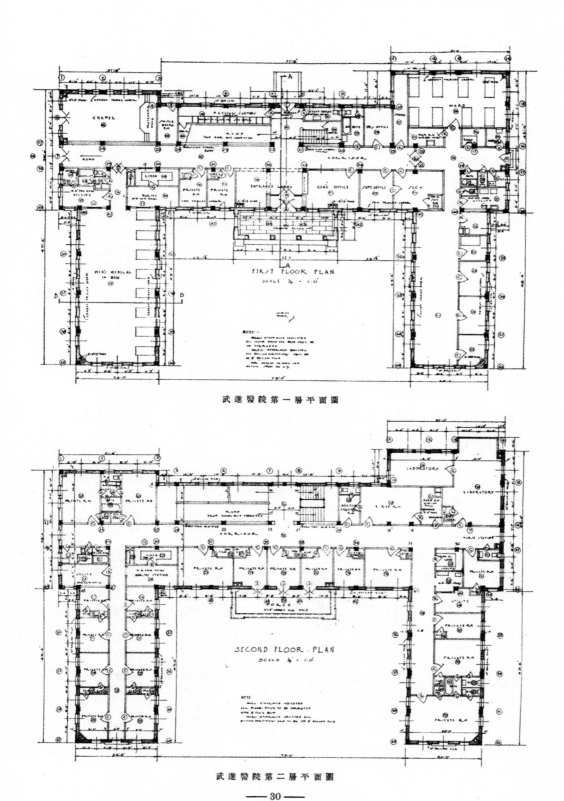

武進醫院第一層平面圖

武進醫院第二層平面圖

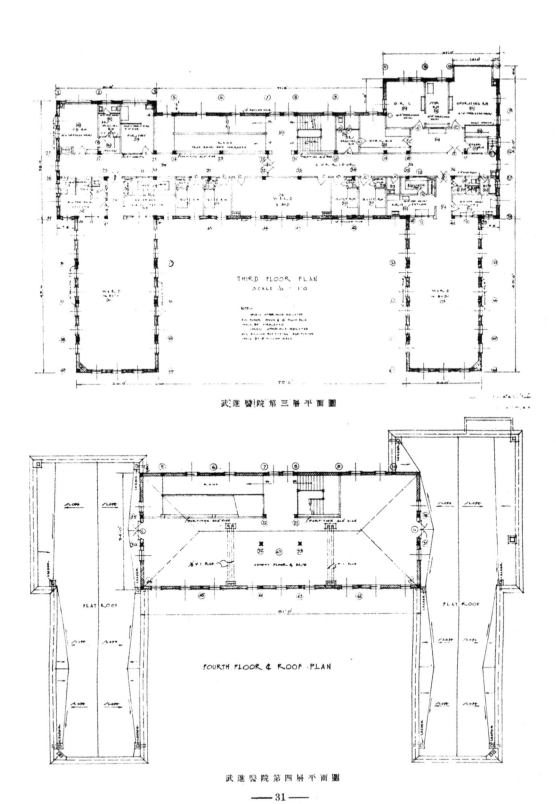

THIRD FLOOR PLAN
SCALE 1/8 : 1:0

武進醫院第三層平面圖

FOURTH FLOOR & ROOF PLAN

武進醫院第四層平面圖

房 屋 聲 學

F. R. Watson 原著　　唐 璞 譯

緒 論

第一章　　聲在建築物上的作用

聲之發生——聲由振動物體發生時，包含若干層之疎密部，而向四周媒質迅速推進。　如吾人由補聽器所發之聲，乃肺中之空氣急出時，使聲帶受極速之振動，於是疎密之聲波，由口發出而入空氣中。　此猶田中之穀，受風之鼓蕩而成浪，蓋風過田時，每穀皆在一定範圍內前後搖動，亦猶聲發出時，因疎密之力，分子前後搖動，而所生之波卽經此媒質迅速前進。　任何振體均能生聲波，如牆壁或地板之被電梯，機器，或街道運輸之振動是也．

聲波之振幅——聲波振動之振幅甚小，約計之，低聲爲0.00000005吋，高聲爲0.004吋，故房屋隔牆之微動，足以在空氣中使之發聲，使人聞之於耳。　房屋隔聲難題之一，卽在設法免除牆動．

聲之傳播——振體所發之聲波，經四周媒質——固，液或氣體——以速度 v 向外傳播，而 v 依媒質之彈性 E 及密度 d 而定，按公式：$v = \sqrt{E/d}$．幾種媒質的傳聲速度參見表一

由表中看來，知聲之傳播甚速，在空氣中，每秒約五分之一哩。鋼則爲每秒三哩。　在260呎高房屋之鋼架結構中，聲之傳播由地下層至屋頂，只須$\frac{260}{16,360}$或0.0159秒．

媒　　　　質	聲　之　速　度		
空氣……………………	1,088 呎	每	秒
水…………………………	4,728 ”	”	”
松木……………………	10,900 ”	”	”
磚………………………	11,980 ”	”	”
鋼………………………	16,360 ”	”	”

聲 在 各 種 媒 質 中 之 速 度　　　　　表　一

材料作用——當聲波在一種媒質中，又遇彈性或密度不同之另一種媒質時，其進行卽被擾亂，一部分成反射聲波射回，一部分被第二種媒質吸收，一部分傳過．　各部分之數量依第一種及第二種媒質之彈性及密度而定．（見第一圖）

聲之反射——材料之有隙孔者，如毛氈，對於聲之抵抗甚微，卽反射力甚小吸收力甚大。　凡聲之不被反射，亦不被吸收者必被傳導．　如聲波在室內發生時，遇極堅硬之粉牆，其所受之反射，必占全部之99%；因空氣與固體之彈性及密度之變化甚劇也．　若遇一通風孔時，則媒質之間無變化，聲波可經不斷之空氣道，進行無阻．　此道卽由通風孔內金屬壁之反射而成也．　同理，聲振動發生於房屋結構中之堅硬材料者，則在該結構中沿材料面發生全反射，由連續之鋼及混凝土向該

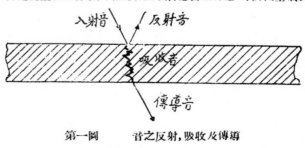

第一圖　　　音之反射，吸收及傳導

尾遠部進行而無礙。 如在其他結構部分發生側振動時,則此種振動在空氣中變爲聲波。*

聲之吸收——當聲經過空氣道而其斷面縮小時,則道之邊與分子之間卽生摩擦,而使波變爲熱。 聲入厚壁之小裂縫時,在透過以前,幾全被吸收。 如地氈,毛氈及其他有孔子材料,均有同樣吸收聲能之力。

聲之吸收及傳導,依吸收材料之厚度而變。 但不成正比。 例如,設1吋毛氈可停10%之射入聲,2吋可停19%,而3吋祇停27%等……卽是,傳導聲之聲強,依指數定律而減小:$i = i_o a^{-x}$,i_o 及 i 爲射入時之聲強及傳導時之聲強,a 爲常數,x 爲材料之厚度。

聲之吸收爲解決隔聲問題之要素。 可免聲波之反射及傳播,因聲能並未損失,乃被吸收,由摩擦而變爲熱能也。

聲之傳道——聲波在空氣中穿過媒質,其傳導法有三。 第一,聲波可由有隙孔媒質之空間穿過。 第二,在新媒質中可由已變聲波傳播之。 在此進程中,傳聲波之振動空氣分子,與牆之分子接觸。 大部分之能,俱被反射,因牆之分子能被空氣分子推動者,僅極少。 聲強已經減低之聲波透過實牆時,使他面空氣微動,而成一弱波。 第三,聲又可由隔牆之振動傳導之。 此牆卽如一獨立波源,而生疎密部於他面成爲傳導。 如牆爲堅實體,其振動必小,乃有極小聲傳過。 如爲柔薄體,則大部之能可傳過。 在房屋構造中,隔牆往甚複雜,如板條及板牆筋上加粉刷。 其介於板牆筋之粉刷面,與鼓無異,故傳聲。 在鋼板網上加硬粉刷,呈不同之面,故對於射入聲有改變作用。

聲之傳導,固不簡單,須依傳聲結構體之性質而定。 並只可由已知常數之幾種材料的簡單情形計算之。

---

*[譯者按聲與光之全反射頗相似,茲以光之原理解釋之,卽可瞭然。 光線由密度較大之媒質,(如水)射入密度較小之媒質,(如空氣)之內時,所生之屈折常與垂直線遠離,若將水面下之射入角漸漸增大,則與水面垂直線遠離之角度愈大,直至水面下之射入角增大至 IOP' 則其反射卽在水面下, (見圖二)

由此同理卽知房屋結構中鋼架發生聲振動時,瞬息卽達該屋遠部,卽全反射之故也。 如火車將至,但尚未聞其聲,如伏於軌上聽之,則瞭然,又如當該鋼質振動時若上置以橫鋼板,則聲立傳於空氣中而達於耳,是卽此節中「所謂在其他部分發生側振動時則此種振動在空氣中變爲聲波。」]

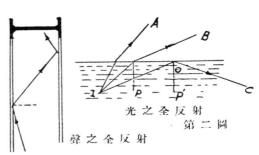

光之全反射

第二圖

聲之全反射

第二章　聲波在室內之動作

當講者呼聽者時，其所發之聲向外進行成球波，直至遇壁而止。　於是依壁之性質而有相當之反射，傳導及吸收。　如第三圖卽表示在60呎×40呎之室內，聲由講者 S 發出後$\frac{1}{20}$秒時之脹動也。　在普通溫度，此種脹動之行程甚速約每秒1120呎，因繼續反射之故，聲波立卽充滿全室。　此時每遇反射卽有一部分之射入聲被吸收，則脹動之能必消失，直至漸漸消盡。

第四圖爲同樣之脹動但較第三圖中遲$\frac{1}{20}$秒。並可見其中反射之增加及聲波之干涉，於此可想見十分之一秒後，聲波已反射多次，不只由壁反射，卽天花板及地板亦然。　是室內任何容積單位，亦充滿聲波而向各方前進。　此卽言所有聽者，甚至居於偏隅者，均能得到同樣平均之聲強。

聲之反射，雖有增加聲強之利，然亦有回聲之弊。　例如，室壁硬且光平，則每一接觸，聲能消失甚少，且在聲漸息之前，反射多次。　此種回聲，乃會堂中之普通劣點也。

如講者在此種會堂內講話時則聽者必不能明辨淸晰。　一聲之發，如不能卽時消失，而繼續維持者，其前後之言必相混，而生擾亂。　欲免此弊，可用毛毡，地毡，掛毡以及諸如此類之材料，因可用以吸聲而減少回聲之次數。常在會堂內奏樂而有回聲時，音調遞次相叠，而生鋼琴式之効力，惟回聲之礙於奏樂較講演爲輕；因樂音之拖長及混雜，有時尙爲需要，但言語相混則不宜也。　然則欲得二者之適中，恆取回聲之平均次數，卽使之對於演講無過長之回聲，對爲奏樂無過短之回聲，總以適合二者爲度。（待續）

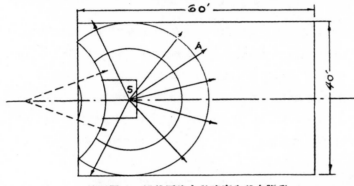

第三圖——離聲原後$\frac{1}{20}$秒時室內聲之脹動

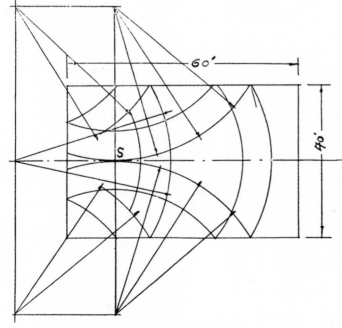

第四圖——離聲原後$\frac{2}{20}$秒時聲之脹動.

洛陽白馬寺記略

戴　志　昂

白馬寺在洛陽城東二十餘里，爲中國最古之佛寺。　先是漢明帝時，蔡愔奉命使西域，後遂偕同西僧摩騰竺法蘭，身背佛骨，馬馱經典而歸，明帝因命建寺處之，名曰白馬。　中國之有佛教寺院，實自此始。

嘗閱伽藍記，謂白馬寺漢明帝所立也，佛入中國之始，寺在西陽門外三里御道南，帝夢金人長丈六項，皆日月光明，胡神號曰佛，遣使向西域求之，乃得經像焉。　時白馬負經而來，因以爲名，云云。

又河南府志載：『白馬寺在府城東，漢明帝時，摩騰竺法蘭始自西域，以白馬馱經來，初止鴻臚寺，遂取寺名，創置白馬寺，卽僧寺之始』云云．

更有一說謂白馬之名，出於印度，白馬悲鳴，擁護佛法之故事。　此則得諸傳說，史書中並無記載，故前說似較可信也。

寺外圍牆，大都坍圯，距寺左右約數十步，摩騰竺法蘭坟墓在焉。　現今僅存黃土蔓草，斷碑殘碣，其他遺跡，渺不可得，不過徒供遊人之憑弔已耳。

寺內樹木甚少，僅有古柏數株，但均禿幹枯枝，了無生趣。　此後如不設法培養，善爲栽種，數年以後，恐此數株古柏，亦將化爲烏有矣。

白馬寺內植物，據洛陽伽藍記所載：謂浮圖前夸林，葡萄異於餘處，枝葉繁衍，子實甚大，夸林實重七斤，葡萄實偉於棗，味並殊美，冠於中京。　帝至熟時，常詣取之，或復賜宮人，宮人得之轉餉親戚，以爲奇味。　得之不敢輒食，乃歷數家，其名貴至此。　可知當日寺內之林木甚夥，非若今日之荒涼滿目，一無所有也。

寺內殿宇數幢，極爲壯觀，畫棟雕梁，無異宮殿，徵之建築物之比例，及彩畫之遺跡，似非清代建築。　攷河

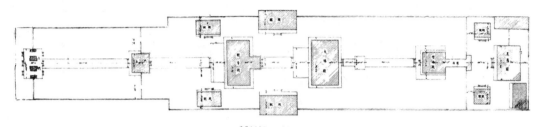

洛陽白馬寺總平面圖

白馬寺觀音殿

南府志云：「寺爲永平十年創建，宋淳化元至順間俱曾勅修，明洪武二十三年重修。」按洪武至今縣時數百年，其間想已數經修葺，今則各殿破壞，門窗均無，亟應從速設法修建，否則恐難保持永久也。

大門內據云原有鐘鼓二樓，現已無存，想係坍圮後未曾重建也。

二門內有大殿一，似爲觀音殿。殿爲五楹，單檐，四面洩水。旁有配殿各三楹，塔高四呎，塔前有平臺，較低於塔，長十九呎九吋，寬五十八呎．檐柱徑一呎六吋，金柱徑一呎七吋，明間寬十四呎八吋，上有五彩斗拱三副。次間寬十四呎，有五

彩斗拱三副。末間寬十一呎四吋，有五彩斗拱二副。後有觀音拜殿，長十八呎，寬六呎十一吋。壁上有碑云，爲清時所建。殿均毀壞，門窗亦無。至於殿內之佛像三座，幸猶存在，尚未全毀耳。

觀音拜殿後爲大雄殿，殿爲五楹，單檐，傍有配殿各五楹，左已坍毀，僅存磚片瓦。塔高四呎，塔前有平臺，寬四十四呎六吋，長二十一呎十一吋，檐柱一呎六吋，金柱徑一呎七吋。明間寬十五呎，有五彩斗拱三副。次間寬十三呎八吋，有五彩斗拱三副。末間寬十一呎，有五彩斗拱二副。殿中有佛像三座，兩邊有佛像二十二座，均係莊嚴生動，面目如生，後之塑像，遠不及此，殊可寶也。

大雄殿後，有屋三楹，由側門入，沿石級上，經過弧橋，卽到毗

白馬寺殿內佛像

白馬寺大雄寶殿

洛陽白馬寺總斷面圖

盧閣．　橋寬十二呎七吋，長二十一呎，下有拱道，寬八呎五吋，人可往來．　毗盧閣建於高二十呎四吋之土台上，殿爲五檐檑，重檐，四面溲水式．　前有水池，兩傍有配殿三檑，檐柱徑一呎六吋，金柱徑一呎七吋．　明間寬十三呎八吋，上下各有五彩斗拱三副．　次間寬十二呎八吋，上下各有五彩斗拱三副．　末間寬七呎五吋，上下各有五彩斗拱二副．　查此殿斗拱，頗爲別緻，螞蚱頭均雕成龍頭形狀，外拽爪拱均雕成雲形．　此與北平清宮內者不同，大概斗拱本作此形，後因減省工料改作今形，殿內門窗尚全，殊不若大雄殿等之破壞無存也．

　　余到白馬寺時，來去均甚匆促，未能詳爲觀覽，以致測量工作，僅有兩小時，所得呎吋記載，難免訛誤，至令引爲大憾．　甚盼將來得閒重遊，俾作精細正確之研究，則素願可償矣．

　　白馬寺中之建築物．今存之數幢，均爲極有價值者，其中多處，咸異於清代之宮殿式，於中國建築學上，頗多研究之資料．　尚望有志者，共同考察發現之．　殿內塑像，生動莊嚴尤爲精彩，在中國其他寺院中，亦不多見，此亦極有價值之造形美術也．

　　復興白馬寺之提議，迄已年餘，信佛諸公，亦已竭力贊同．　想此破瓦頹垣，多年失修之古廟，不久，或可煥然一新，金鏤朱柱，成爲可作永久紀念之廟宇．　現所望於將來負責設計者，不在牆破補牆，樑斷換樑；而在注意於復古而不失其眞，探新而不礙於全體之調合，則其有益之新於中國建築，非淺鮮矣．

白馬寺昆盧閣遠景

白馬寺昆盧閣前禮佛殿

東北大學建築系孟憲英繪市立音樂堂

市 立 音 樂 堂 習 題

　　某大市爲提倡音樂起見，覓地一萬五千方尺。　擬造一音樂堂，專奏歐洲古典名曲，須容千人。　有無樓廳（Balcony）隨意。　凡售票及其他一切必需各部，均應有盡有。　最宜注意於優聲學（Acoustics）

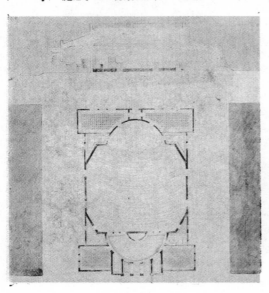

比例呎：——

草圖：

平面立面斷面各三十二分之一

詳圖：

平面　　十六分之一

立面　　　八分之一

斷面　　十六分之一

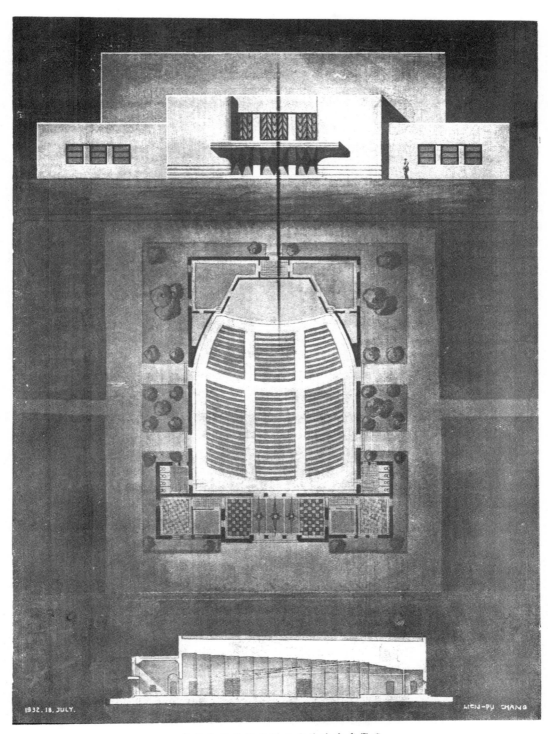

東北大學建築系張連步繪市立音樂堂

民國廿二年十月份上海市建築房屋請照會記實

本刊編者，鑒於以上數期，刊載之請照事項，盡限於租界區域，而於中國部份尚付缺如；故於本期起，特請上海市工務局當軸，將中國區域請照事，亦按期擇要披露，以免偏枯。 按本月份建築事業，益形活耀。 工務局發營業執照二百九十九件之多，較諸上月，可增五分之一，足兒上海建築事業之興盛也。

公 共 租 界 請 照 表

建築種類	請照日期	建築地點	區域	地冊	請照人
中式住宅及市房二十八幢	十月十七	東鴨綠路周家嘴路角	東區	E.214	Yang Chian Yuan
學校一所	十月十七	Ho!ung Rd.	東區	7531	Frank Fong
中式住宅十九幢	十月十七	愛文義路	西區	3016/7	T. Y. Liu.
中式住宅二十六幢	十月十七	楷榔路	西區	W.3920	Wah Shing.
中式住宅市房及圍牆等	十月十七	昆明路	東區	1650	Y. S. Chow.
中式住宅及市房六十四幢	十月十七	東有恆路	東區	1457/8	Nee Yung Lee
外國商店二所	十月廿四日	福照路	西區	W.1762	Hall & Hall
中式住宅八幢	十月廿四日	西摩路	西區	3873	Loh Tse Kong
外國住宅四幢	十月廿四日	康腦脫路	西區	3704	G. S. Chang
機器工廠一所	十月廿四日	昆明路	東區	E.5902	C. C. Chang
中式商店及市房	十月廿四日	華德路	東區	E.2092	Woo Hang Yeh
汽油棧一所	十月廿四日	昆明路	東區	5901	The Socony Vacumn Co.

法 租 界 請 照 表

建築種類	請照日期	建築地點	地冊	請照人	估價
三層店房七間圍牆一所	十月四日	福開森路	13937/8	Kien An	三萬兩
四層歐式住房六幢	十月六日	淡拉水脫路	9817	楊森記	三萬兩
三層房屋一幢	十月七日	憶飛路	10540	Dah Yao Eng. Co.	一萬兩
三層店房五幢	十月九日	亞爾培路	9677	黃五如	一萬兩
三層二行房屋	十月九日	辣斐德路	9100	Chang Ede & Partners	六千兩
三層雙開間店房四幢	十月十二日	福開森路	75 B	Spence, Robinson & Partners	二萬兩
三層歐式住宅六幢	十月十六日	西愛威斯路	9550	Danzan Reo	一萬兩
二層走廊	十月十六日	海格路	13953A	Missiordec	一萬八千兩
二層樓房	十月十八日	拉都路	9051A	新同記	五萬三千兩
三層中式住房一所	十月十八日	辣斐德路	11097	Z. S. Sih	一萬兩
二層歐式住宅四幢	十月二十日		14237A	Daries Broope	四萬九千兩
簡單中式住房一所	十月二十日	金神父路	4088A	Zing Ching Kee	三千兩
三層五行	十月廿一日	淡拉水脫路	9833	Yong Dah Co.	一萬兩
二層店房九間	十月廿三日	天主堂街	3014B	Fou Sing Kee	五千五百兩
三層二行	十月廿五日	環龍路	4123A	Chang Zung Dai	
改造	十月廿七日	呂班路	8848C	C. F. Z.	二萬五千兩
救濟院一所	十月廿七日	金神父路	2524	Leonard	二十四萬兩

工 務 局 請 照 表

種　類	領照日期	地點	區域	面積	估價
二層樓住宅及二三層樓市房	十月	寶山路	閘北區	三千平方公尺	十四萬元
三層樓市房及二層樓住宅	十月	裏馬路	滬南區	一千二百平方公尺	六萬元
三層樓市房及二層樓住宅	十月	竹行碼頭	滬南區	一千平方公尺	六萬元
三層樓市房及二層樓住宅	十月	學院路	滬南區	一千平方公尺	五萬元
二層及三層樓住宅	十月	王家碼頭	滬南區	一千二百平方公尺	六萬元
七層樓公寓	十月	地豐路	法華區	七百平方公尺	二十二萬元
三層樓教室及禮堂	十月	憶定盤路	法華區	一千七百平方公尺	十三萬元

各 區 請 領 執 照 件 數 統 計 表

區域	閘北	滬南	洋涇	吳淞	引翔	江灣	塘橋	蒲淞	法華	殷行	眞如	楊思	高橋	碼頭	總計
已準件數	57	75	20	37	32	19	1	4	41	1	2	1	6	3	299
未準件數	2	6		3	1		2		4				2		20
總計	59	81	20	40	33	19	3	4	45	1	2	1	8	3	319

各 區 新 屋 用 途 分 數 一 覽 表

區域	閘北	滬南	洋涇	吳淞	引翔	江灣	塘橋	蒲淞	法華	殷行	眞如	楊思	高橋	總計
住宅	38	54	16	17	25	16	1	3	30	1	2	1	4	208
市房	12	15	2	17	2	1		1	1				1	52
工廠	4	1			1	1			2					9
辦公室			1			1								2
學校	1	1		1					1					4
教堂				1										1
其他	2	4					3		7				1	20
總計	57	75	20	37	32	19		4	41	1	2	1	6	296

各 區 營 造 面 積 估 價 統 計 表

區域		閘北	滬南	洋涇	吳淞	引翔	江灣	塘橋	蒲淞	法華	殷行	眞如	楊思	高橋	總計
平房	面積	5730	6440	1510	1440	2750	640	20	550	3300	780	30	120	410	23720
	估價	82460	23050	23900	22000	42940	9400	2450	8060	56670	1250	450	1800	6600	371030
樓房	面積	6420	14600	480	1670	770	580	70		5190	1040	160		190	30570
	估價	387780	668520	20400	72220	35300	24140	400		518220	4160	8000		6750	1745890
廠房	面積	1380	100			150	80			580					2290
	估價	23800	2000			5000	2340			45200					78340
其他	面積	30	780			370				470				600	1650
	估價	700	15330	3000	800	9500	3600			18760					52290
總計	面積	13560	21320	1990	3110	4040	1300	90	550	9540	1820	190	120	1200	58230
	估價	494740	798900	47300	95020	92740	39480	2850	8360	638850	5410	8550	1800	13950	2247560

（註）　面積以平方公尺計算，估價以國幣計算。

建 築 訴 訟 案 件

江蘇上海第一特區地方法院民事判決 <small>民國廿一年民字第一七六九號</small>

判　決

原　　　告	華蓋建築事務所　設上海甯波路四〇號
法定代理人	趙　深　年三十六歲住上海甯波路四〇號
	陳　植　年三十四歲住上海甯波路四〇號
訴訟代理人	巢紀梅律師
	榮植祥律師
被　　　告	菩薩公司　設上海大陸商場三五七九號
	樊發源　年四十二歲住上海白克路逸民里一五號
訴訟代理人	陳　文律師
被　　　告	姚希琛　年三十二歲住上海北京路二八〇號
	李耀亮　年三十歲住上海浙江路四六二號
右　共　同 訴訟代理人	葉昌詔律師
被　　　告	吳振聲　年三十歲住上海北四川路送達處筍耀先律師轉
訴訟代理人	筍耀先律師
被　　　告	王漢禮　年四十七歲住上海孟德蘭路仁里一〇三號
訴訟代理人	彭　棨律師
被　　　告	高養志　年四十九歲住南京中正街交通旅館
	錢承緒　年六十六歲住上海薛華立路一〇三弄三〇號
	韓雲波　年四十九歲住蘇州砂皮巷毒品查緝所
訴訟代理人	汪幹臣　年三十三歲住蘇州砂皮巷
被　　　告	馬鴻根　年未詳住上海吳淞路口逢伯里三一號

右列當事人因欠款涉訟一案本院判決如左

主　文

被告樊發源姚希琛李耀亮吳振聲王漢禮高養志錢承緒韓雲波馬鴻根應連帶償還原告銀幣二千七百六十三元七

角三分並自民國二十二年七月二十五日起至執行終了日止週年五厘之利息

原告其餘之訴駁回

訟費由被告等連帶負擔

事　實

原告及其訴訟代理人聲明求爲判決令被告等連帶償還原告銀二千七百六十三元七角三分並自起訴之日起至淸償之日止週年五厘之利息其陳述略稱被告等發起開設菩薩公司委託原告設計擬定圖樣裝置大陸商場第三五七九號房屋內外立約訂明以裝修建築費總額百分之十爲原告之手續費分四期撥付此項裝置計裝修及改造包價銀一萬二千五百兩水門汀及電燈包價銀四千七百五十兩零七錢共一萬七千二百五十兩零七錢應付原告手續費銀一千七百二十五兩零七毫按七一五合銀幣二千四百零八元四角九分又木器包價銀三千五百五十二元四角應付原告百分之十手續費銀三百五十五元二角四分統共手續費銀二千七百六十三元七角三分迄今工程告竣屢索未償應令給付又被告等欠款不付應自起訴之日起至執行終了日止給付週年五厘之法定遲延利息爲此起訴云云提出合同等件爲證

被告姚希琛李耀亮訴訟代理人述稱被告等係菩薩公司發起人屬實惟被告樊發源並非菩薩公司籌備主任與原告訂立設計打樣合同亦係該被告所立並無菩薩公司圖章雖新聞紙所登被告樊發源係菩薩公司籌備主任但亦係該被告所登被告樊發源個人所訂立之合同被告不能負責云云

被告吳振聲訴訟代理人述稱被告並非菩薩公司發起人雖報紙曾登被告爲發起人因同姓名者甚多所以未去更正卽退一步言謂被告是發起人並未委託被告樊發源代表與原告訂立合同該合同亦未蓋有菩薩公司圖章是被告樊發源個人之行爲不能負責又公司呈准招股後所負之債務發起人方能償負連帶償還之責今菩薩公司招股並未呈准不能援用公司法第二十五條如認爲合夥發起人等並未全體執行業務被告樊發源係個人之行爲不能由全體發起人負責云云

被告王漢禮訴訟代理人述稱被告並非菩薩公司股東因菩薩公司招股章程有二種一本是十四個發起人一本是七個發起人這七人招股章程發起人中並無被告名字而十四個發起人章程與報上廣告相同此本章程在先印刷迨被告見報上列被告爲發起人去兩責問故第二次七人招股章程卽將被告取消且報上登收股是大陸銀行而大陸銀行告欠租的案子只有七人並無被告在內足見被告並非發起人况被告樊發源與原告訂立合同並未蓋有菩薩公司圖章一個發起人亦不能代表全體爲法律行爲云云

被告韓雲波訴訟代理人述稱被告並非菩薩公司發起人雖發起人名簿有被告簽名但被告不能寫字顯非被告親簽縱被告係發起人亦不能卽認爲係股東且被告樊發源與原告訂立合同係其個人行爲亦不能代表全體云云

被告樊發源訴訟代理人述稱菩薩公司發起人照簽名簿上是十二人均係親手簽名公推被告爲籌備主任有會議記錄可查至被告與原告訂立裝修設計打樣合同並對於木器亦委託原告設計打樣按百分之十給付報酬均有此事惟不知數目若干云云

被告錢承緒受合法傳喚於最後言詞辯論期日未據到庭其在前次言詞辯論期日述稱被告樊發源曾向被告言西菜社利益甚大擬組織一菩薩公司營西菜業張宗昌陳調元均已認股伊已寫好一招股單將被告之名列入要求被告蓋章當時並未同意云云

被告高養志兩次受合法傳喚於言詞辯論期日未據到庭其具狀陳述略稱菩薩飯店卽菩薩公司全係被告樊發源個

人經營與人無涉被告見其借名登報招搖已去函聲明無效取有收條名片為證被告現為公務員尤不能兼營商業故

大陸銀行訴追欠租涉及被告嗣即撤回至原告與被告從未見面菩薩飯店所欠建築手續費何能被向告索要云云

被告馬鴻根迭受合法傳喚於言詞辯論期日未據到庭

理　由

本件被告樊發源姚希琛李耀亮吳振聲高養志王漢禮錢承緒韓雲波馬鴻根均為菩薩公司發起人不惟被告樊發源

訴訟代理人陳明無異且有該被告等親筆簽名之招股簡章可證至被告樊發源委託原告對於裝置菩薩公司及製造

木器設計打樣照裝置及木器價值給付百分之十公費共計銀幣二千七百六十三元七角三分亦有合同及木器單可

資證明事實均無疑義雖委託原告對於裝置菩薩公司設計打樣係由被告樊發源以公司代表名義與原告訂立但該

被告係由其他發起人公推為菩薩公司籌備主任已經登載新聞報有報紙可查再參以租賃大陸商場房屋亦係由被

告樊發源經手辦理則被告樊發源籌備公司一切事務係受其他發起人概括委任可以斷定又查民國二十一年十月

一日新聞報登菩薩公司招股廣告內載股份五萬元除發起人已認股額歡迎另股等語是發起人等均為菩薩公司之

股東亦無疑義按合夥財產不足清償合夥之債務時各合夥人對於不足之額連帶負其責任此在民法第六百八十一

條有明文規定本件被告樊發源等既為菩薩公司之股東而該公司並未依法註冊且未成立則其對外所負之債務為

合夥債務依上開規定被告等對於原告所訴上項手續費自應負連帶償還之責雖被告吳振聲王漢禮高養志錢承緒

韓雲波均不承認為菩薩公司發起人並否認有簽字之事被告王漢禮高養志並稱見報上列伊為發起人曾去函責問

等情然查被告吳振聲已於大陸商場訴樊發源等欠租案內（見二十一年民字第一七六九號卷）經其訴訟代理人

葉昌詒承認其為發起人又被告王漢禮於委任狀內簽名被告高養志於致本院函內簽名被告錢承緒於呈本院單內

簽名核其筆跡完全與招股簡章後面該被告等簽名相符且被告王漢禮高養志亦無退出發起人之證明至大陸商場

因菩薩公司欠租起訴未列王漢禮為被告對於高養志起訴後而又撤回按債權人本可對於連帶債務人選擇起訴不

能因此即可推定其並非發起人又被告韓雲波既經被告樊發源訴訟代理人述明被告係發起人且登報及印刷招股

簡章發起人名下均列被告之名其為發起人亦無可疑上項抗辯殊不可採應即判令被告樊發源姚希琛李耀亮吳振

聲王漢禮高養志錢承緒韓雲波馬鴻根償還上項欠款及法定利息惟利息應自最後送達起訴副狀之日（即本年七

月二十五日）起至清償日止原告請求自起訴日起殊屬不合又被告菩薩公司尚未成立自無當事人能力原告列該

公司為被告亦屬錯誤爰依民事訴訟法第八十二條第三百七十七條第二項判決如主文

如不服本判決得於判決書送達之翌日起二十日內上訴於江蘇高等法院第二分院

中華民國二十二年九月二十七日

　　　江蘇上海第一特區地方法院民庭

　　　　推　事　駱崇泰印

　　本件證明與原本無異

　　　　書記官

上海公共租界房屋建築章程

（上海公共租界工部局訂）

楊 肇 煇 譯

11.——倘事實可行，須造級步之處應以斜坡替代之。 一切走廊，過道及出入路若須傾斜，其斜度應經本局稽查員核准之。

凹 處 及 牆 角

12.——走廊或過道之牆上，距地板五呎以內，不得造有凹進處或凸出處。 一切牆角，距地坡五呎以內，均應作為圓形。

牆 門 間

13.——此類房屋中除大門牆門間外，如設有其他牆門間，不得有三級層以上，或有三層以上，或當每級層或每層分為二或多於二部分時有三部分以上可以通連於一單獨之牆門間。

一概門路或過道由一牆門間通出而接連於一天井或公路者，其總寬度應至少大於本章程所規定以通連於此牆門間之各太平門之總寬度之三分之一。

衣 帽 室

14.——此類房屋中之走廊均不得用作衣帽室。 設置衣帽室之處，應使其地位不致被用之者對於任何太平門或通行路生有阻碍。

售 票 處

15.——一概售票處之地位均應對於任何太平門或通行路不致發生阻碍。

扶 梯

16.——此類房屋中之一概扶梯，為任何級層或其一部分中能容人數不過三百人之用者，其最狹處至少應有寬度四呎；為任何級層或其一部分中能容人數多於三百人之用者，其最狹處至少應有寬度五呎。

一概扶梯，梯級及梯台均應用避火材料建造之(參閱新建西式房屋建築章程第二章第一及第二節)。 每一梯級之寬度不得小於十二吋；其高度除上鋪之物外不得多過六吋；每一梯階（卽全扶梯之一段在梯台與梯台間或梯台與地板間者)之梯級不得多於十五級或少於四級。

扶梯之各梯階均應支持之及安置之，以有本局稽查員之滿意為度。

扶梯如無一至少方形之梯台以作轉折者，不得有二段以上之十五梯級之梯階，在此梯階間之梯台之深度至少應等於扶梯之寬度。

一概梯台之建造應以得有本局稽查員之滿意為度。

一概梯級及梯台之兩邊應裝有一連接而無阻碍之扶手，以設於牆內之堅實金屬物之托架支撐之，但此扶手不得伸出三吋以上。

當梯階轉折時,梯柱牆應作有槽,使扶手轉所不致伸出於梯台之上.

扶梯之牆中,在距離地板五呎之內,不應造有凹進洞或伸出物. 牆角在距離地板五呎之內應作圓形. 煤氣或電燈裝具置於梯級或梯台以上之高度不得小於六呎九吋.

太 平 門 及 內 部 門 戶

17.——此類房屋中之一概門戶,為公眾用作太平門者,均應兩扇雙合並應向天井或公路開放. 內部門戶於開放時應不生有阻礙及於出路,過道,扶梯或梯台. 正在梯階之上或在其底不得開門,但一至少三呎寬及不小於門之寬度之正方梯台應設於梯級及門戶之間. 一切有插銷之太平門應用自動繫釘固繫之,其式樣及位置須經本局核准;但此門又作公眾出入之用者,得用槓杆或其他核准繫固物安裝於核准之位置上. 凡係作出進用之門戶應使可向內外兩面開放;常向內開時並應使之可以靠牆繫住.

除上述者外,不得有門閂或其他阻礙物裝設於任何門戶上.

太 平 門 及 公 告 等

18.——此類房屋中之一切太平門及其他門戶之為公眾用作出路者均應以油漆之六吋字明晰指示之,須有本局稽查員之合意為度. 此項公告,如係可能,應油漆於太平門之上,距離地板以上之高度至少為六呎九吋. 一切門戶,若在聽眾視線之內而不能引至出路者,應用六吋大之字作"非太平門"之字樣一行,明晰油漆於距地板以上至少六呎九吋之高度,亦以得本局稽查員之合意為度. 此項"太平門"及"非太平門"之公告應於夜間有發光設備,俾可照明. 此類房屋如作中國聽眾之用,上述公告應用中英兩種文字.

圍 閉 處 所

19.——任何此類房屋中,其地除聚集公眾觀看表演外非為別用者,不許有圍閉處所,但本局認為係屬必要或戲院中設作聽眾遊廊或牆門間者除外.

出 入 路

20.——出入路應設於各排座位之交叉處,惟在每排同一線上座位距出入路不得過十二呎. 此交叉之出入路之長度若不過二十呎,則其寬度不得小於三呎六吋. 出入路上不許裝有門,門閂,柵欄或其他繫固物,懸掛座位或其他阻礙出入路之物,無論為永久或暫時用者.

座 位

21.——無椅背或椅手之座位,給與每人所坐之面積為深度不得小於二呎及寬度不得小於一呎六吋;有椅背或椅手之座位,則每人之面積為深度不得小於二呎四吋及寬度不得小於一呎八吋. 每排每座之前面與前排每座之後面之中間應留一深度至少一呎之空地,此深度須由垂直線間量之.

座　椅

22.——此類房屋中之座位非係裝固於地板之上者,應以狹板將各座位釘合爲一排;但如此釘合之座位,每排上不得少於四座或多過十二座.

戲臺及幕前牆

23.——凡屬此類房屋之需有一戲台者應建一幕前牆,將戲台與大應分隔(本特別章程中另訂者除外).此幕牆應以實質磚工砌造;全部厚度不得小於十三吋;向上砌至屋頂以上之高度至少須三呎,此高度須由與屋頂坡度作正角之線上量出;向下砌至戲台以下直至堅實之地基爲止.

戲台應與房屋中之每一其他部分分隔,一但本特別章程中須建之牆,其厚度及其自屋頂以上之高度均等於西式房屋建築章程中之分間牆者,可以除外.

幕前牆上空洞

24.——除幕前空洞外,幕前牆上不得有二個以上之空洞;此空洞應造於戲台之對面. 每一空洞之面積不得超過二十一方呎.

用作交通之空洞在戲台與房屋任何部分之間者,其面積亦不得超過二十一方呎. 每一空洞應設有避火材料所做之門及門框,以經本局核准者爲限. 幕前牆上之空洞之最低部分不得高過在戲台地板以上三呎之平度.

幕　前　飾　物

25.——幕前空洞所置之一切飾物均應以避火材料造成之.

戲臺用之太平門

26.——由戲台直通至一天井或公路之處應設有互相離開之太平門.

戲台上之燈光

27.——電燈爲戲台用之唯一燈光,但應有煤氣燈之重複設備,以便電燈不燃時之用.

幕前所置之幔幕

28.——幕前空洞應置有避火材料所製之幔幕,用之作爲可以下落之懸幔;至其製造之式樣及材料,與佈置之方法,一使水可以容易傾於面向戲台之佈景上,一均須經本局之核准.

戲台之屋頂

29.——戲台以上之空間應有足夠高度,俾一切佈景及避火材料所製之幔幕可以垂直上昇於幕前空洞之頂部以上,且須使之不致捲裹.

戲台以上之屋頂不須用避火或重量之材料;但應在屋頂之後部設有空洞,其底部面積須等於戲台面積之十分之一.

此項空洞應以玻璃遮蓋之,其厚度不得過十二分之一吋並須在下面做有小網眼之鉛絲網,以爲保護之具. 此項空洞之遮蓋物應置有繩索,俾於割斷或燒斷繩索之時可將遮蓋物完全展開. 繩索中應塞入一易鎔金屬物製之環鏈;繩索之位置亦應經本局核准. 戲台屋頂上又應設有適當之通風帽.

戲 台 避 火 處 之 地 板

30.——此類房屋中避火處之地板應用前章程中第二章第二節所述之避火材料建造之,並須得本局稽查員之核准.

避火處及鐵排門應設有避火材料所造之充足逃避設備,以得本局之滿意爲度.

更 衣 室

31.——更衣室,如事實可能,應置於隔開之另一房屋中;或用分間牆使與此類房屋分隔,僅備一可以連接之交通方法,俾可經本局之核許. 一概更衣室及通此室之扶梯應用前章程中第二章第一節所述之避火材料建造之;並應連接於一獨立之太平門,直接通於天井或公路上. 通連於更衣室之太平門上應僅裝有自動開關之門閂. 每一更衣室應與外間空氣充足流通,以得本局稽查員之滿意爲度. 任何更衣室不得置於戲台之下. 爲男女優伶及樂隊之用,應設有充足及分隔之廁所;並應設有爲男子用之小便處;此項設置均須經本局稽查員之核許.

衛 生 設 備

32.——在一切之此類房屋中,凡爲公衆用與爲職員用之每一部分均應設有充足及分隔之男女用廁所曁男用小便處,以經本局稽查員滿意爲度.

所有小便處均應造作每人一格又應安有足量器具,使水可以灌注於小便處各部;此項器具須連於有效用而不間斷之給水處. 廁所及小便處之佈置及建造均須經本局稽查員合意,並應舖以水泥或其他適當材料,其詳細情形須照前章程第三章中所載各條.

工 作 房 貯 物 室 等

33.——一概工作房,置佈景處及貯物室之與此類房屋相關者均應以不小於八吋半厚之磚牆,使之互相隔開;至其所置之位置亦應經本局核惟.

此項牆上之一切空洞均應以避火材料所做之門關閉之.

（定閱雜誌）

茲定閱貴會出版之中國建築自第………卷第……期起至第………卷

第………期止計大洋………元………角………分按數匯上請將

貴雜誌按期寄下爲荷此致

中國建築雜誌發行部

　　　　　　………………………………啟………年………月………日

　　　　地址………………………………………

（更改地址）

逕啟者前於………年………月………日在

貴社訂閱中國建築一份執有………字第………號定單原寄………………

………………………………收現因地址遷移請卽改寄………………

………………………………收爲荷此致

中國建築雜誌發行部

　　　　　　………………………………啟………年………月………日

（查詢雜誌）

逕啟者前於………年………月………日在

貴社訂閱中國建築一份執有………字第………號定單寄………………

………………………………收查第………卷第………期尙未收到祈卽

查復爲荷此致

中國建築雜誌發行部

　　　　　　………………………………啟………年………月………日

中　國　建　築

THE CHINESE ARCHITECT

OFFICE:

ROOM NO. 427, CONTINENTAL EMPORIUM, NANKING ROAD, SHANGHAI.

廣 告 價 目 表

底外面全頁	每期一百元
封面裏頁	每期八十元
卷首全頁	每期八十元
底裏面全頁	每期六十元
普通全頁	每期四十五元
普通半頁	每期二十五元
普通四分之一頁	每期十五元
製版費另加	彩色價目面議
連登多期	價目從廉

Advertising Rates Per Issue

Back cover	$100.00
Inside front cover	$ 80.00
Page before contents	$ 80.00
Inside back cover	$ 60.00
Ordinary full page	$ 45.00
Ordinary half page	$ 25.00
Ordinary quarter page	$ 15.00

All blocks, cuts, etc., to be supplied by advertisers and any special color printing will be charged for extra.

中國建築第一卷第五期

出　版	中國建築師學會
地　址	上海南京路大陸商場 四樓四二七號
印刷者	美　華　書　館 上海愛而近路三號 電話四二七二六號

中華民國二十二年十一月出版

中國建築定價

零　售	每　冊　大　洋　五　角	
預　定		六 冊 大 洋 三 元
	全　年	十二冊大洋五元
郵　費	國外每冊加一角六分 國內預定者不加郵費	

廣 告 索 引

盡是鋼精(ALUMINIUM UNION LIMITED)製成

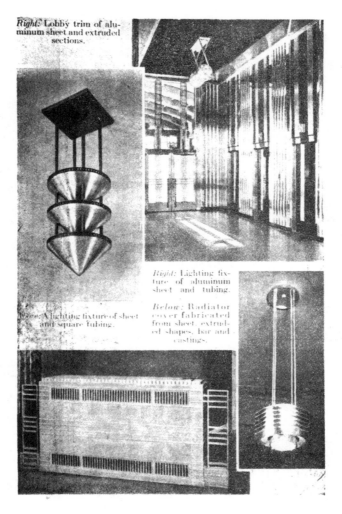

Right: Lobby trim of aluminum sheet and extruded sections.

Right: Lighting fixture of aluminum sheet and tubing.

Below: Radiator cover fabricated from sheet, extruded shapes, bar and castings.

Cover: A lighting fixture of sheet and square tubing.

詳細情形新接洽

ALUMINIUM UNION LIMITED.

鋁業有限公司

上海北京路二號 電話 11758 號

瑞昌五金厰

銅鉄

五金

銅鉄

承辦建築一切銅鉄工程

常備大批

新式異樣

堅固門鎖

工　廠
同孚路二四三號

靜安寺路六六七號
電話三一九六七號

漢口路四二一號
電話九四四六〇

Hong Name   "Mei Woo"

CERTAINTEED PRODUCTS CORPORATION
Roofing & Wallboard

THE CELOTEX COMPANY
Insulating Board

CALIFORNIA STUCCO PRODUCTS COMPANY
Interior and Exterior Stuccos

MIDWEST EQUIPMENT COMPANY
Insulite Mastic Flooring

MUNDET & COMPANY, LTD.
Cork Insulation & Cork Tile

RICHARDS TILES LTD.
Floor, Wall & Coloured Tiles

SCHLAGE LOCK COMPANY
Lock & Hardware

SIMPLEX GYPSUM PRODUCTS COMPANY
Plaster of Paris & Fibrous Plaster

TOCH BROTHERS INC.
Industrial Paint & Waterproofing Compound

WHEELING STEEL CORPORATION
Expanded Metal Lath

Large stock carried locally.

Agents for Central China

FAGAN & COMPANY, LTD.

261 Kiangse Road

Telephone
18020 & 18029

Cable Address
KASFAG

美商 美和洋行

承辦屋頂及地板
工程并經理石膏
粉石膏板甘蔗板
避水漿鐵絲網磁
磚牆粉門鎖等各
種建築材料備有
大宗現貨如蒙垂
詢請打電話一八
〇二〇或駕臨江
西路二六一號接
洽爲荷

THE TRULY MODERN APARTMENT MUST HAVE
ATTRACTIVE FLOOR COVERING IN EVERY ROOM.

What more appropriate than

ELBROOK SUPER CARPETS

The Original Chinese "Super."

Our extensive, organization and our long experience in this field enable us to be of particular service to architects and decorators in planning this feature.

Whether you require carpets for a single Room or for a palatial hotel consult us before you decide.

Made to order carpets in exclusive designs is our specialty.

ELBROOK, INC.

31-47 Davenport Road

Tientsin

156 Peking Road

Shanghai

欧美各國之住宅大廈旅館
及公共建築中無不鋪設地
毯以壯觀瞻而尤以

天津製造之海京
地毯

咸公認為標準因取材精純
織造堅固無論任何色樣皆
可按照建築師計劃承造以
期對於室中裝飾配視得宜
而收盡善盡美之效果
本廠開設天津有年自紡自
織具有相當經驗各種出品
花樣繁多價格視何種需要
而異倘荷
惠顧無任翹企

海京毛織廠

廠　址
天津英租界十一號路
電報掛號
三一八九
駐滬辦事處
上海北京路一五六號

現已開幕之恆利銀行銀大廈

承　造

仁　銀行。公寓。瑳棧。

昌　住宅。學校。以及

營　各種大小工程造價

造　公道。工作迅捷。經驗

廠　豐富堪使業主滿意。

地址　同孚路廿五號

電話　三五三八九號

褚掄記營造廠

本廠專門承造一切大小鋼骨水
泥房屋橋梁道路碼頭以及涵洞
等工程並可代為設計營造悉心
注意於美觀堅固各點務使費用
省而成功速之建築現代化廠中
職工無不經驗豐富所以工作均
能駕輕就熟勝任愉快如蒙垂詢
或委託無任歡迎

電話　五〇四四四號

廠址　上海臨平路二一號

THU LUAN KEE
CONTRACTOR
21 LINGPING ROAD. TEL. 50444.

廠造營記森朱

六三七一九：話電　　號四一四樓四場商陸大路京南海上：所務事

館書圖園公廟文立市海上

本廠承建各界房屋歷造價國幣五六百萬元以上茲
略舉數則於下俾各界參考如蒙委託承造無任歡迎

中國科學社明復圖書館
中央研究院鋼鐵試驗場
先烈陳英士紀念塔
南京中央氣象研究所
南京生物研究所
陳英士先烈紀念堂
蘇州交通銀行
蘇州金城銀行
蘇州大陸銀行
蘇州中南銀行
整理文廟公園
上海市立圖書館
上海市立圖書館
上海榮金大戲院
莊俊建築師住宅
德奧瑞同學會會所
同濟校友會會所
上海市市政府

總廠　上海閘北西寶興路
倫敦路口

C.S.

振蘇磚瓦公司

號〇六八一三話電　　號二弄八八六路寺安靜海上

本公司營業已有十
自建載最新式德國
餘載廠設崑山南鄉窯有
於求近特德出貨更不分
應兩座建設因新式貨供國南鄉
購吳淞港北留德技師添
師監機械聘請德國製紅磚機製
料平空心磚德式青筒瓦機製紅磚
以料堅細及烘德式紅磚青筒瓦
交貨迅速久為各適度質製紅磚
建築贊許推信譽為造廠乘
相之公司營上昭著爭
將曾購用台衡其舉出
品各戶資備考一因一
二以篇幅不克其是一茲
備載諸希鑒諒與上幸也
如承賜顧請接洽可也
海總公司
振蘇磚瓦公司附啟

百樂門跳舞場　麥特赫司股公寓　金城銀行　大陸銀行　國華銀行　證券交易所　大陸商場　德士古火油棧　光華火油棧　申新紗廠　永安紗廠　公益紗廠　公大紗廠　裕豐紗廠　華生電氣廠　天廚味精廠　大生紗廠　富安紗廠　寶五洋棧　茂昌堆棧　康堆棧　豫華中學　華華研究院　中央研究院　動物研究院　榮金大戲院　北火車站　四明別墅　靜安別墅　金城別墅　模範邨

愚園路　靜安寺路　九江路　北京路　漢口路　南京路　定海路　高橋　宜昌路　吳淞　曹家渡　軍工路　楊樹浦　周家嘴　榮市　南通　崇明　甘肅路　十六鋪　光復路　愚園路　亞爾培路　愛文義路　康悌路　界路　愚園路　靜安寺路　福煦路

四明邨　綠楊邨　大陸新邨　古拔新邨　和樂邨　天運坊　來安坊　鴻安坊　聯安坊　郵聖坊　福安坊　愛文坊　基安坊　興安坊　永安里　興業里　均益里　福仁里　德祿里　百祿里　正明里　蘭威里　恆豐里　四達里　大通里　恆福里　多福里　恆茂里

愚園路　康腦脫路　巨籟達路　施高脫路　古拔路　霞飛路　斜橋　愛多亞路　新閘　愚園路　福煦路　愛文義路　同孚路　霞飛路　愛文義路　北四川路　天主堂街　靜安寺路　界路　浙江路　天津路　大西路　赫德路　湯恩路　施高脫路　赫德路　施克路　白克路　福煦路　八仙橋

CHEN SOO BRICK & TILE MFG. CO.

BUBBLING WELL ROAD, LANE 688 NO. F2

TELEPHONE　　31860

MANUFACTURE CERAMIQUE DE SHANGHAI

OWNED BY

CREDIT FONCIER D'EXTREME ORIENT

MANUFACTURERS OF

BRICKS

HOLLOW BRICKS

ROOFING TILES

FACTORY:

100 BRENAN ROAD
SHANGHAI
TEL. 27218

SOLE AGENTS:

L. E. MOELLER & CO.
110 SZECHUEN ROAD
SHANGHAI
TEL. 16650

上品義
海磚品磚瓦廠

附屬

義品放欸銀行

製造

各種上等

面空瓦
心
磚磚片

工廠
白利南路第一百號
電話
二七二一八

獨家經理
懋業地產公司
四川路一一〇號
電話：一六六五〇

欲求室內光
線充足請用
壁光牌玻璃
價廉而質美

白牌明
盤牌藏
藏藏

均有發售

各玻璃號

美商

約克洋行

專涼 製冷
家氣 冰藏

⊙五四一一話電 號一念路記仁海上

For Every Refrigeration Need, There is a Suitable "York" Machine

YORK SHIPLEY, INC.,

21 JINKEE ROAD

Shanghai.

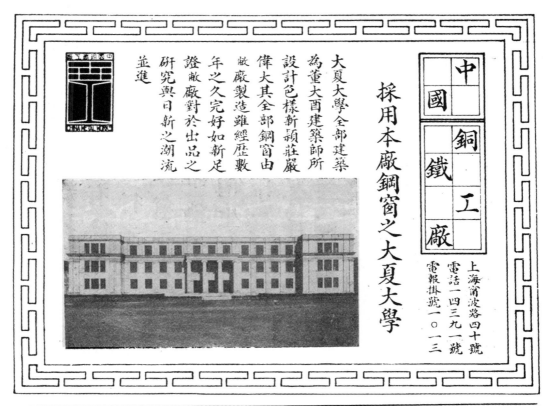

中國銅鐵工廠

上海甯波路四十號
電話一四三九一號
電報掛號一〇一三

採用本廠鋼窗之大夏大學

大夏大學全部建築
為董大酉建築師所
設計色樣新穎莊嚴
偉大其全部鋼窗由
敝廠製造雖經歷數
年之久完好如新足
證敝廠對於出品之
研究與日新之潮流
並進

大夏大學

ELLISTON & CO.
24 YUEN MING YUEN ROAD. SHANGHAI.

安福洋行

電話一五三一七
圓明園路念肆號

本行創造各種銅鐵絲網用度如下

鐵絲籬笆　車站鐵圍　車路柵門
碼頭鐵欄　室內隔籬　瀝水鐵網
機器圍　皮帶罩　獸籠　狗棚　等等

歡迎詢問一切不論大小工程並可代為
設計荷使式樣美觀安全耐用本行除售
銅鐵絲網外並有經驗豐富之工程師及
工人包裝完全工程

榮德水電工程所

本工程所
創辦以來
十有餘年
專行承辦
暖氣工程
冷熱水管
衛生器具
冷氣設備
各種另件
一應齊備
工作人員
經驗豐富
早荷各界
同聲贊美
如蒙賜顧
竭誠歡迎

地址
上海葛羅路十九號

電話
八五零九五號

炳耀工程司

南京 中山路新街口
上海 白利南路三十號
天津 法租界基泰大樓

承裝

南京

全國運動場及游泳池
全部衛生等工程
各大商埠暖汽衛生工程

上海
上海政新府大樓
汪院長公館
孫院長公館
宋部長公館
中央軍校游泳池
中國銀行
中央實施試驗處

南京
外交大樓
中央醫院

天津
光明社
中國銀行貨棧
勸業商場
中原百貨公司

北平
清華大學圖書館
居仁堂

遼甯
張長官公館
長官府衛兵室
閻澤女子中學
東北大學運動場
遼甯總站
東北大學圖書館

時代的建築 以須配 時代的燈罩

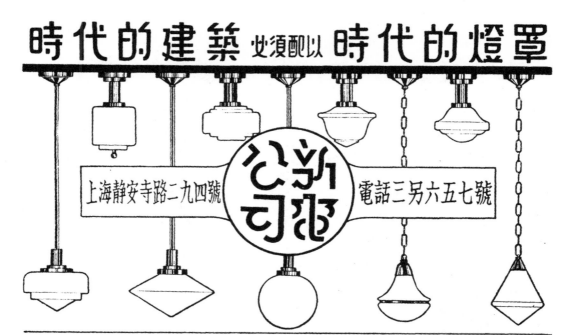

新亞公司

上海靜安寺路二九四號　電話三另六五七號

無論國貨自製歐美舶來均屬精美新穎實用堅固適合時代潮流

張德利　上海興電料記行
行料電興　上海電料行

上海北四川路六〇九至九二號
青島吳淞路十五號

上海四六六二一號
青島二三九六號
電話

本行承裝單各電氣工程略舉如下備參考

本埠工程

外埠工程

本行承裝電氣工程之一　　黃大西建築師設計

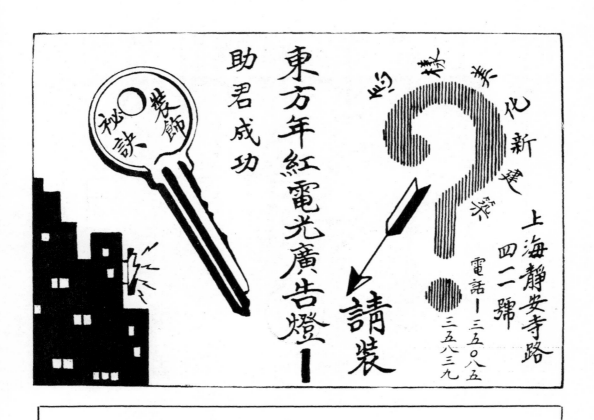

裝飾一諧祕

東方年紅電光廣告燈——

助君成功

請裝

美化新建築

上海靜安寺路四二號

電話—三五〇八五

三五八三九

夏仁記營造廠

本廠專造一切大

小鋼骨水泥工程

各項工作人員無

不經驗豐富工作

迅捷如蒙委託

承造竭誠歡迎

事務所　環龍路一八八弄四號

電話　七三四四九號

廠址　憶定盤路

久記營造廠

本專棧碼鐵橋以一大鋼水工

廠造房頭道樑及切小骨泥程

事務所：上海圓明園路二十三號　　廠設：上海南市機廠街二一七號

電話：二九一七六
二二〇二五

SPECIALISTS IN

Godown, Harbor, Railway, Bridge, Reinforced Concrete and General Construction Works.

THE KOW KEE CONSTRUCTION CO.

Town Office: 23, Yuen Ming Yuen Road

Factory: 217, Machinery Street, Nantao.

Telephone 22025.
19176.

印刷專家

美華書館

印刷股份有限公司

◀ 此建築雜誌由本館承印 ▶

本館精印中西書報

西法畫圖精鑄銅模

鉛字銅版鋅版鉛版

花邊及鉛字器具等

印刷精美出品迅速

定期不誤有口皆碑

蓋本館由來迄今已

有八十餘年之久設

備新穎經驗豐富尤

爲專家洵非自誇如

蒙賜顧竭誠歡迎

地址 愛而近路二七八號

電話 四二七二六號

鐘山營造廠

總事務所　天津路三八一號
電話　四〇七一九號
真茹分廠　真茹車站對面
江灣分廠　江灣路東體育會路上海信託公司第一校蘊村
南京分廠　花牌樓大同洋服店內

本廠承造洋房碼頭駁岸橋樑道路大小裝修及一切土木工程等工作堅固美觀各部職員悉屬專門人才倘蒙諮詢無不竭誠答覆

監理　黎明旭工程碩士
總經理　庚蔭堂工程學士
工程師　黃五如工程學士
南京分廠經理　徐宗堯工程學士
江灣分廠主任　李昌連工程學士
真茹分廠主任　黃熾昌工程學士

公記營造廠

總事務所
上海海防路三百五十四號
電話三四五一六號
分事務所
上海南京路大陸商場五二九號
電話九二八八二號

本廠專門承造各種中西房屋橋樑鐵道碼頭以及一切大小鋼骨水泥工程並代客設計規畫工程堅固美觀各項職工經驗豐富能使主顧十分滿意如蒙委託無不竭誠歡迎

復昌五金製造廠

本廠專門承造建築五金材料及堅固彈簧門鎖摩登燈架承包內部一切克羅密裝飾銅鐵物件一應俱全（批發另蒙格外克己）承蒙光顧無任歡迎

廠設　閘北國慶路松壽里肆拾號

陳寶昌
機器銅鐵工廠
專家

各式新奇美術燈架招牌欄杆及一切建築裝璜及餐具等並設有電鍍專廠精鍍各種金銀鎳及克羅米等器具

電話　四二一四〇
地址　北福建路一三七—一三九

上海 南京

懋利衛生工程行

承辦

專家設計 週到切實

如蒙垂詢 竭誠奉覆

衛生裝置 暖屋水汀

冷熱水管 消防工程

SHA?PLUMCOM

電話 九一八〇二 總行 上海北京路三七八號
電話 四一二三三 分行 南京下關祥泰里三十四號

SHANGHAI PLUMBING COMPANY

CONTRACTORS FOR

HEATING SANITARY VENTILATING INSTALLATIONS

PHONE 91802, 378 PEKING ROAD, SHANGHAI.

PHONE 41233, BRANCH NANKING CHINA.

馮成記西式木器廠

廠址：上海周家嘴路鄧脫路底鑫益里內二九二二號

專本廠精製現時新式家具繪圖代樣特聘美術式造屋漆油房兼裝佈置中西粉刷油漆如蒙惠顧無任歡迎

FUNG CHEN KEE FURNITURE & CO.

FURNITURE MANUFACTURE

OFFICE EQUIPMENT CABINET

MAKING. STORE FITTING.

PAINTING. DECORATING.

GENERAL CONTRACT & ETC.

2292 POINT ROAD　　TELEPHONE 52828

電話五二八二八號

TRADE MARK

標 商

本公司之馬牌藍晒圖紙
顏色鮮麗品質優良歷久
不致走光晒後加蓋紅
墨水線可不化早經各建
築師證明兼售各種臘紙
臘布圖畫紙等價格均極
廉宜外埠函購由郵局寄
奉 倘蒙
賜顧不勝歡迎
　　　　馬江公司謹啟
地址上海虹口外虹橋塊
斐倫路平安里四十五號
電話 四二七二七

本刊啟事

（一）本刊發行以來，謬承海內建築家贊助，廣賜宏篇巨著，圖案攝影，感佩良深。 茲擬於下期起增加建築新聞一欄，各建築家，營造家，實業家，如有關於建築上之新發明或新貢獻時，望便惠賜，以便披露本刊。

（二）本刊於下期起增加答問欄，特請國內著名建築師，代為解答一切建築設計上之難題。讀者諸君如有問題，請直函敝社編輯部，自當於下期答覆於敝刊答問欄中。

（三）本刊草創伊始，進行諸多困難，如有發展敝刊之建議，敝社當盡量採納。 倘望讀者不吝珠玉，廣賜直言，以謀敝刊進步，是所感幸。

DEMAG
DUISBURG

台麥格電吊車　　各種裝貨運貨設備
用于起重機上　　及鍋爐進煤設備

台
麥
格

最經濟迅速最電力吊重及運送機器
吊重能力自半噸至十噸可裝置于起重機作起重機關

謙信機器有限公司　　獨家經理
電話 一三五九七號　　上海 江西路一三八號

Sole Agents in China:
CHIEN HSIN ENGINEERING CO. G. M. B. H. LTD.
138 Kiangse Road, Shanghai　　Telephone: 13597

IDEAL BOILERS ARE DESIGNED FOR CONTROLLED AND COMPLETE COMBUSTION
HIGH ECONOMY—EASY CARETAKING

Combustion, as is well known cannot take place without a supply of air (oxygen). If you bring a glass down over a lighted candle set in a dish of water, for example, the flame will shrink and in a few seconds go out, because the supply of oxygen has been shut off. Ideal Boilers are built for *perfectly controlled combustion*, for we control the rate of combustion of a fuel by controlling the amount of

air supplied for its burning. The contacting surfaces on all sections are machine ground so that when the boiler is assembled, tight iron to iron contacts are formed, preventing the infiltration of air into the boiler and the leakage of gases from it.

CUTAWAY VIEW OF NO. 4 IDEAL REDFLASH BOILER. NOTE THE NUMEROUS BALANCED SERIES OF WATERWAYS FOR QUICK HEATING UNDER RAPIDLY FLUCTUATING HEATING LOADS.

AMERICAN RADIATOR & STANDARD SANITARY CORPORATION

Products distributed and responsibility guaranteed through the Sole Agent in China

 ANDERSEN, MEYER & CO., LTD.

SHANGHAI AND OUTPORTS

店飯大門樂百

百樂門大飯
店。建築富
麗。工程偉
大。材料選
擇尤臻上
乘。電燈設
計。各種花
樣翻新。形
色奇麗。其
中設備。富
麗蕎煌。更
稱春申獨步
。樂隊遠聘
新大陸。舞
星亦由紐約
來。名歌艷
舞。大堪一
飽眼福。廚
師亦曾畢業
法國烹飪科
。歷任歐西
大飯店。珍
饈異味。更
可以賞口腹
。設備之縝
密精緻。堪
稱獨步申春
也。

PARAMOUNT
BALLROOM